嵌入式技术与应用丛书

面向对象的
嵌入式软件开发

周颖颖 李洋 钱瑛 编著
林新华 主审

U0281615

电子工业出版社·
Publishing House of Electronics Industry
北京·BEIJING

内 容 简 介

本书立足编程实践，以 Linux 或者 Windows 为开发平台，从初学者的角度出发，以面向对象程序设计思想为主线，结合实际项目的开发需求，将隐藏在面向对象背后的关于 C++抽象、封装、继承、多态等机制和知识娓娓道来，用通俗易懂的语言展开讲解，不仅让读者知其然，更要让读者知其所以然，最终让这些知识再反作用于编程实践，帮助读者写出高质量的 C++代码。全书涉及面向对象的嵌入式软件开发的方方面面，具体说来，主要讨论包括面向对象语言的特点、MySQL 数据库的应用、QT 基础知识入门及项目开发过程等多个方面的话题。

本书既可作为高等院校相关专业师生的教材或教学参考书，也可供相关领域的工程技术人员查阅，对于面向对象编程的初学者，也可以使其掌握面向对象编程的特点。

图书在版编目（CIP）数据

面向对象的嵌入式软件开发/周颖颖，李洋，钱瑛编著. —北京：电子工业出版社，2018.8
（嵌入式技术与应用丛书）
ISBN 978-7-121-34743-6

Ⅰ. ①面⋯　Ⅱ. ①周⋯　②李⋯　③钱⋯　Ⅲ. ①软件开发—研究　Ⅳ. ①TP311.52

中国版本图书馆 CIP 数据核字（2018）第 157983 号

责任编辑：田宏峰
印　　刷：北京天宇星印刷厂
装　　订：北京天宇星印刷厂
出版发行：电子工业出版社
　　　　　北京市海淀区万寿路 173 信箱　邮编　100036
开　　本：787×1 092　1/16　印张：24.5　字数：627 千字
版　　次：2018 年 8 月第 1 版
印　　次：2024 年 5 月第 9 次印刷
定　　价：88.00 元

凡所购买电子工业出版社图书有缺损问题，请向购买书店调换。若书店售缺，请与本社发行部联系，联系及邮购电话：（010）88254888，88258888。

质量投诉请发邮件至 zlts@phei.com.cn，盗版侵权举报请发邮件至 dbqq@phei.com.cn。

本书咨询联系方式：tianhf@phei.com.cn。

前言

结合作者多年嵌入式软件开发培训的工作经验，从职业的可持续发展角度来说：要想成为一名优秀的程序员，不仅要看重"量"，还要看重"质"。

为什么这么说呢？因为每一段完整的代码都是程序员的作品，这段代码作品的质量直接代表了程序员的编程能力。就好比一位艺术家的艺术成就不是以其作品的数量而是以质量来衡量的。所以，作为一名程序员，无时无刻都要认真地对待自己编写的每一段代码。

如果一个程序员只是单纯地编写代码以完成工作量，那么对他的职业发展、技术提升并没有多少好处。开发好的应用是对程序员的基本要求之一，如果编写的代码质量不高，也就难以得到用人单位的重视。虽然是一名程序员，但绝不会是一名优秀的程序员。

好多初学者在开始学习编程语言时就疯狂地敲代码，这是我们一直提倡的，因为语言的学习过程本身是一个熟能生巧的过程。如果你不能理解代码的意义，那就不停地写，写多了，慢慢地就能理解代码的意义并能做到融会贯通。但我们后来发现大部分低级程序员普遍存在的问题是：代码结构混乱、算法效率低，只是停留在解决问题阶段，没有思考如何更好地解决问题。这样的代码在入门学习时是完全没问题的，但是企业却看不上，因为企业的产品是要给用户使用的，如果编写的代码结构混乱，会导致调试麻烦、效率低，代码算法不够高效会导致用户体验比较差，企业怎么会用这样的代码呢？所以一个要想成为企业急需的高端人才的程序员来说，虽然是从"量"开始，但在积累的过程中更要注重细节，不仅要坚持语言的学习，还应该深入理解计算机的工作原理，知道如何让计算机更加高效地工作，同时不断扩大自己的知识储备，最终才能写出高"质"的代码。

现在，在程序员间流行这样一句话，就是"大学老师教的，企业不用；企业用的，大学老师不教"。其实这句话说得并不准确，毕竟大学可让学生们掌握做开发时所需的理论知识，这些理论知识会为以后的学习和工作奠定良好的基础。但是，现在学生普遍存在的问题是他们仅仅停留在了理论知识上，甚至连上面说的"量"都没有达到。这也是我们编写本书的目的，首先要帮助大家解决编写代码"量"的问题，然后在熟练掌握理论知识的基础上教会大家怎么能写出企业重视的高"质"的代码。"量"和"质"，一直都是我们强调的优秀程序员的必修之路。

本书从初学者的角度出发，以面向对象程序设计思想为主线，结合实际项目的开发需求，将隐藏在面向对象背后的关于 C++的抽象、封装、继承、多态等机制和知识娓娓道来，用通俗易懂的语言讲解理论知识，不仅让读者知其然，更要让读者知其所以然，最终让这些理论知识再反作用于编程的实践，从而帮助读者写出高"质"的 C++代码。全书涉及面向对象的方方面面，具体说来，主要包括面向对象语言的特点、MySQL 数据库的应用、Qt 基础知识入门，以及项目开发过程等多个方面的话题。

本书既可作为高等院校相关专业师生的教材或教学参考书，也可供相关领域的工程技术人员查阅，对于面向对象编程的初学者，也可以使其掌握面向对象编程的特点。

限于作者水平，书中难免有不足之处，敬请广大读者批评指正。

作　者
2018 年 5 月

目录

V

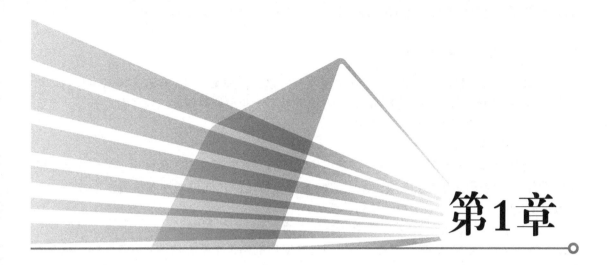

第1章

面向对象概述

1.1 C++概述

1.1.1 C++的发展

1980 年，Bjarne Stroustrup 博士开始着手创建一种模拟语言，使它能够具有面向对象的程序设计特色。当时，面向对象编程还是一个比较新的理念，Stroustrup 博士并不是从头开始设计新语言的，而是在 C 语言的基础上进行创建的，这就是 C++语言。

1985 年，C++开始在慢慢流行。经过多年的发展，C++已经有了多个版本，为此，ANSI 和 ISO 的联合委员会于 1989 年着手为 C++制定标准。1994 年 2 月，该委员会发布了第一份非正式草案，1998 年正式推出了 C++的国际标准。

C++语言的标准如下。

（1）C++98 标准。C++标准第一版，于 1998 年发布，正式名称为 ISO/IEC 14882:1998。

（2）C++03 标准。C++标准第二版，于 2003 年发布，正式名称为 ISO/IEC 14882:2003。

（3）C++11 标准。C++标准第三版，于 2011 年发布，正式名称为 ISO/IEC 14882:2011。

C++11 标准对容器类的方法做了三项主要修改：首先，新增的右值引用能够给容器类提供移动语义；其次，由于新增了模板类 initilizer_list，因此新增了将 initilizer_list 作为参数的构造函数和赋值运算符；第三，新增的可变参数模板（variadic template）和函数参数包（parameter pack）可以提供就地创建（emplacement）方法。

（4）C++14 标准。C++标准第四版，于 2014 年发布，正式名称为 ISO/IEC 14882:2014。

C++14 是 C++11 的更新，主要是支持普通函数的返回类型推演、泛型 lambda、扩展的

lambda 捕获、对 constexpr 函数限制的修订，以及 constexpr 变量模板化等[22]。

1.1.2　为什么要学习 C++

在 2014 年 3 月世界编程语言的排行榜中，C++语言位列第 4 位，从这个排名中我们可以看出 C++语言的应用是非常广泛的。C++语言可以用于应用软件开发、娱乐游戏开发、多媒体音/视频处理、网络通信和智能识别等。

1. 应用软件开发

操作系统可以分为两块：内核，以及内核以外的一些应用程序。内核用于控制最底层的硬件设备，应用程序则用于完成一系列的任务。应用程序是通过调用系统提供的接口（如 Windows API）操作硬件来实现一系列功能的。

要想从事应用软件开发，除了需要掌握基本的 C++语法，还需要对 Windows 系统及其他系统提供的 API 或 SDK 有一定的了解。与之相对应的岗位主要有软件开发工程师、算法工程师、架构工程师等。

2. 游戏开发

掌握了 C++语言基本语法之后，从事游戏开发也是一个不错的选择，目前工业级的 3D 游戏引擎主要是用 C 或 C++语言编写的。

虽然一个人无法去开发一个庞大的网络游戏，但是从编写一些简单的小游戏开始，然后逐渐深入、循序渐进并最终加入大型游戏开发团队还是一个非常好的选择。与之相对应的岗位主要有游戏开发工程师、游戏引擎架构工程师等。

3. 多媒体开发

目前多媒体技术已经渗入了人们的日常生活中，音/视频已经成为人们获取信息的一个非常重要的手段。音/视频在传输过程中都是经过压缩并且按照一定规则打包过的，音/视频的编码技术从最开始的 H.261 到如今的 H.265，经历了 30 多年的发展，而且实现代码全部是由 C 或 C++语言实现的。

最新的 HEVC 编码标准就是由 C++代码实现的，如果对此感兴趣的话，在掌握 C++语法后可以去 ITU（国际电信联盟）官网下载源码。与之相对应的岗位有图像算法工程师、音/视频编码工程师、音/视频转码工程师等。

4. 人工智能

人工智能、机器学习等方向也少不了 C 或 C++语言的身影，人工智能已经走入我们的生活，随着科技的飞速进步，其前景必将更加广泛。

需要强调的是，虽然 C++语言可以应用的方向非常广泛，但是仅仅掌握 C++语法是远远不够的，在上述的应用领域，C++语言是基础，进入这些领域还需要进一步深入学习相关领域的专业知识。千里之行，始于足下！下面本书将一一介绍 C++语言的基本语法，以期能够帮助大家熟练掌握 C++语言，为今后的发展奠定良好的基础。

1.2　面向过程和面向对象

如果问 C 语言和 C++语言有什么区别，很多人都会马上回答出来，C 是面向过程的语言，

C++是面向对象的语言。下面我们就来讲解下什么是面向过程，什么是面向对象。

面向过程（Procedure Oriented）是一种以过程为中心的编程思想，也可称为面向记录编程思想。面向过程其实是最为实际的一种思考方式，或者说是一种基础的方法，它考虑的也是实际的实现。一般的面向过程是从上往下步步求精，所以在面向过程编程思想中，最重要的是模块化的思想方法。当程序规模不是很大时，程序的流程很清楚，按照模块与函数的方法可以很好地组织程序。面向过程的编程思想具有如下特点：

- 强调做（算法）；
- 大程序被分隔为许多小程序，这些小程序称为函数；
- 数据开放地从一个函数流向另一个函数，函数把数据从一种形式转换为另一种形式。

面向对象（OOP）是一种以事物为中心的编程思想，它汲取了结构化程序设计中好的思想，并将这些思想与一些新的、强大的理念相结合，从而为程序设计提供了一种全新的方法。在面向对象的程序设计中，通常会将一个问题分解为一些相互关联的子集，每个子集内部都包含了相关的数据和函数；同时，还会以某种方式将这些子集分为不同的等级。一个对象就是已定义的某个类型的变量，当定义了一个对象时，就隐含地创建了一个新的数据类型。面向对象编程具有以下优点：易维护、易复用、易扩展，由于面向对象具有封装、继承、多态性的特性，可以设计出低耦合的系统，使系统更加灵活、更加易于维护。

有人说面向对象比面向过程强，在我看来，这好比高等数学是初等数学的延伸，高等数学照样要用到方程、代数、四则运算。

很多学校老师会告诉你，万物皆对象，面向对象能更好地模拟现实，面向对象就是拖控件，面向对象就是封装继承多态，等等，这些都不完全正确。

面向对象的动机很简单，就是为了开发更大规模的软件，开发更容易扩展和维护的软件，便于更多人协同地开发软件。事实上，这也是面向过程的动机，只是面向对象扩展了这一点，这好比自行车的出现使得我们的出行更快、更省力，而汽车的设计目标也是如此。

面向对象是对面向过程的延伸，而不是否定，所以为了理解为什么要面向对象，我们首先看看为什么要面向过程。

我们知道，与非面向过程相比，在面向过程编程中，我们将重复的代码提炼成一个个的函数，然后调用这些函数。通过这种方式，我们可以将一个大的软件分成了很多模块，每个模块又可分成很多子模块，与非面向过程相比，这种组织形式可以使管理更加有序，在开发更大规模的软件时更有效。维护代码的关键是，仅在一处修改代码就能改变软件的功能，同时修改代码不会影响到别的代码。面向过程的优势在于，函数内定义的是局部变量，而函数相当于一个黑盒，在修改这个函数时，只要保持接口不变，那么程序的其他地方就不会受到影响。而程序中相同的功能被定义为函数，修改了函数，所有对函数的调用自然也就修改了。

多人协同开发软件的困难之处在于，系统中很多代码是别人写的，要调用这些代码，就必须理解它们。面向过程的好处在于，只需要理解函数的输入/输出约定、函数的功能，而不用理解函数的实现过程和具体代码，就可以调用它，换言之，你和编写这些代码的人就能协同工作了。

随着软件的规模进一步扩大呢，我们用面向过程解决的问题又被重新提出来了。

（1）原先有很多代码，被整理成几个函数。现在函数也变得很多了，这时就需要一种更高形式的组织。有人会说，这个还不简单吗？函数套函数，功能套功能。但是问题是，这样一来，某个子功能和位于另一个大模块下的子功能，如果它们有相近之处，怎么组织呢？单一的层次结构很难组织这种结构，将层次关系转变为网状的话，结果是代码成为一团乱麻，要么坚持它们不发生关系，功能相似的代码在项目中出现两份。

面向对象按照类来组织程序，每个类实现某个功能或者特定的概念，并且把相关的代码放在一起。类和类之间相对独立，这时软件就如同积木，更容易组织。

（2）维护代码期待更少的修改。要做到这一点，必须把容易修改的代码从不容易修改的代码中剥离出来单独定义。面向对象的继承很好地做到了这一点，派生类的本质就是将类中需要修改和扩展的东西提取出来，组成的代码集合。

（3）在团队开发中，我们定义函数的目的有两个，一个是定义函数给自己用，另一个目的是给别的程序员用。但是面向过程并没有区分这两者的不同，在实际中我们都有这种体会，一旦写了一个函数给人家用，我们就不能随意修改甚至删除它，因为我们不知道这个函数被多少人调用了，贸然删除就会导致很严重的后果。解决的办法就是，一旦修改这个函数就必须让团队所有人知道。这是不是很不利于协作？

面向对象则区分了仅仅自己调用的函数（私有的）和公开的函数。对于前者，我们可以随意修改、删除，只要保证对外的接口和原来一样就可以了。这是不是更利于协作呢？

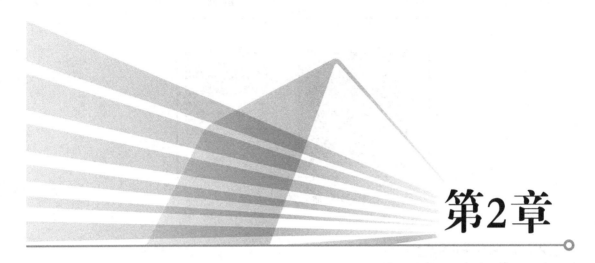

第2章

C 到 C++的扩展

2.1 命名空间

2.1.1 什么是命名空间

一个中大型软件往往是由多名程序员共同开发的，会使用大量的变量和函数，这不可避免地会出现变量或函数的命名冲突。例如，每个人编写的代码都可以通过测试，没有问题，但将这些代码整合到一起时就有可能会出现命名冲突。

例如，小李和小韩都参与了一个文件管理系统的开发，他们都定义了一个全局变量 fp，用来指明当前打开的文件，将这些代码整合在一起编译时，编译器会提示 fp 重复定义（Redefinition）错误。

为了解决合作开发时或者不同代码段之间的命名冲突问题，C++引入了命名空间（Name Space）的概念，如图 2-1 所示。

- 命名空间将全局作用域分成不同的部分，如图 2-1 中的 namespace1、namespace3、namespace4。
- 不同命名空间中的标识符可以同名而不会发生冲突。
- 命名空间可以相互嵌套，如 namespace1 包含了 namespace2。
- 全局作用域也称为默认命名空间，如图 2-1 中的空白部分。

命名空间有时也被称为名字空间、名称空间。

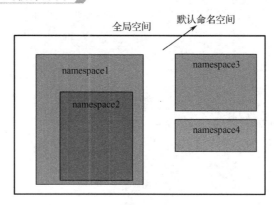

图 2-1　命名空间示意图

2.1.2　命名空间的使用

1. 命名空间的定义

namespace 是 C++中的关键字，用来定义一个命名空间，语法格式为

```
namespace name
{
    //变量、函数、类等
}
```

name 是命名空间的名字，它里面可以包含变量、函数、类、typedef、#define 等，由{ }包围，如下所示。

```
namespace Li          //小李的命名空间
{
    FILE fp = NULL;
}

namespace Han         //小韩的命名空间
{
    FILE fp = NULL;
}
```

2. 命名空间的使用

（1）使用变量、函数时要指明它们所在的命名空间。以上面的 fp 变量为例，可以这样来使用：

```
Li::fp = fopen("one.txt", "r");      //使用小李定义的变量 fp
Han::fp = fopen("two.txt", "rb+");   //使用小韩定义的变量 fp
```

"::" 是一个新符号，称为域解析操作符，在 C++中用来指明要使用的命名空间。

（2）除了直接使用域解析操作符，还可以采用 using 声明，例如：

```
using Li::fp;
fp = fopen("one.txt", "r");          //使用小李定义的变量 fp
Han::fp = fopen("two.txt", "rb+");   //使用小韩定义的变量 fp
```

在代码的开头用 using 声明了 Li::fp，它的意思是，using 声明以后的程序中如果出现了未指明命名空间的 fp，就使用 Li::fp；但是若要使用小韩定义的 fp，仍然需要使用 Han::fp。

（3）using 声明不仅可以针对命名空间中的一个变量，也可以用于声明整个命名空间，例如：

```
using namespace Li;
fp = fopen("one.txt", "r");          //使用小李定义的变量 fp
Han::fp = fopen("two.txt", "rb+");   //使用小韩定义的变量 fp
```

如果命名空间 Li 中还定义了其他的变量，那么同样具有 fp 变量的效果。在 using 声明后，如果有未具体指定命名空间的变量产生了命名冲突，就默认地采用命名空间 Li 中的变量。

（4）默认情况下可以直接使用默认命名空间中（全局空间）的所有标识符。

2.1.3　命名空间完整示例代码

```
#include <stdio.h>

namespace NamespaceA
{
    int a;
    int add (int a, int b)
    {
            return a+b;
    }
}

namespace NamespaceB
{
    namespace NamespaceC
    {
        struct teacher
        {
            int id;
            char name[20];
        };
    }
    int a;
}

//默认命名空间的 add
int add (int a, int b)
{
    return a+b+10;
}

int main()
{
```

```
//1
{
    int ret = NamespaceA::add (2, 4);
    printf ("ret = %d\n", ret);
}


//2
{
    using namespace NamespaceA;

    //必须加 NamespaceA::，否则会和默认命名空间的 add 冲突
    int ret = NamespaceA::add (2,3);
    printf ("ret = %d\n", ret);

    ret = ::add(2,3);                    //使用默认命名空间的 add
    printf ("ret = %d\n", ret);
}

//3
{
    using namespace NamespaceA;
    a = 10;                              //使用 NamespaceA 中的 a
    printf ("a = %d\n", NamespaceA::a);
}

//4
{
    //定义一个 teacher 结构体变量
    struct NamespaceB::NamespaceC::teacher t1;
    t1.id = 10;
    return 0;
}
    return 0;
}
```

命名空间内部不仅可以声明或定义变量，对于其他在命名空间以外声明或定义的名称，同样也都能在命名空间内部进行声明或定义，例如，类、函数、typedef、#define 等都可以出现在命名空间中。

站在编译和链接的角度，代码中出现的变量名、函数名、类名等都是一种符号（Symbol）。有的符号可以指代一个内存位置，如变量名、函数名；有的符号仅仅是一个新的名称，如 typedef 定义的类型别名。

2.1.4　C++标准库和 std 命名空间

C++是在 C 语言的基础上开发的，早期的 C++还不完善，不支持命名空间，没有自己的编译器，而是将 C++代码翻译成 C 代码，再通过 C 编译器完成编译。这时的 C++仍然在使用 C 语言的库，例如，stdio.h、stdlib.h、string.h 等头文件依然有效；此外 C++也开发了一些新

的库，增加了自己的头文件，例如：

- iostream.h：用于控制台输入/输出的头文件。
- fstream.h：用于文件操作的头文件。
- complex.h：用于复数计算的头文件。

和 C 语言一样，C++的头文件仍然以.h 为后缀，它们所包含的类、函数、宏等都是全局范围的。后来 C++引入了命名空间的概念，计划重新编写库，将类、函数、宏等都统一纳入一个命名空间，这个命名空间的名字就是 std。std 是 standard 的缩写，意思是标准命名空间。

但是这时已经有很多采用老式 C++开发的程序了，其中的代码中并没有使用命名空间，直接修改原来的库会带来一个很严重的后果：程序员不愿花费大量的时间修改老式代码，因而极力反抗，拒绝使用新标准的 C++。

C++开发人员想了一个好办法：保留原来的库和头文件，它们在新标准的 C++中可以继续使用，然后把原来的库复制一份，在此基础上稍加修改，把类、函数、宏等纳入命名空间 std 中，就成了新版 C++标准库。这样共存在了两份功能相似的库，使用了老式 C++的程序可以继续使用原来的库，新开发的程序可以使用新标准的 C++库。

为了避免头文件重名，新标准的 C++库也对头文件的命名做了调整，去掉了后缀.h，所以老式 C++的 iostream.h 就变成了 iostream，fstream.h 变成了 fstream。而对于原来 C 语言的头文件，也采用同样的方法，但在每个名字前还要添加一个 c 字母，所以 C 语言的 stdio.h 就变成了 cstdio，stdlib.h 变成了 cstdlib。

需要注意的是，老式 C++头文件是官方反对使用的，已明确提出不再支持，但老式 C 头文件仍然可以使用，以保持对 C 语言的兼容性。实际上，编译器开发商不会停止对客户现有软件的支持，可以预计，老式 C++头文件在未来数年内还是可以得到支持的。

下面是总结的 C++头文件的现状。

（1）老式 C++头文件，如 iostream.h、fstream.h 等将会继续被支持，尽管它们不在官方标准中，这些头文件的内容也不在命名空间 std 中。

（2）新标准的 C++头文件，如 iostream、fstream 等包含的基本功能和对应的老式 C++头文件相似，但头文件的内容在命名空间 std 中。

注意：在标准化的过程中，库中有些部分的细节被修改了，所以老式C++头文件和新标准的 C++头文件不一定完全对应。

（3）标准的 C 头文件，如 stdio.h、stdlib.h 等继续被支持，但头文件的内容不在 std 中。

（4）具有 C 语言库功能的新标准的 C++头文件具有 cstdio、cstdlib 这样的名字，它们提供的内容和相应的老式 C 语言头文件相同，只是内容在 std 中。

对于不带.h 的头文件，所有的符号都位于命名空间 std 中，使用时需要声明命名空间 std；对于带.h 的头文件，没有使用任何命名空间，所有符号都位于全局作用域，这也是 C++标准所规定的。

2.2　小程序 "Hello World"

2.2.1　输出 "Hello World"

```
#include <iostream>
using namespace std;

int main()
{
    cout << "Hello World!" << endl;
    return 0;
}
```

（1）#include <iostream>：包含 C++的输入/输出头文件，iostream 头文件中声明了 C++提供的控制台输入/输出机制。

（2）using namespace std：使用标准命名空间 std。

（3）cout << "Hello World!" << endl：该语句类似于 C 语言的 "printf ("Hello World!\n");"，cout 是 std 标准命名空间提供的一个对象，用于向标准输出打印数据，类似 printf 的功能；<< 是左移操作符，在这里功能被改写，可以理解成数据的流向，右边是字符串 "Hello World!"，左边是 cout（标准输出），也就是字符串流向了标准输出，即屏幕；endl 表示换行，<<支持链式输出，endl 紧接着 "Hello World!"，也就是输出 "Hello World!" 后换行。C 语言中的转义字符在 C++中仍然可以使用，所以该句还可以写成

```
cout << "Hello World!\n";
```

2.2.2　C++的输入和输出（cin 和 cout）

在 2.2.1 节，我们简单地看了一下 cout 的用法。在 C 语言中，我们通常会使用 scanf 和 printf 来对数据进行输入/输出操作。在 C++语言中，我们仍然能使用 C 语言的输入/输出库，但是 C++又增加了一套新的、更容易使用的输入/输出库。

在编写 C++程序时，如果需要使用输入/输出时，则需要包含头文件 iostream，该头文件包含了用于输入/输出的对象，例如，常见的 cin 表示标准输入、cout 表示标准输出、cerr 表示标准错误。

cout 和 cin 都是 C++的内置对象，而不是关键字。C++库定义了大量的类（Class），程序员可以使用它们来创建对象，cout 和 cin 就分别是 ostream 和 istream 类的对象，只不过它们是由标准库的开发者提前创建好的，可以直接拿来使用。这种在 C++中提前创建好的对象称为内置对象。

使用 cout 输出数据时需要紧跟<<运算符，使用 cin 输入数据时需要紧跟>>运算符，这两个运算符可以自行分析所处理的数据类型，无须像使用 scanf 和 printf 那样给出格式控制字符串。

cin 使用示例：

```
#include<iostream>

using namespace std;

int main()
{
    int x;
    float y;
    cout << "Please input an int number and a float number:" << endl;
    cin >> x >> y;
    cout << "The int number is x= " << x << endl;
    cout << "The float number is y= " << y << endl;
    return 0;
}
```

输出结果为：

```
Please input an int number and a float number:
10    2.3
The int number is x= 10
The float number is y= 2.3
```

2.3 变量定义的位置

ANSI C 规定，所有局部变量都必须定义在函数开头，在定义变量之前不能有其他的执行语句。C99 标准取消这这条限制，但是 VC/VS 对 C99 的支持不是很不积极，仍然要求变量定义在函数开头，例如下面的代码。

```
#include <stdio.h>

int main()
{
    int a;
    scanf("%d", &a);

    int b;
    scanf("%d", &b);

    int c = a + b;
    printf("%d\n", c);

    return 0;
}
```

将代码保存到源文件 main.c，那么它可以在 GCC、Xcode 下编译通过，但在 VC/VS 下会报错。GCC、Xcode 对 C99 的支持非常好，可以在函数的任意位置定义变量；但 VC/VS

要求必须在函数开头定义好所有的变量。

　　将上面的代码再保存到源文件 main.cpp，那么它在 GCC、Xcode、VC/VS 下都可以编译通过。这是因为 C++取消了原来的限制，只要在使用之前定义好变量即可，不必在函数的开头定义所有变量。

　　取消限制带来的另外一个好处是，可以在 for 循环的控制语句中定义变量，例如：

```cpp
#include <iostream>

using namespace std;

int sum(int n)
{
    int total = 0;
    for(int i=1; i<=n ;i++)
    {
        total += i;
    }
    return total;
}

int main()
{
    cout << "Input a interge: ";
    int n;
    cin >> n;
    cout << "Total: " << sum(n) << endl;
    return 0;
}
```

运行结果为：

```
Input a interge:10
Total:55
```

　　在 for 循环内部定义循环控制变量 i，这会让代码看起来更加紧凑，并使得 i 的作用域被限制在整个 for 循环语句内部（包括循环条件和循环体），从而减小了命名冲突的概率。在以后的编码过程中，推荐使用这种方法。

2.4　register 关键字的变化

　　register 关键字的作用是请求编译器让变量直接放在寄存器里面，以提升变量的访问速度。

　　用 register 关键字修饰的变量，在 C 语言中是不可以用&操作符取地址的。内存管理的最小单位是字节，我们对内存的每个字节进行编号，而这个编号就是我们所说的地址，寄存器并不在内存之中，所以寄存器变量不存在地址。

例如：

```
1.  #include <stdio.h>
2.
3.  int main()
4.  {
5.      register int a = 10;
6.      printf ("&a = %p\n", &a);
7.
8.      return 0;
9.  }
```

将上面的代码保存为 main.c 并编译时，会在第 6 行报错。但是将其保存为 main.cpp，编译时则没有问题，运行也没有问题，结果如下：

```
&a = 012FFD1C
```

出现这样的现象是因为：在 C++ 中，如果对一个寄存器变量进行取址操作，register 对变量的声明变得无效，被定义的变量将会强制存放在内存中。

除此之外，C++中 register 关键字无法在全局中定义变量，否则会提示不正确的存储类。C 语言中 register 关键字可以在全局中定义变量，当对变量使用&操作符时，只是警告"有坏的存储类"。

2.5　struct 的加强

我们先来声明一个结构体类型，如下所示。

```
struct Student
{
    char name[20];
    int age;
};
```

C 语言的 struct 定义了一组变量的集合，C 编译器并不认为这是一种新的类型，所以在定义变量结构体变量时一定要在前面加上 struct 关键字，例如：

```
struct Student stu = {"wang", 10};
```

通常我们会用 typedef 来对结构体类型进行重命名，从而避免在每次定义变量时都要加上 struct 关键字。但在 C++中，认为 struct 是一个新类型的定义声明，可以直接用结构体名来定义变量，例如：

```
Student stu = {"wang", 10};
```

2.6　三目运算符的加强

2.6.1　C 与 C++中三目运算符的不同

C 语言中三目运算符返回的是变量的值，而在 C++中三目运算符返回的是变量的本身。这样的差异导致了使用方式上的一些差别，如 C++中的三目运算符可以作为左值来使用，如下所示。

```cpp
#include <iostream>

int main()
{
    int a = 10;
    int b = 20;

    (a > b ? a : b) = 40;
    printf ("b = %d\n", b);

    return 0;
}
```

输出结果为：

```
b=40
```

2.6.2　如何在 C 语言中实现 C++的特性

C++中的三目运算符返回的是变量本身，而变量本身实际上代表的是一块内存空间，C 语言要想支持 C++的这种特性，我们只要通过返回值找到变量所在的空间即可。具体的实现方法是让三目运算符返回变量的地址而不是变量的值，再通过"*"来获取变量所在的空间，修改如下。

```cpp
*(a > b ? &a : &b) = 40;
```

这样一来我们就可以让三目运算符作为左值来使用，实际上 C++的三目运算符在内部也是如此操作的。

接下来我们看看下面一个 C++的三目运算符表达式。

```cpp
(a > 20 ? a : 20) = 40;
```

虽然 C++的三目运算符可以作为左值来使用，但是在内部也是通过指针来操作的，也就是说，上面的表达式可以转换为如下的表达式。

```cpp
*(a > 20 ? &a : &20) = 40;
```

这里的 20 是一个常量，是没有地址的，我们没有办法对 20 这个字面量进行取址操作，上面的语句将无法通过编译。

所以这里要强调一下，要想 C++中的三目运算符作为左值使用，表达式的返回值中一定不能包含常量。

2.7　bool 类型

在 C 语言中，关系运算和逻辑运算的结果有两种——真和假，0 表示假，非 0 表示真，例如：

```
#include <stdio.h>

int main()
{
    int a, b, flag;
    scanf("%d %d", &a, &b);
    flag = a > b;
    printf("flag = %d\n", flag);

    return 0;
}
```

运行结果为：

```
2 5
flag = 0
```

C 语言并没有彻底从语法上支持"真"和"假"，只是用 1 和 0 来代表。这点在 C++中得到了改善，C++新增了 bool 类型，它一般占用 1 个字节的长度，如果多个 bool 变量定义在一起，可能会各占 1 bit，这取决于编译器的实现。bool 类型只有两个取值——true 和 false，true 代表真值，在编译器内部用 1 来表示，false 代表非真值，在编译器内部用 0 来表示。C++的编译器会在赋值时将非 0 值转换为 true，0 值转换为 false，例如：

```
#include <stdio.h>

int main()
{
    int a;
    bool b = true;
    printf("b = %d, sizeof(b) = %d\n", b, sizeof(b));

    b = 4;
    a = b;
    printf("a = %d, b = %d\n", a, b);

    b = -4;
    a = b;
    printf("a = %d, b = %d\n", a, b);
```

```
        a = 10;
        b = a;
        printf("a = %d, b = %d\n", a, b);

        b = 0;
        printf("b = %d\n", b);

        return 0;
}
```

运行结果为：

```
b = 1, sizeof(b) = 1
a = 1, b = 1
a = 1, b = 1
a = 10, b = 1
b = 0
```

在以后的编码中，推荐使用 bool 类型的变量来表示逻辑运算、关系运算及开关变量的值。

2.8 C/C++中的 const

2.8.1 C 中的 const

C 语言中 const 修饰的是只读变量，本质是变量，有自己的存储空间。const 的含义是不能通过被修饰的变量名来改变这块存储空间的值，并不是说这块存储空间的值是不能改变的，如下代码所示。

```
#include <stdio.h>

int main()
{
    const int a = 10;
    int *p = (int *)&a;
    *p = 20;

    printf ("a = %d\n", a);

    return 0;
}
```

将上面的代码保存为 main.c，运行结果为：

```
a = 20
```

这里&a 是变量 a 所代表的内存空间的首地址，const 修饰了变量 a，a 就变成了只读变量，我们无法通过变量名 a 来改变它所代表的内存空间的值，但是可以通过一个指针指向 a 所代表的内存空间，进而间接地改变这块空间的值。

另外，因为 const 修饰的仍然是变量，所以使 const 变量作为数组长度去定义数组也是不允许的，下面的代码在某些编译器上可能会无法通过编译。

```
const int a = 10;
int arr[a];
```

2.8.2　C++中的 const

C++中的 const 和 C 中的 const 有本质的区别。在 C++中，const 修饰的是一个真正的常量，而不是 C 中的只读变量。const 常量会被编译器放入到符号表中，符号表中存储的是一系列键值对，所以一般情况下，编译器不会为 const 常量分配空间。但是，当我们要对一个 const 常量进行取地址或者 extern 操作时，编译器会就为该常量分配存储空间。需要注意的一点是，当我们要使用 const 常量时，值是从符号表中获取的，而不是使用分配的存储空间的值。

例如：

```
#include <stdio.h>

int main()
{
    const int a = 10;
    int *p = (int *)&a;
    *p = 20;

    printf ("&a = %p, p = %p\n", &a, p);
    printf ("a = %d, *p = %d\n", a, *p);

    return 0;
}
```

运行结果为：

```
&a = 00EFFB50, p = 00EFFB50
a = 10, *p = 20
```

a 有自己的存储空间，但是在使用 a 的时候，并不是使用这个存储空间的值，而是从符号表中取值的，符号表原理图如图 2-2 所示。

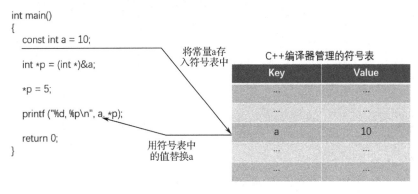

图 2-2　符号表原理图

2.8.3　const 与 define

1. const 与 define 的相同之处

C++中 const 和 define 都可以用来定义常量，例如：

```c
#include <stdio.h>

int main()
{
    const int a = 1;
    const int b = 2;
    int array[a + b ] = {1,2,3};
    int i = 0;

    for(i=0; i<(a+b); i++)
    {
        printf("array[%d] = %d\n", i, array[i]);
    }

    return 0;
}
```

运行结果为：

```
array[0] = 1
array[1] = 2
array[2] = 3
```

2. const 与 define 的不同之处

const 常量是由编译器处理的，提供类型检查和作用域检查；宏定义 define 由预处理器处理，是单纯的文本替换。先来看一下宏常量，如下代码所示。

```c
#include <iostream>

void func ()
{
    #define A 10
}

int main()
{
    printf ("A = %d\n", A);   //语句 1

    return 0;
}
```

运行结果为：

```
A = 10
```

　　宏定义是由预处理器处理的，进行单纯的文本替换，所以对于语句 1，在编译之前已经被替换成了"printf ("A = %d\n", 10);"，对于宏常量而言，作用域是从定义位置开始到文件结束，或者主动撤销，如在上述代码中撤销宏定义，则编译将不会通过。

```
#include <iostream>

void func ()
{
    #define A 10

    #undef A      //撤销宏
}

int main()
{
    printf ("A = %d\n", A);    //语句 1
    return 0;
}
```

　　const 常量是由编译器处理的，行为和普通变量有点类似，在传参（传递参数）的时候会进行类型检查，在使用的时候会进行作用检查。例如，下面的代码将不会通过编译。

```
#include <iostream>

void func ()
{
    const int a = 20;
}

void printA(char *str)
{
}

int main()
{
    const int b = 10;
    printA(b);                //语句 1
    printf ("a = %d\n", a);    //语句 2
    return 0;
}
```

　　语句 1 处会报错"不能将参数 1 从 'const int' 转换为 'char *'"，语句 2 处会报错"未声明的标识符"。

2.9　C++中的引用

2.9.1　引用的概念与基本使用

在生活中，我们表示一个人时有很多种方法，如笔名、本名、昵称或者学号、工号、身份证号等，都可以代表某个人。也就是说，同样一个人可以有多种称谓，也可以说是这个人的别名。在程序中，一个变量代表某一块连续的内存空间，如图2-3所示。

我们定义一个整型变量a，则a代表一块4个字节的内存空间，它的首地址是0x1000。这4个字节空间就像一个人，而a就是这个人的人名。那么我们是否可以用另一个名称来代表这一块空间呢?也就是说,我们是否也可以像给人取别名一样给这个空间也取一个别名呢?有的人可能会想到指针，用指针来指向这一块空间，但这和我们讲的别名是两回事，如图2-4所示。下面来看看使用指针是怎样一种情况。

```
int a;
int *p = &a;
```

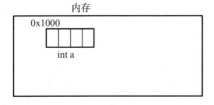

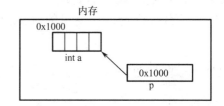

图2-3　变量代表的连续的内存空间　　　图2-4　变量、内存空间和之间的关系

我们定义一个指针p指向变量a，p并不是a所代表的内存空间的别名，只是存在一种间接的指向关系而已，p本身也代表了一块内存空间。C语言并没有给我们提供为变量名取别名的机制，也有的人可能会联想到typedef，但是typedef是对类型的重命名，不能对变量进行重命名。

C++提供了给变量定义别名的机制，那就是引用（Reference）。引用是C++相对于C语言的又一个扩充，下面就来看看引用的使用。

引用的定义方式类似于指针，只是用&取代了*，语法格式为：

```
type &name = data
```

type是被引用的数据的类型，name是引用的名称，data是被引用的数据。引用必须在定义的同时初始化，并且以后也要"从一而终"，不能再引用其他数据，这有点类似于常量（const变量）。

引用示例如下。

```
#include <iostream>
using namespace std;

int main()
{
```

```
    int a = 10;
    int &b = a;      //语句 1
    printf("a   = %d, b   = %d\n", a, b);
    printf("&a = %p, &b = %p\n", &a, &b);    //语句 2

    b = 20;          //语句 3
    printf("a = %d, b = %d\n", a, b);

    return 0;
}
```

运行结果为：

```
a = 10, b = 10
&a = 006FFEBC, &b = 006FFEBC
a = 20, b = 20
```

本例中，变量 b 就是变量 a 的引用，它们都用来指代同一份数据。也可以说，变量 b 是变量 a 的另一个名字。从输出结果可以看出，a 和 b 的地址一样，都是 0x006FFEBC；或者说地址为 0x006FFEBC 的内存有两个名字，即 a 和 b，想要访问该内存上的数据时，使用哪个名字都行。

注意，引用在定义时需要添加&，在使用时不能添加&，使用时添加&表示取地址。如上面代码所示，第语句 1 中的&表示引用，语句 2 中的&表示取地址。除了这两种用法，&还可以表示位运算中的与运算。

由于引用 b 和原始变量 a 都是指向同一地址的，所以通过引用也可以修改原始变量中所存储的数据，如语句 3，对 b 赋值和对 a 赋值是一样的，因为 b 和 a 代表的是同一块内存空间。

2.9.2　引用作为函数参数

在 C 语言中，函数参数传递可以分为两种：值传递和地址传递，也就是传递变量的值和传递变量的地址。现在我们又多一种函数参数传递的方式，那就是引用。

在定义或声明函数时，我们可以将函数的形参指定为引用的形式，这样在调用函数时就会将实参和形参绑定在一起，让它们都指代同一份数据。如此一来，如果在函数体中修改了形参的数据，那么实参的数据也会被修改，从而达到"在函数内部影响函数外部数据"的效果。下面我们通过交换两个变量的值来比较一下值传递、地址传递和引用传递的不同。

```cpp
#include <iostream>
using namespace std;

//值传递
void swap1(int a, int b)
{
    int tmp = a;
    a = b;
    b = tmp;
```

```
    }

//地址传递
void swap2(int *pa, int *pb)
{
    int tmp = *pa;
    *pa = *pb;
    *pb = tmp;
}

//引用传递
void swap3(int &a, int &b)
{
    int tmp = a;
    a = b;
    b = tmp;
}

int main()
{
    int num1 = 10;
    int num2 = 20;
    swap1(num1, num2);
    printf ("num1 = %d, num2 = %d\n", num1, num2);

    swap2(&num1, &num2);
    printf ("num1 = %d, num2 = %d\n", num1, num2);

    swap3(num1, num2);
    printf ("num1 = %d, num2 = %d\n", num1, num2);

    return 0;
}
```

运行结果为：

```
num1 = 10, num2 = 20
num1 = 20, num2 = 10
num1 = 10, num2 = 20
```

本例演示了三种交换变量的值的方法。

（1）swap1()。直接传递参数的内容，不能达到交换两个变量的值的目的。对于 swap1()来说，a、b 是形参，是作用范围仅限于函数内部的局部变量，它们有自己独立的内存，和 num1、num2 指代的数据不一样，如图 2-5 所示。

调用函数时分别将 num1、num2 的值传递给 a、b，此后 num1、num2 和 a、b 再无任何关系，在 swap1()内部修改 a、b 的值不会影响函数外部的 num1、num2，更不会改变 num1、num2 的值。

（2）swap2()。传递的是指针，能够达到交换两个变量的值的目的。调用函数时，分别将

num1、num2 的指针传递给 pa、pb，如图 2-6 所示。

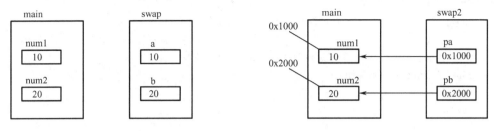

图 2-5　Swap1()示意图　　　　　　图 2-6　Swap2()示意图

此后 pa、pb 指向 num1、num2 所代表的数据，在函数内部可以通过指针间接地修改 num1、num2 的值。

（3）swap3()。按引用传递，能够达到交换两个变量的值的目的。调用函数时，分别将 a、b 绑定到 num1、num2 所指代的数据，此后 a 和 num1、b 和 num2 就都代表同一份数据了，通过 a 修改数据后会影响 num1，通过 b 修改数据后也会影响 num2。

从以上代码的编写中可以发现，引用作为其他变量的别名而存在，因此在一些场合可以代替指针，而且引用相对于指针来说具有更好的可读性和实用性。在以后的 C++编程中，应该尽可能地使用引用，尤其在对一些复合数据类型的变量进行参数传递时引用，可以极大地节省开销。

2.9.3　引用作为函数返回值

引用除了可以作为函数形参，还可以作为函数返回值。在将引用作为函数返回值时，应该注意一个小问题，就是不能返回局部数据（如局部变量、局部对象、局部数组等）的引用，因为当函数调用完成后局部数据就会被销毁，有可能在下次使用时数据就不存在了，C++编译器在检测到该行为时也会给出警告。我们可以返回一个全局变量或者静态变量的引用。对于将引用作为函数返回值的函数，有以下 4 种处理方式。

● 不接收函数返回值；
● 用一个普通变量接收函数返回值，这时接收的是变量的值而不是变量的引用。
● 用一个引用接收函数返回值，接收的是一个引用。
● 当成左值来使用。

我们通过下面的代码来看看这 4 种使用方式。

```
#include <stdio.h>

int& func()
{
    static int a = 0;
    a++;

    printf ("a = %d\n", a);
    return a;
}
```

```
int main()
{
    func();                //1、不接收返回值

    int a = func();    //2、用一个普通变量去接收,接收到的是一个值
    printf ("main a = %d\n", a);
    a = 20;
    func();

    int &b = func();  //3、用一个引用去接收，接收到的是一个引用
    printf ("b = %d\n", b);
    b = 30;
    func();

    func() = 100;        //4、一个函数返回引用，可以当成左值使用
    printf ("b = %d\n", b);

    return 0;
}
```

运行结果为：

```
a=1
a=2
main a=1
a=3
a=4
b=4
a=31
a=32
b=100
```

在注释 1 处调用 func()函数，对函数内部静态变量 a 进行了初始化，a 自加后值变为 1。在注释 2 处用一个普通变量接收 func()的返回值，因为 a 是静态变量，这时返回的值是 2，main 函数中的 a 接收的是 func()函数中 a 的值，而不是变量的引用，所以接下来改变 main 函数中的 a 并没有影响到 func()函数中的 a。在注释 3 处用一个引用去接收 func()的返回值，接收的是 a 的引用，b 和 a 代表的是同一块空间，所以当 b 的值改变后，a 的值也就跟着改变了。在注释 4 处直接拿函数当成左值使用，这种情况只有函数返回值是引用才可以，这里实际是将 100 赋值给了 func()中的 a，因为 b 是 a 的引用，所以 b 的值有相应的改变。

2.9.4 指针引用

指针也是数据类型的一种，在参数传递时也可以传递指针的引用，这在某些场合会大大简化我们的编程，尤其是在为指针变量分配空间时，由于涉及一级指针与二级指针的转换，很多人因不清楚这中间的关系而经常犯错，而使用引用理解起来很方便，也不容易犯错。请看下面的例子。

```cpp
#include <iostream>
#include <stdlib.h>
#include <string.h>

using namespace std;

struct Student
{
    int id;
    char name[20];
};

void printS(Student *ps)
{
    cout << "id = " << ps->id << ", name = " << ps->name << endl;
}

//不使用引用，需要二级指针
void getStudent1(Student **pstu)
{
    Student *tmp    = (Student *)malloc(sizeof(Student)/sizeof(char));
    if (tmp == NULL)
    {
        *pstu = NULL;
        return;
    }

    tmp->id = 10;
    strcpy(tmp->name, "wang");

    *pstu = tmp;
}

//指针引用
void getStudent2(Student* &pstu)
{
    pstu    = (Student *)malloc(sizeof(Student)/sizeof(char));
    if (pstu == NULL)
    {
        return;
    }

    pstu->id = 10;
    strcpy(pstu->name, "wang");
}
//指针引用
int main()
{
```

```
        Student *pstu1 = NULL;
        getStudent1(&pstu1);
        printS(pstu1);

        Student *pstu2 = NULL;
        getStudent2(pstu2);
        printS(pstu2);

        return 0;
}
```

运行结果为：

```
id = 10, name = wang
id = 10, name = wang
```

2.9.5　常引用

引用在作为函数参数传递的时候，形参与实参代表的是同一块内存，这在方便我们编程的同时也带来了很多的隐患。例如，我们并不希望实参的值被修改，但是在函数内部不小心修改形参的值，那么这个时候实参的值也会相应改变，所以对于那些不希望被修改的参数，在定义的时候最好定义为常引用。所谓常引用，是指不能通过引用来改变被引用对象的值。常引用的定义方式为：

```
const Type &name = var;
```

常引用（const 引用）的初始化方式有两种。

（2）用一个普通变量去初始化常引用，例如：

```
int a;
const int &b = a;
```

b 是 a 的常引用，a 和 b 代表同一块空间，但是不能通过 b 来修改 a 的值。

（2）使用常量去初始化常引用，例如：

```
const int &num = 10;
```

我们常说，引用是一块空间的别名，这个前提是得先有一个空间。常量 10 是没有地址空间的，那么 num 又是如何成为 10 的引用的呢？其实是这样的，当用常量对 const 引用进行初始化时，编译器会在内存中开辟一块空间，并用这个常量的值对新开辟的空间进行初始化，然后将 b 作为这一块空间的别名。我们可以通过指针修改新分配出来的这个空间的值，来看一下 num 是否会被改变。例如：

```
#include <iostream>

int main()
{
    const int &num = 10;
    int *p = (int *)&num;
```

```
        *p = 200;
        printf ("num = %d\n", num);

        return 0;
    }
```

运行结果为：

```
num = 200
```

从上面的结果可以看出，虽然我们用常量对 const 引用进行初始化，但是实际上 const 引用还是引用了内存上的一块空间。

这里要注意的是，常量是不能用来初始化普通引用的，即下面的语句是不合法的。

```
int &num = 10;
```

所以如果有些人会疑惑为什么下面的函数在调用时编译总是通不过。

```
int add(int &a, int &b);

add(10,20);
```

这里函数形参是一个普通引用，而实参是一个常量，而常量是用来初始化普通引用的。要想支持这样的使用方式，函数原型应改为：

```
int add(const int &a, const int &b);
```

2.9.6　引用的本质

在使用引用时会让人误以为没有内存空间，但引用是否真的没有内存空间呢?看如下的代码。

```
#include <stdio.h>

struct A
{
    char &a;
    char &b;
};

int main()
{
    printf("sizeof(A) = %d\n", sizeof(A));

    return 0;
}
```

运行结果为：

```
sizeof(A) = 8
```

从结果来看，引用变量占有 4 个字节的空间，这和指针很相似，而且之前也提到过引用和 const 修饰的变量很相似。实际上，C++编译器在编译过程中使用常指针作为引用的内部实现，因此引用所占用的空间大小与指针相同。从使用的角度来看，引用会让人误会其只是一个别名，没有自己的存储空间。这是 C++为了实用性而做出的细节隐藏。

引用在 C++内部实现是一个常指针：

```
Type &name = var ==>    Type *const name = &var;
```

即对于如下代码：

```
int a = 10;
int &b = a;
```

编译器在内部实际转换为：

```
int a = 10;
int * const b = &a;
```

对于原代码中出现的 b，编译器在编译时均以 *b 进行代替，这就解释了为什么引用变量和被引用的变量在进行取地址操作时值是一样的。例如：

```
printf ("&a = %d, &b = %d\n", &a, &b);
```

在编译时会转换为：

```
printf ("&a = %d, &b = %d\n", &a, &(*b));
```

2.10 C++内联函数

2.10.1 内联函数的概念和使用

函数调用是有时间和空间开销的。程序在执行一个函数之前需要做一些准备工作，要将实参、局部变量、返回地址，以及若干寄存器都压入栈中，然后才能执行函数体中的代码；函数体中的代码执行完毕后还要清理现场，将之前压入栈中的数据都出栈，才能接着执行函数调用位置以后的代码。

如果函数体代码比较多，需要较长的执行时间，那么函数调用机制占用的时间可以忽略；如果函数只有一两条语句，那么大部分的时间都会花费在函数调用机制上，这种时间开销就不容忽视。

在 C 语言中，可以使用宏函数来消除函数调用的时空开销，编译器通过复制宏代码的方式，省去了参数入栈、出栈等操作，虽然存在一些安全隐患，但在效率上，还是很可取的。不过宏函数还是有不少缺陷的，主要表现在以下几个方面。

（1）在复制代码时，容易出现意想不到的边际效应，例如：

```
#define MAX(a, b) (a) > (b) ? (a) : (b)
```

执行语句

```
result = MAX(i, j) + 2;
```

时，会被解释为：

```
result = (i) > (j) ? (i) : (j) + 2;
```

（2）使用宏，无法进行调试。

（3）使用宏，无法访问类（后续章节会讲到）的私有成员。

C++推荐使用 const 常量来代替宏常量，而关于宏函数，C++提供了一种提高效率的方法，即在编译时将函数调用处用函数体替换，类似于 C 语言中的宏展开。这种在函数调用处直接嵌入函数体的函数称为内联函数（Inline Function），也称为内嵌函数或者内置函数。

指定内联函数的方法很简单，只需要在函数定义处增加关键字 inline 即可，如下所示。

```
inline int myMax(int a, int b)
{
    return (a > b ? a : b);
}
```

在声明内联函数时，关键字 inline 必须和函数定义结合在一起，否则编译器会直接忽略内联请求。

2.10.2　内联函数的特点和使用限制

（1）内联函数在最终生成的代码中是没有定义的，C++编译器直接将函数体插入在函数调用的地方，内联函数没有普通函数调用时的额外开销（如压栈、跳转、返回）。

（2）C++编译器不一定准许函数的内联请求！对函数进行 inline 声明只是程序员对编译器提出的一个建议，而不是强制性的，并非一经指定为 inline，编译器就必须这样做。

（3）内联函数是一种特殊的函数，具有普通函数的特征（参数检查、返回类型等），内联函数由编译器处理，直接将编译后的函数体插入在调用的地方；而宏函数是由预处理器处理的，进行简单的文本替换，没有任何编译过程。

（4）现代 C++编译器能够进行编译优化，因此一些函数即使没有 inline 声明，也可能被编译器内联编译。另外，一些现代 C++编译器提供了扩展语法，能够对函数进行强制内联，如 g++中的__attribute__((always_inline))属性。

C++中内联编译的限制如下。

- 不能存在任何形式的循环语句；
- 不能存在过多的条件判断语句；
- 函数体不能过于庞大；
- 不能对函数进行取址操作；
- 函数内联声明必须在调用语句之前。

编译器对于内联函数的限制并不是绝对的，内联函数相对于普通函数而言，其优势只是省去了函数调用时压栈、跳转和返回等的开销。因此，当函数体的执行开销远大于压栈、跳转和返回等操作所用的开销时，那么内联函数将变得没有意义。

2.11　C++函数的默认参数

在 C++中，定义函数时可以给形参指定一个默认的值，在调用函数时如果没有给这个形参赋值（没有对应的实参），那么就使用这个默认的值。也就是说，调用函数时可以省略有默认值的参数。如果用户指定了参数的值，那么就使用用户指定的值，否则使用参数的默认值。所谓默认参数，指的是在函数调用中省略了实参时自动使用的一个值，这个值就是给形参指定的默认值。下面是一个简单的示例。

```cpp
#include <iostream>

using namespace std;

void add(int a, int b = 10, int c = 20)
{
    cout << a + b + c << endl;
}

int main()
{
    add(1, 2 ,3);
    add(1, 2);
    add(1);
    return 0;
}
```

运行结果为：

```
6
23
31
```

第一次调用 add() 函数，传入了三个实参，这时形参 a、b、c 都有值；第二次调用 add() 函数，传入了两个实参，这个时候形参 a 和 b 有值，分别为 1 和 2，而形参 c 使用默认参数 20，因为在调用函数的时候并没有为 c 传入数值；第三次调用 add() 函数，传入一个实参，所以只有 a 有值，b 和 c 分别使用默认参数。如果调用 add() 函数的实参列表为空呢？这当然是不行的，a 没有默认参数，调用的时候必须传入参数，否则在编译时就会报错。

需要大家注意的是，使用默认参数时要注意以下规则。

（1）默认参数的定义顺序自右向左，如果一个形参设置了默认参数，那么它的右边所有参数都必须有默认参数，例如：

```cpp
int add2(int a, int b = 2, c);      //这种声明是不合法的
```

（2）调用函数时，遵循参数调用顺序，如果有参数传入，会优先从左向右依次匹配。

（3）默认参数的值必须是确定的，可以是全局变量、常量、函数。

2.12　C++函数的占位参数

C++函数的形参除了可以使用默认参数，还可以指定占位参数。占位参数只有参数类型声明，而没有参数名声明，一般情况下，在函数体内部无法使用占位参数，如下所示。

```
#include <iostream>

using namespace std;

void add(int a, int b, int)
{
    cout << a + b << endl;
}

int main()
{
    add(1, 2 ,3);
    return 0;
}
```

运行结果为：

```
3
```

函数 add()第三个参数只有一个 int 类型声明，并没有给出具体变量名称，这就是占位参数，占有一个变量位置，但是无法使用。虽然无法使用，但是在函数调用的必须要填上相应的实参，所以像 "add(1,2);" 这样的调用是不合法的。

其实，类似这种只有占据一个位置但无法使用的情况在 C 语言中也是有的，如 C 语言结构体的无名位域，虽然占据了一定的空间，但是因为没有名字，所以无法使用，例如下面的结构体定义。

```
struct A
{
    unsigned int a : 10;
    unsigned int    : 20;
    unsigned int c : 2;
};
```

a 与 c 之间间隔 20 位，这 20 位就是一个无名位域，占据 20 位的空间，但是没有名称，故无法使用。

为了避免在调用函数时给占位参数传参，可以给占位参数设置一个默认值，例如：

```
void add(int a, int b, int=0)
{
    cout << a + b << endl;
}
```

这样在调用函数时就可以用下面的方式：

```
add(1,2);
```

2.13　C++中的函数重载

2.13.1　函数重载的概念

在实际开发中，有时需要实现几个功能类似的函数，只是有些细节不同。例如，希望交换两个变量的值，这两个变量有多种类型，可以是 int、float、char、bool 等类型，我们需要通过参数把变量的地址传入函数内部。在 C 语言中，程序员往往需要分别设计出三个不同名的函数，其函数原型如下。

```
void swap1(int *a, int *b);        //交换 int 变量的值
void swap2(float *a, float *b);    //交换 float 变量的值
void swap3(char *a, char *b);      //交换 char 变量的值
void swap4(bool *a, bool *b);      //交换 bool 变量的值
```

但在 C++中，这完全没有必要。C++允许多个函数拥有相同的名字，只要它们的参数列表不同就可以，这就是函数的重载（Function Overloading）。借助重载，一个函数名可以有多种用途。

例如，借助函数重载交换不同类型的变量的值。

```cpp
#include <iostream>
using namespace std;

//交换 int 变量的值
void Swap(int *a, int *b)
{
    int temp = *a;
    *a = *b;
    *b = temp;
}

//交换 float 变量的值
void Swap(float *a, float *b)
{
    float temp = *a;
    *a = *b;
    *b = temp;
}

//交换 char 变量的值
void Swap(char *a, char *b)
{
    char temp = *a;
    *a = *b;
    *b = temp;
}
```

```
//交换 bool 变量的值
void Swap(bool *a, bool *b)
{
    char temp = *a;
    *a = *b;
    *b = temp;
}

int main()
{
    //交换 int 变量的值
    int n1 = 10, n2 = 20;
    Swap(&n1, &n2);
    cout<<n1<<", "<<n2<<endl;

    //交换 float 变量的值
    float f1 = 12.1, f2 = 56.93;
    Swap(&f1, &f2);
    cout<<f1<<", "<<f2<<endl;

    //交换 char 变量的值
    char c1 = 'A', c2 = 'B';
    Swap(&c1, &c2);
    cout<<c1<<", "<<c2<<endl;

    //交换 bool 变量的值
    bool b1 = false, b2 = true;
    Swap(&b1, &b2);
    cout<<b1<<", "<<b2<<endl;

    return 0;
}
```

运行结果为：

```
20, 10
56.93, 12.1
B, A
1, 0
```

通过本例可以发现，重载就是在一个作用范围内（同一个类、同一个命名空间等）有多个名称相同但参数不同的函数。重载的结果是让一个函数名拥有了多种用途，使得命名更加方便（在中大型项目中，给变量、函数、类起名字是一件让人苦恼的问题），调用更加灵活。在使用函数重载时，同名函数的功能应当相同或相近，不要用同一函数名去实现完全不相干的功能，虽然程序也能运行，但可读性不好，会使人觉得莫名其妙。

函数重载的判断标准如下。

● 函数名称相同；

● 参数列表必须不同（如个数不同、类型不同、参数排列顺序不同等）；

● 函数的返回类型可以相同，也可以不相同；

● 返回值不能作为重载的判定条件。

2.13.2　C++函数重载与函数指针

C++代码在编译时会根据参数列表对函数进行重命名，例如"void Swap(int a, int b)"会被重命名为"_Swap_int_int"，"void Swap(float x, float y)"会被重命名为"_Swap_float_float"。当发生函数调用时，编译器会根据传入的实参去逐个匹配，以选择对应的函数；如果匹配失败，编译器就会报错，这称为重载决议（Overload Resolution）。

不同的编译器有不同的重命名方式，这里仅仅举例说明，实际情况可能并非如此。从这个角度来讲，函数重载仅仅是语法层面的，本质上它们还是不同的函数，占用不同的内存，入口地址也不一样。

函数指针本质上是一个指针，内部的值是函数的入口地址。当使用重载函数名对函数指针进行赋值时，应根据重载规则挑选与函数指针参数列表一致的候选者，并严格匹配候选者的函数类型与函数指针的函数类型，也就是说，将一个重载函数名赋值给函数指针，该指针只能使用一个重载函数而不是所有的重载函数。

示例代码如下。

```
#include <iostream>
using namespace std;

//交换 int 变量的值
void Swap(int *a, int *b)
{
    int temp = *a;
    *a = *b;
    *b = temp;
}

//交换 float 变量的值
void Swap(float *a, float *b)
{
    float temp = *a;
    *a = *b;
    *b = temp;
}

typedef void (*pFunc)(int *, int *);

int main()
{
    pFunc    pSwap = Swap;        //语句 1
    int a = 10, b = 20;
    float f1 = 1.2, f2 = 2.3;
```

```
    pSwap(&a, &b);              //语句 2，正确 调用的是 Swap(int *, int *)
    pSwap(&f1, &f2);            //语句 3，错误

    return 0;
}
```

语句 1 处将函数 Swap 赋值给了函数指针 pSwap，因为 pSwap 是 "void (*)(int *, int *);"，实际上是将函数 "void Swap(int *a, int *b);" 的入口地址赋值给了 pSwap，所以语句 2 的调用是合法的，而语句 3 的调用是不合法的。

2.13.3　函数重载的二义性

当函数重载和函数的默认参数一起使用时，在某些情况下会产生对重载函数调用不明确的问题，例如：

```cpp
#include <iostream>
#include <map>
#include <string>
using namespace std;

int add(int a, int b)
{
    return a + b;
}

int add(int a, int b, int c = 10)
{
    return a + b + c;
}
int main()
{
    add(1,2);
    return 0;
}
```

这段代码是无法通过编译的，因为对于语句 "add(1,2)"，两个重载函数都可以被调用，所以编译器不知道该选择哪个，产生二义性问题。

2.13.4　函数重载与 const 形参

如果 const 修饰的是指针变量，那么通过判断它指向的是常量对象还是非常量对象，可以实现函数的重载，例如下面两个函数。

```cpp
void add(int *a, int *b);
void add(const int *a, const int *b);
```

编译器可以通过判断实参是否常量来推断应该调用哪个函数。下面通过一个例子来说明函数重载中 const 形参。

```cpp
#include <iostream>

using namespace std;

void add(const int *num1, const int *num2)
{
    cout << "(const int *num)sum is " << *num1 + *num2 << endl;
}

void add(int *num1, int *num2)
{
    cout << "(int *num)sum is " << *num1 + *num2 << endl;
}

void add(const int &num1, const int &num2)
{
    cout << "(const int &num)sum is " << num1 + num2 << endl;
}

void add(int &num1, int &num2)
{
    cout << "(int &num)sum is " << num1 + num2 << endl;
}

int main()
{
    const int a = 1;
    int b = 2;
    add(&a, &a);
    add(&b, &b);
    add(a, a);
    add(b, b);

    return 0;
}
```

运行结果为：

```
(const int *num)sum is 2
(int *num)sum is 4
(const int &num)sum is 2
(int &num)sum is 4
```

从运行结果可以看出，当传入的实参是 const 常量对象时，编译器会优先调用 const 常量形参函数；当传入的实参是非 const 常量对象时，编译器优先调用非 const 常量函数。大家可以尝试修改一下代码，把带有 const 形参的两个函数注释掉，其实编译运行也是没有问题的。

2.14　C++的动态内存分配

2.14.1　new 与 delete 的基本用法

在 C 语言中，动态分配内存使用 malloc()函数，释放内存使用 free()函数。在 C++中，这两个函数仍然可以使用，但是 C++又提供一种新的方式来进行动态内存分配，那就是 new 和 delete，例如：

```
int *p = new int;        //分配 1 个 int 型的内存空间
delete p;                //释放内存
```

malloc()和 free()并不是 C 语言语法的一部分，它们只是标准库提供的两个函数；而 C++的 new 和 delete 则不同，它们是 C++语法的一部分，要注意的是，它们不是函数，而是运算符。这有点类似 strlen 与 sizeof 的区别，很多人都以为 sizeof 是函数，但实际 sizeof 是 C 语言的关键字，是一种运算符。下面来看一下 new 和 delete 的用法。

1. 单个变量的动态创建与释放

```
Type *p = new Type(常量)
delete p;
```

new 操作符会根据后面的数据类型来推断所需的空间大小。new 和 malloc()不一样，new 可以分配一块存储空间并且指定这段空间存放的数据类型，还可以根据给定的参数列表对这段空间进行初始化。如果申请内存成功，则返回一个指针；如果申请失败，则返回 NULL，这个和 malloc()一样。

例如，申请一个存放 int 型变量的内存空间，并初始化为 10。

```cpp
#include <iostream>

using namespace std;

int main()
{
    int *p = new int(10);      //申请空间存储 int 型数据，初始化为 10
    cout << *p << endl;

    delete p;

    return 0;
}
```

2. 一段连续空间（数组）的申请与释放

```
Type *p = new Type[常量];
delete[] p;
```

用 new[]分配的内存需要用 delete[]释放，它们是一一对应的。和 malloc()一样，new 也是在堆区分配内存的，必须手动释放，否则只能等到程序运行结束后由操作系统回收。为了避免内存泄漏，通常 new 和 delete、new[]和 delete[]操作符应该成对出现，并且不要和 C 语言中 malloc()、free()一起混用。

在 C++中，建议使用 new 和 delete 来管理内存，它们可以使用 C++的一些新特性，最明显的是可以自动调用构造函数和析构函数，后续我们将会详细讲解。

例如，申请一块能存放 10 个整型数据的内存空间。

```
int *p = new int[10];   //分配 10 个整型数据的内存空间
delete[] p;
```

需要注意的是，申请数组空间时不能对这一段空间进行初始化。

2.14.2 拓展：多维数组的动态创建与释放

（1）二维数组的动态创建，例如申请存放二维数组 int a[5][6]的内存空间。

```
int** a= new int*[5];
for (int i = 0; i < 5; ++i)
{
    a[i] = new int[6];
}
```

使用 delete 进行内存释放，只要将顺序反过来就行了。

```
for (int i = 0; i < 5; ++i)
{
    delete[] a[i];
}
delete[] a;
```

（2）三维数组的动态创建与二维数组相似，例如，申请存放三维数组 int a[5][6][7]的内存空间。

```
int*** a= new int**[5];

//空间申请
for (int i = 0; i < 5; ++i)
{
    a[i] = new int*[6];
    for (int j = 0; j < 6; ++j)
    {
        a[i][j] = new int[7];
    }
}

//空间释放
for (int i = 0; i < 5; ++i)
{
    for (int j = 0; j < 6; ++j)
```

```
        {
            delete[] a[i][j];
        }
        delete[] a[i];
    }
    delete[] a;
```

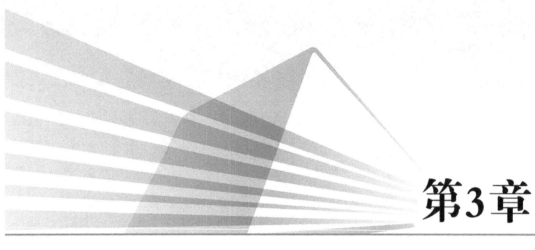

第3章

类和对象

3.1 面向对象编程介绍

3.1.1 什么是面向对象

面向对象将系统看成通过交互作用来完成特定功能的对象的集合，每个对象用自己的方法来管理数据。也就是说，只有对象内部的代码能够操作对象内部的数据。

3.1.2 面向对象的优点

1. 由活字印刷谈面向对象

一个故事（纯属虚构）：

话说三国时期，曹操带领百万大军攻打东吴，大军在长江赤壁驻扎，军船连成一片，眼看就要灭掉东吴，统一天下，曹操大悦，于是大宴众文武。酒席间，曹操诗兴大发，不觉吟道："喝酒唱歌，人生真爽……"众文武齐呼："丞相好诗！"于是一臣子速命印刷工匠刻板印刷，以便流传天下。

样板出来后给曹操一看，曹操感觉不妥，说道："喝与唱，此话过俗，应改为'对酒当歌'

较好！"于是此臣子就命工匠重新刻板。工匠眼看连夜刻板之工夫彻底白费，心中叫苦不迭，只得照办。

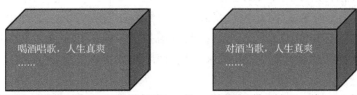

样板出来后再次请曹操过目，曹操细细一品，觉得还是不好，说："'人生真爽'太过直接，应改问句才够意境，应改为'对酒当歌，人生几何？……'"当大臣转告工匠时，工匠晕倒……

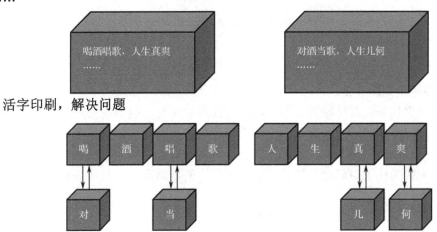

活字印刷，解决问题

- 要改，只需改文字即可，此乃可维护；
- 这些字以后还可用在其他版面，此乃可复用；
- 此版面要加字，只需另外刻字即可，此乃可拓展；
- 文字可以横排也可竖排，应对客户需求，此乃灵活性好。

而在此之前，上面的四大特性均无法满足，要修改必须重刻，要加字必须重刻，要重新排列必须重刻，而且原来的刻板毫无利用价值。

活字印刷，可谓人类思想的成功，面向对象的胜利。

2. 面向对象和面向过程对比

面向对象的优点：可通过继承、封装、多态等方法降低程序的耦合度，并结合设计模式让程序更容易修改和扩展，并且易于复用。

面向过程的缺点：不易维护、灵活性差、不易拓展，更谈不上复用，由于客户的需求多变，导致程序员加班加点，甚至整个项目经常返工。

3.1.3　面向对象的特点

面向对象有三大基本特征：封装、继承和多态。有的资料也会将抽象作为面向对象的特征之一。

1. 抽象的作用

抽象是人们认识事物的一种方法，抽象的关键是抓住事物本质，而不是内部具体细节或具体实现。

2. 封装的作用（见图 3-1）

封装是指按照信息屏蔽的原则,把对象的属性和操作结合在一起,构成一个独立的对象;通过限制属性和操作的访问权限,可以将属性"隐藏"在对象内部,对外提供一定的接口,在对象之外只能通过接口对对象进行操作;封装增强了对象的独立性,从而保证了数据的可靠性;外部对象不能直接操作对象的属性,只能使用对象提供的服务。

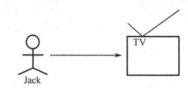

我们不用关心电视机的内部工作原理,
电视机提供了选台、调节音量等功能让我们使用

图 3-1　封装作用的形象实例

3. 继承的作用（见图 3-2）

继承表达了对象的一般与特殊的关系,特殊类的对象具有一般类的全部属性和服务。定义了一个类之后,又需定义一个新类,这个新类与原来的类相比,如果只是增加或修改了部分属性和操作,这时可以用原来的类派生出新类,只需在新类中描述自己所特有的属性和操作即可。继承性大大简化了对问题的描述,提高了程序的可重用性,从而提高了程序设计、修改、扩充的效率。

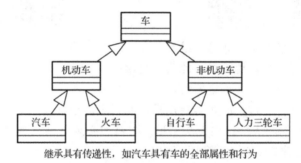

继承具有传递性,如汽车具有车的全部属性和行为

图 3-2　继承作用的形象实例

4. 多态的作用（见图 3-3）

多态性是指同一个消息被不同对象接收时,产生不同结果,即实现同一接口,不同方法。在一般类中定义的属性和服务,如果在特殊类中不改变其名字,通过各自不同的实现后,可以具有不同的数据类型或具有不同的行为。

当向图形对象发送消息进行绘图
服务请求后,图形对象会自动
判断自己的所属类,然后执行
相应的绘图服务

图 3-3　多态作用的形象实例

3.1.4　总结

1. 面向对象编程的优点

● 易维护:可读性高,即使改变需求,由于继承的存在,也只需在局部模块进行修改,维护起来非常方便,维护成本也比较低。

- 质量高：可重用在以前项目中已被测试过的类，使系统满足业务需求并具有较高的质量。
- 效率高：在软件开发时，根据设计的需要对现实世界的事物进行抽象，从而产了生类；采用这种方法解决问题，接近于日常生活和自然的思考方式，势必提高软件开发的效率和质量。
- 易扩展：由于继承、封装、多态的特性，可设计出高内聚、低耦合的系统结构，使系统更灵活、更容易扩展，而且成本也较低。

2．面向对象编程的缺点

相比面向过程的 C 语言，运行效率会下降 10%左右。

3.2　类和对象

3.2.1　类和对象的概念

C++是一门面向对象的编程语言，理解 C++，首先要理解类（Class）和对象（Object）这两个概念。

C++中的类（Class）可以看成 C 语言中结构体（Struct）的升级版。结构体是一种构造类型，可以包含若干成员变量，每个成员变量的类型可以不同；也可以通过结构体来定义结构体变量，使每个变量拥有相同的性质。例如：

```
#include <stdio.h>

//定义结构体 Student
struct Student
{
    int age;
    char *name;
};

void printS(Student &stu)
{
    printf("%s 的年龄是 %d\n", stu.name, stu.age);
}

int main()
{
    Student stu1;

    stu1.name = "小明";
    stu1.age = 15;


    //显示学生信息
```

```
        printS(stu1);

        return 0;
}
```

运行结果为：

小明的年龄是 15

C++中的类也是一种构造类型，但是进行了一些扩展，类的成员不但可以是变量，还可以是函数。通过类定义出来的变量有特定的称呼，即对象。例如：

```
#include <stdio.h>

//通过 class 关键字定义类
class Student
{
public:
    char *name;
    int age;

    //类包含的函数
    void printS()
    {
        printf("%s 的年龄是 %d\n", name, age);
    }
};

int main()
{
    Student stu1;        //用类定义了一个变量，用类定义的变量称为对象
    stu1.name = "小明";
    stu1.age = 15;
    stu1.printS();       //调用类的成员函数

    return 0;
}
```

运行结果与上例相同。

class 和 public 都是 C++中的关键字，暂且忽略 public（后续会深入讲解），把注意力集中在 class 上。

C 语言中的 struct 只能包含变量，而 C++中的 class 除了可以包含变量，还可以包含函数。上面代码中的 printS()是用来处理成员变量的函数，在 C 语言中，我们将它放在了"struct Student"外面，它和成员变量是分离的；而在 C++中，我们将它放在了"class Student"内部，使它和成员变量聚集在一起，看起来更像一个整体。

结构体和类都可以看成一种由用户自己定义的复杂数据类型，在 C 语言中可以通过结构体名来定义变量，在 C++中可以通过类名来定义变量。不同的是，通过结构体定义出来的变量还称为变量，而通过类定义出来的变量有了新的名称，即对象（Object）。

在上面的代码中，我们先通过 class 关键字定义了一个类 Student，然后又通过 Student 类创建了一个对象 stu1。变量和函数都是类的成员，创建对象后就可以通过点号"."来使用它们。

可以将类比喻成图纸，对象比喻成零件，图纸说明了零件的参数（成员变量）及其承担的任务（成员函数）；一张图纸可以生产出多个具有相同性质的零件，不同图纸可以生产不同类型的零件。

类只是一张图纸，起到说明的作用，不占用内存空间；对象才是具体的零件，要有地方来存放，需要占用内存空间。

在 C++ 中，类之于对象就像类型之于变量，通过类名就可以创建对象，即将图纸生产成零件，这个过程称为类的实例化，因此也称对象是类的一个实例（Instance）。

有些资料也将类的成员变量称为属性（Property），将类的成员函数称为方法（Method）。

关于 class 的几点使用说明如下。

- 在类定义的最后有一个分号";"，它是类定义的一部分，表示类定义结束了，不能省略；
- 一个类可以创建多个对象，每个对象都是类的一个变量；
- 类是一种复杂数据类型的声明，本身不占用内存空间；而对象是一份实实在在的数据，需要占用内存空间；
- 对象可以通过点号"."来访问类的变量和成员函数，这和结构体的使用类似；
- 成员函数是一个类的成员，出现在类中，它的作用范围由类来决定；而普通函数是独立的，作用范围是全局或者某个命名空间。

3.2.2　类的访问控制

在之前的章节中，我们提到面向对象的三大特性——封装、继承和多态。在 C 语言中，结构体封装了数据，函数封装了逻辑。而 C++ 的类将数据与逻辑进行了统一的封装，这里说的封装，其实说的只是数据的组合，而真正的封装还必须具有一个很重要的功能，那就是信息的隐藏。C++ 的类可以为成员变量和成员函数定义访问级别，从而实现部分信息的隐藏（即不可访问）。

访问级别由 public、protect 和 private 三个关键字控制，在使用这三个关键字之前先要搞明白一件事，那就是类的内部和类的外部。类的内部指的是定义类的内部代码，也就是类定义时大括号{}之间的区域，其他的区域称为类的外部。

下面我们来看一下这三个关键字的使用。

- public：公有属性，凡是在它下面定义的属性或者方法，不管是类的内部还是类的外部，都可以访问。
- protected：保护属性，凡是在它下面定义的属性或者方法只能在类的内部访问，这个关键字主要用于继承（后面的章节会有详解）。
- private：私有属性，凡是在它下面定义的属性或者方法只能在类的内部访问。

我们来看看下面的一个例子。

```
#include <iostream>
using namespace std;
```

```cpp
class Student
{
public:        //公有的
    void setId(int id)
    {
        m_id = id;
    }
    int getId()
    {
        return m_id;
    }

    void setName(char *name)
    {
        m_name = name;
    }
    char* getName()
    {
        return m_name;
    }

    void display()
    {
        std::cout << "id = " << m_id << ", name = " << m_name << std::endl;
    }

private:        //私有的
    int m_id;
    char *m_name;
};

int main()
{
    Student stu;
    stu.setName("小明");
    stu.setId(15);
    stu.display();

    return 0;
}
```

运行结果为：

id = 15, name = 小明

该例定义了一个学生的类，其中学生的 m_id 和 m_name 的属性都是私有（private）属性，无法在类的外部通过对象来使用这些变量，只能在类的内部使用。

例如，下面的代码就是错误的使用方式。

```
Student stu;
stu.m_name = "小明";
stu.m_id = 15;
```

成员函数 setId、getId、setName、getName 和 display 被设置为公有（public）属性，可以在类的外部通过对象访问。我们可以通过这些公有属性来修改和获取私有成员变量的值，如：

```
Student stu;
stu.setName("小明");
stu.setId(15);
cout << "id = " << stu.getId() << ", name = " << stu.getName() << endl;
```

访问控制的几点使用说明。

（1）public、protected 和 private 关键字可以多次出现，有效范围是下一个关键字出现之前，例如：

```
class Student
{
private:
    char *m_name;

public:
    void setname(char *name);
    void setage(int age);

public:
    void setscore(float score);
    void show();

private:
    int m_age;
    float m_score;
};
```

（2）在用 struct 定义类时，所有成员的默认属性为 public；在用 class 定义类时，所有成员的默认属性为 private。例如：

```
struct A
{
    int a;    //不写访问控制，默认属性是 public
private:
    int b;
};

class B
{
    int a;    //不写访问控制，默认属性是 private
 public:
```

```
        int b;
};
```

结构体 A 中的 a 之前没有写访问控制权限，那么默认的访问权限是公有的；类 B 中的 a 也没写访问控制权限，那么默认的访问权限是私有的。

3.2.3　类的使用案例

在实际开发中,我们通常将类的声明放在头文件中,而将成员函数的定义放在源文件中。

1．类的声明放在头文件中

```
//Student.h

#ifndef _Student_h_
#define _Student_h_
class Student
{
    public:
    int getAge(); //声明类的成员函数，函数在其他地方实现
    void setAge(int age);
    private:
    char m_name[20];
    int m_age;
};
#endif //_Student_h_
```

头文件书写格式为：在文件名的前后各加一个"_"，把"."换成"_"，比如"abc.h"换成"_abc_h_"。如果不同目录中有相同名字的头文件，这些头文件就可能被一起包含，这时_abc_h_还应加上相关模块信息加以区分（应尽量避免这种情况发生）。

宏名和文件名的大小写必须完全一致（因 UNIX/Linux 系统是区分文件名大小写的），这样也可以防止嵌套包含同一个头文件。

类的成员函数只需进行函数声明就行。

2．类的实现放在源文件中

```
//Student.cpp

#include "Student.h"
int Student::getAge()
{
    return m_age;
}
void Student::setAge(int age)
{
    m_age = age;
}
```

在类中直接定义函数时，不需要在函数名前面加上类名，因为函数属于哪一个类是不言而喻的。但当成员函数在类的外部定义时，就必须在函数名前面加上类名予以限定。"::"被

称为域解析符（也称为作用域运算符或作用域限定符），用来连接类名和函数名，指明当前函数属于哪个类，所以上面的两个函数前面的"**Student::**"一定不能省略。

成员函数必须先在类中进行原型声明，然后在类的外部定义，也就是说，类的位置应在函数定义之前。

在类的内部和类的外部定义成员函数是有区别的：在类的内部定义的成员函数会自动成为内联函数，在类的外部定义的函数则不会。当然，在类的内部定义的函数也可以加 inline 关键字，但这是多余的，因为在类的内部定义的函数默认就是内联函数。

内联函数一般不是我们所期望的，它会在函数调用处用函数体替代，所以我们建议在类的内部对成员函数进行声明，而在类的外部进行定义，这是一种良好的编程习惯。

3. 使用

```cpp
//main.cpp

#include <iostream>
#include "Student.h"
int main()
{
Student stu;
stu.setAge(10);
std::cout << stu.getAge() << std::endl;
return 0;
}
```

3.2.4　面向对象编程实例

掌握类的使用是进行面向对象编程的基础，从现在开始我们就应当逐渐从 C 语言的面向过程式的编程思维向面向对象思维转变。我们先通过下面的实例来体会面向对象编程的思维。

例如，设计一个圆形类和一个点类（Point），计算点在圆内部还是圆外，即求点和圆的关系（圆内和圆外）。

分析：这里要求完成两个类，一个是圆，另一个是点，目的是判断点是否在圆内。我们现在要考虑的问题就是如何去描述一个圆和一个点，对于本题来讲，最终目的是判断点是否在圆内，最简单的方法是计算点到圆心的距离是否大于半径，如果比半径大，则在圆外，否则在圆内（这里圆周上也当成圆内处理）。

所以涉及的内容有：圆心（一个点）、半径、另一个点、距离。圆心和半径是圆的属性，距离是计算出来的，应当设计一个函数去计算这个距离，那么剩下的就是点的描述。在坐标系中我们可以用横坐标和纵坐标来描述一个点的位置，所以作为一个点来讲，应该有横坐标和纵坐标两个属性。注意，点是一个类，圆心也是一个点，这里要充分利用我们现有的资源，圆和点的类初步定义如下。

```cpp
class Point
{
public:
    void setXY(int x, int y);
```

```
private:
    int m_x;            //横坐标
    int m_y;            //纵坐标
};

class Circle
{
public:
void setC(int x, int y, int r);

private:
    int    m_r;         //半径
    Point m_center;     //圆心
};
```

我们最终的目的是计算一个点和一个圆的关系，现在有两件事要做，一个是判断点与圆的关系，另一个是计算点与圆心的距离。在生活中，我们常说，做事要分工明确，每个人负责处理自己的事情，软件设计中同样应该遵循这个道理。

如果想知道一个点是否在一个圆内，应当去问一下这个圆："这个点是不是在你内部啊？"这时，这个圆会告诉你："不好意思，它不在。"而求点到圆心的距离其实就是求两个点之间的距离，这时，你应该去问这个点："你和另一个点之间距离有多远呀？"然后它会告诉你："那个点和我相距 20 个单位。"

基于上面的场景，对于圆来讲，应该提供一个判断一个点是否在圆内的方法；而对于点来讲，应当提供一个计算与另一个点之间距离的方法。但是，对于该实例来讲，为了简单起见，计算距离的平方会更方便一点。完整代码如下。

```
//文件名：point.h

#ifndef _point_h_
#define _point_h_

class Point
{
public:
    void setXY(int x, int y);

    //当前点与另一个点之间的距离的平方
    int distance(Point &p);

private:
    int m_x; //横坐标
    int m_y; //纵坐标
};

#endif //_point_h_

//文件名：point.cpp
```

```
#include "Point.h"

void Point::setXY(int x, int y)
{
    m_x = x;
    m_y = y;
}

int Point::distance(Point &p)
{
    int dis = (p.m_x - m_x)*(p.m_x-m_x) + (p.m_y - m_y)*(p.m_y-m_y);

    return dis;
}

//文件名：circle.h

#ifndef _circle_h_
#define _circle_h_

#include "point.h"

class Circle
{
public:
    void setC(int x, int y, int r);

    bool judge(Point &p);
private:
    int    m_r;                //半径
    Point m_center;            //圆心
};

#endif //_circle_h_

文件名：circle.cpp
#include "Circle.h"


void Circle::setC(int x, int y, int r)
{
    m_center.setXY(x, y);      //设置点
    m_r = r;
}

bool Circle::judge(Point &p)
{
```

```
        //点到圆心的距离与半径的关系
        if (p.distance(m_center) <= m_r*m_r)
            return true;
        else
            return false;
}

//文件名：main.cpp

#include <iostream>
#include "circle.h"

using namespace std;

int main()
{
    Circle c;
    c.setC(0, 0, 2);

    Point p;
    p.setXY(1,1);

    if (c.judge(p))
        cout << "在圆内" << endl;
    else
        cout << "不在圆内" << endl;

    return 0;
}
```

运行结果为：

```
在圆内
```

3.3　对象的构造和析构

3.3.1　构造函数

在 C++中，有一种特殊的成员函数，它的名字和类名相同，没有返回值，不需要用户显式调用（用户也不能调用），而是在创建对象时自动执行。这种特殊的成员函数就是构造函数（Constructor）。

在之前的示例中，我们通过成员函数 setName()、setId()、setXY()等分别为成员变量 m_name、m_id、m_x、m_y 等赋值，这样做虽然有效，但显得有点麻烦。有了构造函数，我们就可以简化这项工作，在创建对象的同时也为成员变量赋值，例如下面的代码。

```
#include <iostream>
```

```
using namespace std;

class Student
{
public:
    //声明构造函数
    Student(char *name, int age)
    {
        m_name = name;
        m_age = age;
    }
    //声明普通成员函数
    void show()
    {
        cout << m_name << "的年龄是" << m_age <<endl;
    }

private:
    char *m_name;
    int m_age;
};

int main()
{
    //创建对象时向构造函数传参
    Student stu("小明", 15);
    stu.show();

    return 0;
}
```

运行结果为：

小明的年龄是 15

该例在 Student 类中定义了一个构造函数"Student(char *, int)"，其作用是给两个 private 属性的成员变量赋值。要想调用该构造函数，就得在创建对象的同时传递实参，并且实参由"( )"包围，和普通的函数调用非常类似。

关于构造函数的几点说明：

- 构造函数的名称必须和类的名称相同；
- 构造函数不能有返回值，函数体中不能有 return 语句；
- 构造函数在定义对象时会自动执行，不需手动调用。

3.3.2　构造函数的重载和调用

和普通成员函数一样，构造函数是允许重载的。一个类可以有多个可以重载的构造函数，在创建对象时根据传递的实参来判断调用哪一个构造函数。例如下面的 Test 类。

```cpp
class Test
{
public:
    Test()                  //无参构造函数
    {
        m_a = 0;
        m_b = 0;

        cout << "无参构造函数被调用" << endl;
    }

    Test(int a)             //有 1 个参数的构造函数
    {
        m_a = a;
        m_b = 0;

        cout << "有 1 个参数的构造函数被调用" << endl;
    }

    Test (int a, int b)    //有 2 个参数的构造函数
    {
        m_a = a;
        m_b = b;
        cout << "有 2 个参数的构造函数被调用" << endl;
    }

    void print()
    {
        cout << "a = " << m_a << ", b = " << m_b << endl;
    }
private:
    int m_a;
    int m_b;
};
```

该类中有 2 个属性 m_a、m_b，有 3 个构造函数：无参构造函数将 a 和 b 都初始化为 0；有 1 个参数的构造函数对 a 进行赋值，将 b 初始化为 0；有 2 个参数的构造函数对 a 和 b 分别进行赋值。

构造函数的调用方式：构造函数的调用是强制性的，一旦在类中定义了构造函数，那么创建对象时就一定要调用，不调用是错误的；如果有多个可以重载的构造函数，那么创建对象时提供的实参必须和其中的一个构造函数匹配；也就是说，创建对象时只有一个构造函数会被调用。

1. 括号法

```cpp
Test t;                              //无参构造函数
t.print();
```

```
Test t1(10);                    //有 1 个参数的有参构造函数
t1.print();

Test t2(1,2);
t2.print();
```

运行结果为：

```
无参构造函数被调用
a = 0, b = 0
有 1 个参数的构造函数被调用
a = 10, b = 0
有 2 个参数的构造函数被调用
a = 1, b = 2
```

2. 等号法

```
Test t1 = 10;
t1.print();

Test t2 = (1,2);
t2.print();
```

运行结果为：

```
有 1 个参数的构造函数被调用
a = 10, b = 0
有 1 个参数的构造函数被调用
a = 2, b = 0
```

使用等号法时要注意，只能调用单个参数的构造函数，例如，"Test t2 = (1,2);"该等式右边是一个逗号表达式，实际等价于"Test t2 = 2;"。

3. 手动调用构造函数

```
Test t1 = Test();      //无参构造函数
t1.print();

Test t2 = Test(10);
t2.print();

Test t3 = Test(1,2);
t3.print();
```

运行结果为：

```
无参构造函数被调用
a = 0, b = 0
有 1 个参数的构造函数被调用
a = 10, b = 0
有 2 个参数的构造函数被调用
a = 1, b = 2
```

3.3.3 拷贝构造函数

1. 拷贝构造函数的概念

构造函数可以被重载，在定义对象的时候根据传递的参数不同会调用不同的构造函数。对于 3.3.2 节的 Test，如果使用如下方式定义对象，应如何编写构造函数呢？

```
Test t(10);
Test t1(t);
```

我们先定义了一个对象 t，这个时候调用的是 t 的单个参数的构造函数；对于 t1 来讲，我们用 t 对它进行构造，也就是初始化，那么这个构造函数接收的参数类型是 t 的类型，也就是 Test 类型，构造函数如下所示。

```
Test(Test obj);
```

之前提到在对复合数据类型进行参数传递时，为了避免进行数据的拷贝，最好使用引用，而为了避免实参数据被修改，最好使用常引用，所以在这里我们对这个构造函数进行一些修改，如下：

```
Test(const Test &obj);
```

这就是 Test 的拷贝构造函数。

我们把形式如 "className (const className &obj)" 的构造函数称为拷贝构造函数，也称为赋值构造函数。拷贝构造函数的作用是用一个现有的对象去初始化另一个对象。

2. 拷贝构造函数的调用时机

Test 的拷贝构造函数定义如下：

```
Test(const Test &obj)
{
    m_a = obj.m_a;
    m_b = obj.m_b;

    cout << "拷贝构造函数被调用" << endl;
}
```

（1）用一个对象去初始化另一个对象。

```
Test t(10);
Test t1(t);
Test t2 = t1;
Test t3 = Test(t1);
```

在创建对象 t1、t2、t3 时都是用 t 进行初始化的，都会调用拷贝构造函数。

（2）当函数形参是一个对象时，例如：

```
void printT(Test t)
{
    t.print();
}
```

通常以下面的方式调用：

```
Test t1(1, 2);
printT(t1);
```

运行结果为：

```
有 2 个参数的构造函数被调用
拷贝构造函数被调用
a = 1, b = 2
```

t1 在被构造的时候会调用 2 个参数的构造函数，之后调用函数 printT，实参到形参的传递，实际是一个复制的过程，这里等价于"Test t = t1"，会调用形参的拷贝构造函数。

一般情况下，对象为作函数形参时最好使用引用或者对象指针，以避免调用拷贝构造函数时进行对象的复制。

（3）函数返回值是一个对象。

```
Test func()
{
    Test t1;
    return t1;
}
```

一个函数返回一个对象，我们通常按以下方式处理。

① 不接收函数的返回值，调用方式如下。

```
func();
```

运行结果为：

```
无参构造函数被调用
拷贝构造函数被调用
```

通过结果发现，即使不接收函数的返回值，拷贝构造函数也会被调用，那么这个拷贝构造函数是谁调用的呢？如图 3-4 所示。

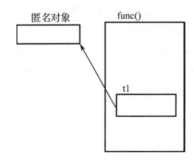

图 3-4　不接收函数的返回值时拷贝析造函数被调用

当函数返回一个对象时，会产生一个匿名对象，同时用 t1 对这个匿名对象进行初始化，然后调用这个匿名对象的拷贝构造函数。

② 用一个新的对象去接收函数的对象，使用方式如下。

```
Test t = func();
```

运行结果为：

> 无参构造函数被调用
> 拷贝构造函数被调用

运行结果和第一种方式是一样的。很多人这时候会觉得用匿名对象对 t 进行构造时，应该要调用一次 t 的拷贝构造函数，所以结果应该是调用了 2 次拷贝构造函数。但是编译器实际操作时并不会给 t 重新分配空间，而是直接将这个匿名对象给了 t，也就是说，直接用 t 对这个匿名对象进行命名，所以这里不会产生 2 次的拷贝构造调用。

③ 用一个已存在的对象去接收函数返回的对象，如图 3-5 所示，使用方式如下。

```
Test t(1,2);
t = func();
```

运行结果为：

> 有 2 个参数的构造函数被调用
> 无参构造函数被调用
> 拷贝构造函数被调用

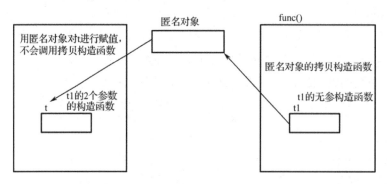

图 3-5 用一个已经存在的对象去接收函数返回的对象

第一行的运行结果是调用的 t 的 2 个参数的构造函数对 t 进行初始化；第二行的运行结果是调用的 t1 的无参构造函数对 t1 进行初始化；第三行的运行结果是用 t1 对匿名对象进行初始化，调用的是匿名对象的拷贝构造函数。

这里尤其要注意，语句"t = func();"是用匿名对象对 t 进行赋值的。构造函数只会在对象刚被创建时被调用，这时会为对象分配空间，而对这个新空间赋值的过程称为对象的初始化。赋值是修改原有的值，并不会创建新空间，也不会进行拷贝构造函数的调用。读者一定要区分对象初始化和赋值的不同。

3.3.4 默认构造函数

对于如下的代码：

```
#include <iostream>
using namespace std;

class Demo
```

```
{

};
int main()
{
    Demo d;
    Demo d1 = d;

    return 0;
}
```

编译运行都没有任何问题，其中，"Demo d;"会调用无参构造函数，"Demo d1 = d;"会调用 d1 的拷贝构造函数，但是无名的 Demo 类里面什么都没有，为什么可以运行成功呢？

如果用户自己没有定义构造函数，那么编译器会自动生成一个默认的无参构造函数，只是这个构造函数的函数体是空的，也不执行任何操作；如果用没有定义的拷贝构造函数，编译器也会自动生成一个默认的拷贝构造函数，进行简单数据的赋值。因此，上例中 Demo 可以运行成功。

一个类必须有构造函数，要么用户自己定义，要么编译器自动生成。一旦用户自己定义了构造函数，不管有几个，也不管形参如何，编译器都不再自动生成。

3.3.5　析构函数

创建对象时系统会自动调用构造函数进行初始化工作，同样，销毁对象时系统也会自动调用一个函数来进行清理工作，如释放分配的内存、关闭打开的文件等，这个函数就是析构函数。

析构函数（Destructor）也是一种特殊的成员函数，没有返回值，不需要程序员显式调用（程序员也没法显式调用），而是在销毁对象时自动执行。构造函数的名字和类名相同，而析构函数的名字是在类名前面加一个"~"符号。

注意：析构函数没有参数，不能被重载，因此一个类只能有一个析构函数。如果用户没有定义析构函数，编译器会自动生成一个默认的析构函数。

例如下面的代码。

```cpp
#include <iostream>
using namespace std;

class Demo
{
public:
    Demo()
    {
        cout << "构造函数被调用" << endl;
    }

    ~Demo()    //析构函数
    {
```

```
        cout << "析构函数被调用" << endl;
    }
};
int main()
{
    cout << "begin" << endl;

    {
        Demo d;
    }

    cout << "end" << endl;

    return 0;
}
```

运行结果为：

```
begin
构造函数被调用
析构函数被调用
end
```

析构函数在对象被销毁时调用，而对象的销毁时机与它所在的内存区域有关。在所有函数之外创建的对象是全局对象，它和全局变量类似，位于内存分区中的全局数据区，程序在结束执行时会调用这些对象的析构函数。

在函数内部或者代码块中创建的对象是局部对象，它和局部变量类似，位于栈区，出了当前作用域后会调用这些对象的析构函数。

3.3.6　构造函数的参数初始化列表

如果我们有一个类成员，它本身是一个类或者一个结构，而且这个成员只有一个带参数的构造函数，没有默认构造函数，这时如果要对这个类成员进行初始化，就必须调用这个类成员的带参数的构造函数，如下所示。

```
class A
{
public:
    A(int a, int b)
    {
        m_a = a;
        m_b = b;

        printf ("A 构造函数被调用，a = %d, b = %d\n", a, b);
    }
private:
    int m_a;
    int m_b;
```

```
};

class B
{
private:
    A m1;
    int m_c;
    int m_d;
};
```

类 A 中，只有一个带 2 个参数的构造函数，类 B 中有类 A 的一个对象，但类 B 没有定义构造函数，所以类 B 中有一个默认的无参构造函数，即使如此，我们也不能按以下方式直接定义一个类 B 的对象。

```
B b;
```

直接这样定义对象在编译时会报 "A:没有合适的默认构造函数可用" 的错误，原因是类 B 中有一个类 A 的对象 m1，而类 A 不支持无参构造，所以类 B 无法以默认的方式对去初始化 m1，必须显示地调用类 A 的构造函数对 m1 进行初始化。

明白原因之后，有人可能会以下面方式去写类 B 的构造函数。

```
B(int a, int b, int c, int d)
{
    m1 = A(a,b);
    m_c = c;
    m_d = d;
}
```

但还是无法通过编译，之前提到过初始化与赋值的区别，"m1 = A(a, b);" 是一个赋值操作而不是初始化，而赋值的前提是 m1 必须已经被初始化了，不管是有参初始化还是无参初始化。在我们之前所介绍的方式中并没有一个有效的方式能对 m1 进行初始化。

为了解决这个问题，C++提供了一种新的初始化成员变量的方法，那就是对象初始化列表，使用方式是在函数首部和函数体之间加一冒号：后面紧跟要初始化的参数，如下所示。

```
B(int a, int b, int c, int d) : m1(a,b), m_c(c)
{
    m_d = d;
    printf("B 的构造函数被调用\n");
}
```

初始化列表可用于全部成员变量的初始化，也可以只用于部分成员变量的初始化。

关于初始化列表的几点说明：
- 初始化列表要优先于当前对象的构造函数先执行；
- 子对象的初始化顺序和其在初始化列表的排列顺序无关，但和在类中的声明顺序有关，先声明的先初始化；
- 析构函数的调用顺序与构造函数相反；
- 参数初始化表还有一个很重要的作用，那就是初始化 const 成员变量，初始化 const 成员变量的唯一方法就是使用参数初始化表。

完整示例如下。

```cpp
#include <iostream>

using namespace std;
class A
{
public:
    A(int a, int b)
    {
        m_a = a;
        m_b = b;

        printf ("A 构造函数被调用，a = %d, b = %d\n", a, b);
    }

    ~A()
    {
        printf ("A 析构函数被调用，a = %d, b = %d\n", m_a, m_b);
    }
private:
    int m_a;
    int m_b;
};

class B
{
public:
    B(int a, int b, int c, int d):m3(a, b), m2(c,d), m1(b,c), f(0)
    {
        m_c = c;
        m_d = d;
        printf ("B 构造函数被调用，c = %d, d = %d\n", c, d);
    }

    ~B()
    {
        printf ("B 析构函数被调用，c = %d, d = %d\n", m_c, m_d);
    }
private:
    A m1;
    A m2;
    A m3;

    int m_c;
    int m_d;

    const int f;
```

```
};

int main()
{
    cout << "begin" << endl;
    {
        B b(1,2,3,4);
    }
    cout << "end" << endl;

    return 0;
}
```

运行结果为：

```
begin
A 构造函数被调用，a = 2, b = 3
A 构造函数被调用，a = 3, b = 4
A 构造函数被调用，a = 1, b = 2
B 构造函数被调用，c = 3, d = 4
B 析构函数被调用，c = 3, d = 4
A 析构函数被调用，a = 1, b = 2
A 析构函数被调用，a = 3, b = 4
A 析构函数被调用，a = 2, b = 3
end
```

3.3.7 对象的动态创建和释放

在 C 语言中，使用 malloc()和 free()来动态分配内存，C++中使用的是 new 和 delete。在对普通变量进行动态创建与释放时二者的差别并不是很大，但是在对象的动态创建与释放时却有很大的差别。

Malloc()仅仅是在堆上分配空间，而并不能对这块空间进行初始化，free()也仅仅释放了对这块空间的使用权，并不能对其内部资源进行处理。

而 new 在进行对象创建时会自动调用对象的构造函数对其进行初始化，delete 在释放对象时会自动调用对象的析构函数对对象的资源进行回收处理。例如，动态地创建 3.3.6 节中类 B。

```
int main()
{
    cout << "begin" << endl;
    {
        B *pb = new B(1,2,3,4);
        delete pb;
    }
    cout << "end" << endl;
    return 0;
}
```

运行结果为:

```
begin
A 构造函数被调用, a = 2, b = 3
A 构造函数被调用, a = 3, b = 4
A 构造函数被调用, a = 1, b = 2
B 构造函数被调用, c = 3, d = 4
B 析构函数被调用, c = 3, d = 4
A 析构函数被调用, a = 1, b = 2
A 析构函数被调用, a = 3, b = 4
A 析构函数被调用, a = 2, b = 3
end
```

3.4 浅拷贝和深拷贝

3.4.1 浅拷贝问题分析

默认拷贝构造函数可以完成对象的数据成员值简单的复制,但如果对象的数据资源是由指针指示的堆时,默认拷贝构造函数仅进行指针值拷贝,如下所示。

```cpp
#include <iostream>
#include <string.h>

using namespace std;

class Student
{
public:
    Student (int id, char *name)
    {
        m_id = id;
        m_name = new char[20];
        strcpy (m_name, name);
    }

    ~Student()
    {
        if (m_name != NULL)
        {
            delete[] m_name;
            m_name = NULL;
        }
        m_id = 0;
    }
    void print()
    {
```

```
            cout << "id = " << m_id << ", name = " << m_name << endl;
    }
private:
    int m_id;
    char *m_name;
};

int main()
{
    Student s1(1, "小明");
    s1.print();

    Student s2 = s1;
    s2.print();

    return 0;
}
```

先将析构函数注释掉，则程序运行结果为：

```
id = 1, name = 小明
id = 1, name = 小明
```

但是当将析构函数正常后，再运行程序，会发现程序运行出错。

问题分析：对象 s1 调用了普通构造函数进行构造，对象 s2 使用 s1 对其进行初始化，会调用 s2 的拷贝构造函数。因为我们没有提供拷贝构造函数，这里使用的是默认的拷贝构造函数，默认的拷贝构造函数只进行数据成员的值的简单复制，所以 s2 和 s1 的成员值是一样的。复制后内存结构如图 3-6 所示。

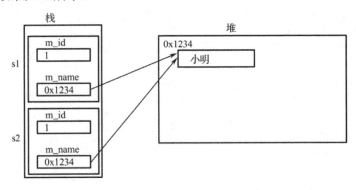

图 3-6　用一个已经存在的对象去接收函数返回的对象

s1 的 m_name 和 s2 的 m_name 指向的是堆上的同一块地址空间。在 main 函数中，当函数运行结束后，s1、s2 会被释放，释放的时候会调用析构函数。对象的构造和析构顺序是相反的，这里会先释放掉 s2，然后释放掉 s1。

释放 s2 时，s2 的 m_name 不是 NULL，所以会将堆上的 0x1234 开始的 20 个字节的空间释放掉，紧接着释放 s1，s1 的 m_name 也不为 NULL，所以 s1 的析构函数也会去释放掉 0x1234 开始的这 20 个字节的空间。但是因为这块空间已经被 s2 释放掉了，同一块地址空间是不能多次释放的，所以当 s1 再对这块空间进行释放时，自然会出错。这就好比夫妻两人有一套房子，丈夫将房子卖掉了，妻子还要再卖一次，这如何说得通呢？

3.4.2 深拷贝

对于上面的问题，默认的拷贝构造函数做的是一次浅拷贝，无法复制堆上的空间。所以当有成员变量使用了堆上的空间后，需要我们自己完成拷贝构造函数来进行深层次数据拷贝，即深拷贝，也就是进行堆上的空间复制。

修改后的代码如下。

```cpp
#include <iostream>
#include <string.h>
using namespace std;

class Student
{
public:
    Student (int id, char *name)
    {
        m_id = id;
        m_name = new char[20];
        strcpy (m_name, name);
    }

    ~Student()
    {
        if (m_name != NULL)
        {
            delete[] m_name;
            m_name = NULL;
        }
        m_id = 0;
    }

    //复制堆上的空间，进行深拷贝
    Student(const Student &obj)
    {
        m_id = obj.m_id;
        m_name = new char[20];
        strcpy (m_name, obj.m_name);
    }

    void print()
    {
        cout << "id = " << m_id << ", name = " << m_name << endl;
    }
private:
```

```
        int m_id;
        char *m_name;
};

int main()
{
        Student s1(1, "小明");
        s1.print();

        Student s2 = s1;
        s2.print();

        return 0;
}
```

运行结果为：

```
id = 1, name = 小明
id = 1, name = 小明
```

这时的内存使用情况如图 3-7 所示。

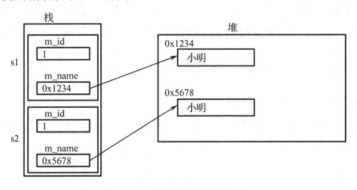

图 3-7　深拷贝时内存使用情况

其中，s1 的 m_name 和 s2 的 m_name 各指向堆上的一段空间，不会相互影响。

3.5　静态成员变量和静态成员函数

3.5.1　静态成员变量

对象的内存中包含了成员变量，不同的对象占用不同的内存，这使得不同对象的成员变量相互独立，它们的值不受其他对象的影响。例如，有两个相同类型的对象 a、b，它们都有一个成员变量 m_name，修改 a.m_name 的值不会影响 b.m_name 的值。

但有时候我们希望在多个对象之间共享数据，对象 a 改变了某份数据后对象 b 可以检测到。共享数据的典型使用场景是计数，以前面的 Student 类为例，如果我们想知道班级中共有多少名学生，就可以设置一份共享的变量，每次创建对象时让该变量加 1。

在 C++中，我们可以使用静态成员变量来实现多个对象共享数据的目标。静态成员变量是一种特殊的成员变量，它由关键字 static 修饰，例如：

```
#include <iostream>
using namespace std;

class Student
{
public:
    Student(char *name, int age, float score);
    void show();
private:
    static int m_total;    //静态成员变量
private:
    char *m_name;
    int m_age;
    float m_score;
};
```

这段代码声明了一个静态成员变量 m_total，用来统计学生的人数。

static 成员变量属于类，不属于某个具体的对象，即使创建多个对象，也只为 m_total 分配一份内存，所有对象使用的都是这份内存中的数据。当某个对象修改 m_total 时，也会影响到其他对象。

static 成员变量必须在类声明的外部初始化，具体形式为：

```
type class::name = value;
```

type 是变量的类型，class 是类名，name 是变量名，value 是初始值。将上面的 m_total 初始化：

```
int Student::m_total = 0;
```

静态成员变量在初始化时不能再加 static，但必须要有数据类型。由关键字 private、protected、public 修饰的静态成员变量都可以用这种方式初始化。

注意：static 成员变量的内存既不是在声明类时分配，也不是在创建对象时分配，而是在（类外）初始化时分配。反过来说，没有在类外初始化的 static 成员变量是不能使用的。

static 成员变量既可以通过对象来访问，也可以通过类来访问，例如下面的例子。

```
//通过类访问 static 成员变量
Student::m_total = 10;

//通过对象访问 static 成员变量
Student stu("小明", 15, 92.5f);
stu.m_total = 20;

//通过对象指针访问 static 成员变量
Student *pstu = new Student("李华", 16, 96);
pstu->m_total = 20;
```

下面来看一个完整的例子。

```cpp
#include <iostream>
using namespace std;

class Student
{
public:
    Student(char *name, int age, float score): m_name(name), m_age(age), m_score(score)
    {
        m_total++;   //操作静态成员变量
    }
    void show()
    {
        cout<< m_name << "的年龄是" << m_age << "，成绩是" << m_score << "（当前共有" << m_total << "名学生）" << endl;
    }
private:
    static int m_total;   //静态成员变量
private:
    char *m_name;
    int m_age;
    float m_score;
};

//初始化静态成员变量
int Student::m_total = 0;

int main()
{
    //创建匿名对象
    (new Student("小明", 15, 90)) -> show();
    (new Student("李磊", 16, 80)) -> show();
    (new Student("张华", 16, 99)) -> show();
    (new Student("王康", 14, 60)) -> show();

    return 0;
}
```

运行结果为：

```
小明的年龄是 15，成绩是 90（当前共有 1 名学生）
李磊的年龄是 16，成绩是 80（当前共有 2 名学生）
张华的年龄是 16，成绩是 99（当前共有 3 名学生）
王康的年龄是 14，成绩是 60（当前共有 4 名学生）
```

本例将 m_total 声明为静态成员变量，每次创建对象时，会调用构造函数使 m_total 的值加 1。

之所以使用匿名对象，是因为每次创建对象后只会使用它的 show()函数，不再进行其他操作。不过使用匿名对象无法回收内存，会导致内存泄漏，不建议在中大型程序中使用。

几点说明：

（1）一个类中可以有一个或多个静态成员变量，所有的对象都共享这些静态成员变量，都可以引用它。

（2）static 成员变量和普通 static 变量一样，都在内存分区中的全局数据区分配内存，在程序结束时才释放。这就意味着，static 成员变量不随对象的创建而分配内存，也不随对象的销毁而释放内存；而普通成员变量会在对象创建时分配内存，在对象销毁时释放内存。

（3）静态成员变量必须初始化，而且只能在类的外部进行，例如：

```
int Student::m_total = 10;
```

初始化时可以赋初值，也可以不赋值。如果不赋值，那么会被默认初始化为 0。全局数据区的变量都有默认的初始值 0，而动态数据区（堆区、栈区）变量的默认值是不确定的，一般认为是垃圾值。

（4）静态成员变量既可以通过对象访问，也可以通过类访问，但要遵循 private、protected 和 public 关键字的访问权限限制。当通过对象访问时，对于不同的对象，访问的是同一份内存。

3.5.2　静态成员函数

在类中，static 除了可以声明静态成员变量，还可以声明静态成员函数。普通成员函数可以访问所有成员（包括成员变量和成员函数），静态成员函数只能访问静态成员。

编译器在编译一个普通成员函数时，会隐式地增加一个形参 this，并把当前对象的地址赋值给 this，所以普通成员函数只能在创建对象后通过对象来调用，因为它需要当前对象的地址。而静态成员函数可以通过类来直接调用，编译器不会为它增加形参 this，它不需要当前对象的地址，所以不管有没有创建对象，都可以调用静态成员函数。

普通成员变量占用对象的内存，静态成员函数没有 this 指针，不知道它指向哪个对象，无法访问对象的成员变量，也就是说静态成员函数不能访问普通成员变量，只能访问静态成员变量。

普通成员函数必须通过对象才能调用，而静态成员函数没有 this 指针，无法在函数体内部访问某个对象，所以不能调用普通成员函数，只能调用静态成员函数。

静态成员函数与普通成员函数的根本区别在于：普通成员函数有 this 指针，可以访问类中的任意成员；而静态成员函数没有 this 指针，只能访问静态成员（包括静态成员变量和静态成员函数）。

下面是一个完整的例子，通过该例的静态成员函数可获得学生的总人数和总成绩。

```
#include <iostream>
using namespace std;

class Student
{
public:
    Student(char *name, int age, float score);
    void show();
```

```cpp
public:                        //声明静态成员函数
    static int getTotal();
    static float getPoints();
private:
    static int m_total;        //总人数
    static float m_points;     //总成绩
private:
    char *m_name;
    int m_age;
    float m_score;
};

int Student::m_total = 0;
float Student::m_points = 0.0;

Student::Student(char *name, int age, float score): m_name(name), m_age(age), m_score(score)
{
    m_total++;
    m_points += score;
}
void Student::show()
{
    cout<<m_name<<"的年龄是"<<m_age<<"，成绩是"<<m_score<<endl;
}
//定义静态成员函数
int Student::getTotal()
{
    return m_total;
}
float Student::getPoints()
{
    return m_points;
}

int main()
{
    (new Student("小明", 15, 90.6f)) -> show();
    (new Student("李磊", 16, 80.5f)) -> show();
    (new Student("张华", 16, 99.0f)) -> show();
    (new Student("王康", 14, 60.8f)) -> show();

    int total = Student::getTotal();
    float points = Student::getPoints();
    cout<<"当前共有"<<total<<"名学生，总成绩是"<<points<<"，平均分是"<<points/total<<endl;

    return 0;
}
```

运行结果为：

小明的年龄是 15，成绩是 90.6
李磊的年龄是 16，成绩是 80.5
张华的年龄是 16，成绩是 99
王康的年龄是 14，成绩是 60.8
当前共有 4 名学生，总成绩是 330.9，平均分是 82.725

总人数 m_total 和总成绩 m_points 是由各个对象累加得到的，必须声明为 static 类型才能共享；getTotal()、getPoints()分别用来获取总人数和总成绩，为了访问 static 成员变量，我们将这两个函数也声明为 static 类型。

在 C++中，静态成员函数的主要目的是访问静态成员，getTotal()、getPoints()当然也可以声明为普通成员函数，但是它们都只对静态成员进行操作，加上 static 语义更加明确。

和静态成员变量类似，静态成员函数在声明时要加 static，在定义时不能加 static。静态成员函数可以通过类来调用（一般都是这样做），也可以通过对象来调用，上例仅仅演示了如何通过类来调用。

3.6　C++对象的内存模型

3.6.1　编译器对属性和方法的处理机制

C++中的类从面向对象理论出发，将变量（属性）和函数（方法）集中定义在一起，用于描述现实世界。从计算机的角度来看，程序依然是由数据段和代码段构成的。那么，一个对象所占内存大小如何计算呢？

看如下的程序。

```cpp
#include <iostream>
using namespace std;

class Test
{
public:
    Test(int a, int b)
    {
    m_a = a;
    m_b = b;
    }
    void print()
    {
    cout << "a = " << m_a << ", b = " << m_b <<  endl;
    }

    static void printS()
    {
    cout << "c = " << m_c << endl;
```

```
    }
private:
    int m_a;
    int m_b;

    static int m_c;
};

int main()
{
    printf ("size = %d\n", sizeof(Test));
    Test t1(1,2),t2(3,4);
    t1.print();
    t2.print();

    return 0;
}
```

运行结果为：

```
size = 8
a = 1, b = 2
a = 3, b = 4
```

上例中的类 Test 的大小是 8，也就是 2 个整型变量的空间大小。其实 C++类对象中的成员变量和成员函数是分开存储的。

● 普通成员变量：存储在对象中，与 struct 变量具有相同的内存布局和字节对齐方式。

● 静态成员变量：存储在全局数据区中。

● 成员函数：存储在代码段中。

计算对象大小时，算的是普通变量的大小，静态成员变量和成员函数不包含在内。

那么问题来了：很多对象共用一块代码，代码是如何区分具体的对象的？换句话说，print() 是如何区分 t1 的 m_a、m_b 和 t2 的 m_a、m_b 的？

这涉及编译器对类中成员函数的处理。类在 C++内部是用结构体来实现的，具体转换关系如下所示。

```
#include <iostream>
using namespace std;
struct Test
{
    int m_a;
    int m_b;
};
static int m_c = 10;

void Test_init(Test* const p, int a, int b)
{
    p->m_a = a;
    p->m_b = b;
```

```
    }

    void Test_print(Test* const p)
    {
        cout << "a = " << p->m_a << ", b = " << p->m_b <<   endl;
    }

    void Test_printS()
    {
        cout << "c = " << m_c << endl;
    }

    int main()
    {
        Test t1;
        Test_init(&t1, 1, 2);

        Test t2;
        Test_init(&t2, 3, 4);

        Test_print(&t1);
        Test_print(&t2);
    }
```

这里只是模拟编译器的内部处理，以帮助我们更好地理解类，并不是编译器内部的真正实现。

由以上的转换，可以看出：

（1）C++类对象中的成员变量和成员函数是分开存储的，C 语言中的内存四区模型仍然有效。

（2）C++中类的普通成员函数都隐式地包含一个指向当前对象的常指针，在上面代码的转换中就是指针 p，通过这个常指针可以知道当前操作的是哪一个对象。

（3）静态成员函数、成员变量属于类。

静态成员函数与普通成员函数的区别：

● 静态成员函数不包含指向具体对象的指针。

● 普通成员函数包含一个指向具体对象的指针。

3.6.2　this 指针

在 3.6.1 节中我们知道类的普通成员函数都有一个指向当前对象的常指针，C++有一个关键字 this，专门用来表示这个指针。也就是说，对于类的普通成员函数来讲，可以直接在内部使用 this 来表示当前操作的对象。我们将上面的类 Test 进行如下修改。

```
class Test
{
public:
    Test(int a, int b)    //===> Test(Test* const this,int a,int b)
```

```
    {
        this->a = a;
        this->b = b;
    }
    void print()          //void print(Test* const this)
    {
        cout << "a = " << this->a << ", b = " << this->b <<   endl;
    }

    static void printS()
    {
        cout << "c = " << c << endl;
    }
private:
    int a;
    int b;

    static int c;
};
```

this 是一个指针，代表当前操作的对象，使用时候用"->"来访问成员变量或函数。

3.6.3　const 修饰成员函数

3.6.2 节的类 Test 中有一个 print()函数用来打印 Test 的内部成员，print()函数在内部实现时会转换为类似下面的形式。

```
void Test_print(Test* const this)
```

printf()函数会给增加一个 this 指针，这个指针指向当前操作的对象。this 是一个常指针，所以 this 本身的值是不能改变的，但是却可以通过 this 来改变指向的对象的值。对于 print()函数来讲，它的功能是打印数据，我们并不希望在它的内部修改对象的值，如果想达到这个目的，那么就必须对 this 指针做进一步的限制，将其改成：

```
const Test* const this
```

如何实现这个功能呢？就是用 const 来修饰函数，形式为：

```
void Test_print(Test* const this) const
```

const 成员函数可以使用类中的所有成员变量，但是不能修改它们的值，这种措施主要还是为了保护数据而设置的。const 成员函数也称为常成员函数。

常成员函数需要在声明和定义的时候在函数头部的结尾加上 const 关键字，例如下面的代码。

```
class Student
{
public:
    Student(char *name, int age, float score);
    void show();
```

```
        //声明常成员函数
        char *getname() const;
        int getage() const;
        float getscore() const;
private:
        char *m_name;
        int m_age;
        float m_score;
};

Student::Student(char *name, int age, float score): m_name(name), m_age(age), m_score(score)
{
}

void Student::show()
{
        cout<<m_name<<"的年龄是"<<m_age<<", 成绩是"<<m_score<<endl;
}
//定义常成员函数
char * Student::getname() const
{
        return m_name;
}

int Student::getage() const
{
        return m_age;
}

float Student::getscore() const
{
        return m_score;
}
```

  getname()、getage()、getscore()三个函数的功能都很简单，仅仅是为了获取成员变量的值，没有任何修改成员变量的企图，所以我们加了 const 限制，这是一种保险的做法，同时也使得语义更加明显。

  需要注意的是，必须在成员函数的声明和定义处同时加上 const 关键字。char *getname() const 和 char *getname()是两个不同的函数原型，如果只在一个地方加 const 会导致声明和定义处的函数原型发生冲突。

3.7　友元函数和友元类

  一个类中可以有 public、protected、private 三种属性的成员，通过对象可以访问 public 成员，只有本类中的函数可以访问本类的 private 成员。现在，我们来介绍一种例外情况，即友元（friend）。借助友元（friend），可以使得其他类中的成员函数以及全局范围内的函数访问当前类的 private 成员。

friend 的意思是朋友或者好友，与好友的关系显然要比一般人亲密一些。我们会对好朋友敞开心扉，倾诉自己的秘密，而对一般人会谨言慎行，潜意识地自我保护。在 C++中，这种友好关系可以用 friend 关键字指明，中文多译为"友元"，借助友元可以访问与其有好友关系的类中的私有成员。如果你对"友元"这个名词不习惯，可以按原文 friend 理解为朋友。

3.7.1 友元函数

在当前类的外部定义的、不属于当前类的函数也可以在类中声明，但要在前面加关键字 friend，这样就构成了友元函数。友元函数可以是不属于任何类的非成员函数，也可以是其他类的成员函数。

友元函数可以访问当前类中的所有成员，包括 public、protected、private 等属性的成员。

1. 将非成员函数声明为友元函数

代码演示：

```cpp
#include <iostream>
using namespace std;
class Student
{
    friend void show(Student *pstu);    //将 show()声明为友元函数

public:
    Student(char *name, int age, float score): m_name(name), m_age(age), m_score(score)
    {

    }
private:
    char *m_name;
    int m_age;
    float m_score;
};

//非成员函数
void show(Student *pstu)
{
    cout << pstu->m_name << "的年龄是 " << pstu->m_age << "，成绩是 " << pstu->m_score << endl;
}

int main()
{
    Student stu("小明", 15, 90.6);
    show(&stu);   //调用友元函数

    Student *pstu = new Student("李磊", 16, 80.5);
    show(pstu);   //调用友元函数
```

```
        return 0;
    }
```

运行结果为:

```
小明的年龄是 15,成绩是 90.6
李磊的年龄是 16,成绩是 80.5
```

show()是一个全局范围内的非成员函数,它不属于任何类,其作用是输出学生的信息。m_name、m_age、m_score 是 Student 类的 private 成员,原则上不能通过对象访问,但在 show() 函数中又必须使用这些 private 成员,所以将 show()声明为 Student 类的友元函数。读者可以测试一下,将上面程序中的第 5 行的友元声明删去,观察编译器的报错信息。

注意,友元函数不同于类的成员函数,在友元函数中不能直接访问类的成员,必须借助对象。下面的写法是错误的:

```
void show()
{
    cout << m_name << "的年龄是 " << m_age << ",成绩是 " << m_score<<endl;
}
```

在调用成员函数时会隐式地增加 this 指针,指向调用它的对象,从而使用该对象的成员;而 show()是非成员函数,没有 this 指针,编译器不知道使用哪个对象的成员,要想明确这一点,就必须通过参数传递对象(可以直接传递对象,也可以传递对象指针或对象引用),并在访问成员时指明对象。

2. 将其他类的成员函数声明为友元函数

友元函数不仅可以是全局函数(非成员函数),也可以是另外一个类的成员函数。请看下面的例子。

```
#include <iostream>
using namespace std;

class Address;    //提前声明 Address 类

//声明 Student 类
class Student
{
public:
    Student(char *name, int age, float score);

public:
    void show(Address *addr);

private:
    char *m_name;
    int m_age;
    float m_score;
};
```

```
//声明 Address 类
class Address
{
    //将 Student 类中的成员函数 show()声明为友元函数
    friend void Student::show(Address *addr);
public:
    Address(char *province, char *city, char *district);

private:
    char *m_province;        //省份
    char *m_city;            //城市
    char *m_district;        //区（市区）
};

//实现 Student 类
Student::Student(char *name, int age, float score): m_name(name), m_age(age), m_score(score)
{
}

void Student::show(Address *addr)
{
    cout<<m_name<<"的年龄是 "<<m_age<<"，成绩是 "<<m_score<<endl;
    cout<<" 家庭住址："<<addr->m_province<<" 省 "<<addr->m_city<<" 市 "<<addr->m_district<<" 区
"<<endl;
}

//实现 Address 类
Address::Address(char *province, char *city, char *district)
{
    m_province = province;
    m_city = city;
    m_district = district;
}

int main()
{
    Student stu("小明", 16, 95.5f);
    Address addr("陕西", "西安", "雁塔");
    stu.show(&addr);

    Student *pstu = new Student("李磊", 16, 80.5);
    Address *paddr = new Address("河北", "衡水", "桃城");
    pstu -> show(paddr);

    return 0;
}
```

运行结果为:

```
小明的年龄是 16, 成绩是 95.5
家庭住址: 陕西省西安市雁塔区
李磊的年龄是 16, 成绩是 80.5
家庭住址: 河北省衡水市桃城区
```

本例定义了 Student 和 Address 两个类, 程序将 Student 类的成员函数 show()声明为 Address 类的友元函数, 由此, show()就可以访问 Address 类的 private 成员变量了。

读者要注意以下几点:

① 程序第 4 行对 Address 类进行了提前声明, 是因为在 Address 类定义之前就在 Student 类中使用到了它, 如果不提前声明, 编译器会报错, 提示 "'Address' has not been declared"。类的提前声明和函数的提前声明是一个道理。

② 程序将 Student 类的声明和实现分开了, 而将 Address 类的声明放在了中间, 这是因为编译器是从上到下编译代码的, show()函数体中用到了 Address 的成员 province、city、district, 如果不提前知道 Address 的具体声明内容, 就不能确定 Address 是否拥有该成员 (类的声明中指明了该类有哪些成员)。

这里简单介绍一下类的提前声明。一般情况下, 类必须在正式声明之后才能使用; 但是某些情况下 (如上例所示), 只要进行了提前声明, 也可以先使用。

但是应当注意, 类的提前声明的使用范围是有限的, 只有在正式声明一个类后才能用它去创建对象。如果在上面程序的第 4 行之后增加如下所示的一条语句, 编译器就会报错。

```
Address addr;  //企图使用不完整的类来创建对象
```

因为创建对象时要为对象分配内存, 在正式声明类之前, 编译器无法确定应该为对象分配多大的内存。编译器只有在"见到"类的正式声明后 (其实是见到成员变量), 才能确定应该为对象预留多大的内存。在对一个类进行提前声明后, 可以用该类的名字去定义指向该类对象的指针变量 (本例就定义了 Address 类的指针变量) 或引用变量, 因为指针变量和引用变量本身的大小是固定的, 与它所指向的数据的大小无关。

③ 一个函数可以被多个类声明为友元函数, 这样就可以访问多个类中的 private 成员。

3.7.2　友元类

不仅可以将一个函数声明为一个类的"朋友", 还可以将整个类声明为另一个类的"朋友", 这就是友元类。友元类中的所有成员函数都是另外一个类的友元函数。

例如, 将类 B 声明为类 A 的友元类, 那么类 B 中的所有成员函数都是类 A 的友元函数, 类 B 就可以访问类 A 的所有成员, 包括 public、protected、private 属性的成员。

更改上例的代码, 将 Student 类声明为 Address 类的友元类。

```
#include <iostream>
using namespace std;

class Address;  //提前声明 Address 类

//声明 Student 类
```

```cpp
class Student
{
public:
    Student(char *name, int age, float score);

public:
    void show(Address *addr);

private:
    char *m_name;
    int m_age;
    float m_score;
};

//声明 Address 类
class Address
{
    //将 Student 类声明为 Address 类的友元类
    friend class Student;
public:
    Address(char *province, char *city, char *district);

private:
    char *m_province;        //省份
    char *m_city;            //城市
    char *m_district;        //区（市区）
};

//实现 Student 类
Student::Student(char *name, int age, float score): m_name(name), m_age(age), m_score(score)
{
}
void Student::show(Address *addr)
{
    cout<<m_name<<"的年龄是 "<<m_age<<"，成绩是 "<<m_score<<endl;
    cout<<"家庭住址："<<addr->m_province<<"省 "<<addr->m_city<<"市 "<<addr->m_district<<"区 "
<<endl;
}

//实现 Address 类
Address::Address(char *province, char *city, char *district)
{
    m_province = province;
    m_city = city;
    m_district = district;
}

int main()
```

```
{
    Student stu("小明", 16, 95.5f);
    Address addr("陕西", "西安", "雁塔");
    stu.show(&addr);

    Student *pstu = new Student("李磊", 16, 80.5);
    Address *paddr = new Address("河北", "衡水", "桃城");
    pstu -> show(paddr);

    return 0;
}
```

第 25 行代码将 Student 类声明为 Address 类的友元类，声明语句为：

```
friend class Student;
```

有的编译器也可以不写关键字 class，不过为了增强兼容性还是建议写上 class。

3.7.3 友元函数的几点说明

（1）友元函数的声明与位置、public、private 等都无关，可以在类的内部任意位置声明友元函数。

（2）友元函数不是类的内部函数。

（3）友元的关系是单向的而不是双向的，如果声明了类 B 是类 A 的友元类，不等于类 A 是类 B 的友元类，类 A 中的成员函数不能访问类 B 中的 private 成员。

（4）友元的关系不能传递，如果类 B 是类 A 的友元类，类 C 是类 B 的友元类，不等于类 C 是类 A 的友元类。

（5）友元函数会破坏类的封装性，不是迫不得已，尽量少用友元函数。

第4章

运算符重载

4.1 概念

4.1.1 什么是运算符重载

所谓重载，就是重新赋予新的含义。函数重载就是对一个已有的函数重新赋予新的含义，使之实现新功能，因此，一个函数名就可以用来代表不同功能的函数，也就是"一名多用"。运算符重载（Operator Overloading）也是同样的道理，同一个运算符可以有不同的功能。

实际上，我们已经在使用运算符重载了。例如，大家都已习惯于用加法运算符"+"对整数、单精度数和双精度数进行加法运算，如"5+8""5.8 +3.67"等，其实计算机对整数、单精度数和双精度数的加法操作过程是不相同的，但由于 C++已经对运算符"+"进行了重载，所以就能适用于 int、float、double 类型的运算。

又如，"<<"是 C++的位运算中的位移运算符（左移），但在输出操作中又是与流对象 cout 配合使用的流插入运算符；">>"也是位移运算符（右移），但在输入操作中又是与流对象 cin 配合使用的流提取运算符。这就是运算符重载（Operator Overloading）。C++对"<<"和">>"进行了重载，用户在不同的场合下使用它们时，作用是不同的。对"<<"和">>"的重载处理是放在头文件 stream 中的，因此，如果要在程序中用"<<"和">>"作为流插入运算符和流提取运算符时，必须在本文件模块中包含头文件 stream（当然还应当包括 using namespace std）。

现在要讨论的问题是：用户能否根据自己的需要对 C++已提供的运算符进行重载，赋予它们新的含义，使之一名多用呢？

4.1.2 运算符重载的使用

1. 全局范围的运算符重载

下面的代码定义了一个复数类 Complex，m_real 表示实部，m_imag 表示虚部，如下所示。

```
class Complex
{
public:
    Complex():m_real(0.0), m_imag(0.0)
    {
    }
    Complex(double real, double imag): m_real(real), m_imag(imag)
    {
    }
public:
    void display() const
    {
        cout << m_real << " + " << m_imag << "i" << endl;
    }
private:
    double m_real;    //实部
    double m_imag;    //虚部
};
```

现在想做如下操作：

```
Complex c1(4.3, 5.8);
Complex c2(2.4, 3.7);
Complex c3;
c3 = c1 + c2;
c3.display();
```

定义两个复数的对象，进行复数的相加减。但是 Complex 是我们自定义的数据类型，编译器并不知道它的加法运算规则，所以在这种情形下是无法通过的编译。

按照我们之前的思路，如果要实现两个复数的相加，可以写一个加法函数来实现，代码如下所示。

```
Complex add(const Complex &c1, const Complex &c2)
{
    Complex tmp(c1.m_real + c2.m_real, c1.m_imag + c2.m_imag);
    return tmp;
}
```

因为在 add 函数中访问了 Complex 的私有成员变量，所以要将 add 函数声明为 Complex 的友元函数，在 Complex 中加入如下语句。

```
friend Complex add(const Complex &c1, const Complex &c2);
```

使用如下。

```
int main()
{
    Complex c1(4.3, 5.8);
    Complex c2(2.4, 3.7);
    Complex c3;
    c3 = add(c1, c2);
    c3.display();
    return 0;
}
```

运行结果为：

6.7 + 9.5i

这是通过一个全局的函数来实现的两个复数的相加减，现在对 add 函数进行一次修改，将函数名改成 operator+，如下所示。

```
Complex operator+(const Complex &c1, const Complex &c2)
{
    Complex tmp(c1.m_real + c2.m_real, c1.m_imag + c2.m_imag);
    return tmp;
}
friend Complex operator+(const Complex &c1, const Complex &c2);
int main()
{
    Complex c1(4.3, 5.8);
    Complex c2(2.4, 3.7);
    Complex c3;
    c3 = operator+(c1, c2);
    c3.display();
    return 0;
}
```

operator+这个函数名虽然有点奇怪，也不符合我们的标识符命名规范，但是发现并不影响我们使用，结果和 add 函数是一样的。下面我们再修改一下使用方式，如下所示。

```
int main()
{
    Complex c1(4.3, 5.8);
    Complex c2(2.4, 3.7);
    Complex c3;
    c3 = c1 + c2;
    c3.display();
    return 0;
}
```

运行结果为：

6.7 + 9.5i

这次 "c3 = c1 + c2;" 竟然可以运行成功! 我们通过之前的一些修改完成了复数加法运算的功能, 这就是我们要讲的运算符重载。

运算符重载其实就是定义一个函数, 在函数体内实现想要的功能, 当用到该运算符时, 编译器会自动调用这个函数。也就是说, 运算符重载是通过函数实现的, 它本质上是函数重载。

运算符重载的格式为:

```
返回值类型 operator 运算符名称 (形参表列)
{
    //TODO:
}
```

operator 是关键字, 专门用于定义重载运算符的函数。我们可以将 operator 运算符名称这一部分看成函数名, 对于上面的代码, 函数名就是 operator+。

运算符重载函数除了函数名有特定的格式, 其他地方和普通函数并没有区别。

在上面的例子中, 我们重载了运算符 "+", 该重载只对 Complex 对象有效。当执行 "c3 = c1 + c2;" 语句时, 编译器检测到 "+" 号两边都是 complex 对象, 就会转换为类似下面的函数调用。

```
c3 = operator+(c1, c2);
```

完整代码如下。

```cpp
#include <iostream>
using namespace std;

class Complex
{
    friend Complex add(const Complex &c1, const Complex &c2);
    friend Complex operator+(const Complex &c1, const Complex &c2);
public:
    Complex():m_real(0.0), m_imag(0.0)
    {
    }
    Complex(double real, double imag): m_real(real), m_imag(imag)
    {
    }
public:
    void display() const
    {
        cout << m_real << " + " << m_imag << "i" << endl;
    }
private:
    double m_real;    //实部
    double m_imag;    //虚部
};

Complex add(const Complex &c1, const Complex &c2)
```

```
{
        Complex tmp(c1.m_real + c2.m_real, c1.m_imag + c2.m_imag);
        return tmp;
}

Complex operator+(const Complex &c1, const Complex &c2)
{
        Complex tmp(c1.m_real + c2.m_real, c1.m_imag + c2.m_imag);
        return tmp;
}

int main()
{
        Complex c1(4.3, 5.8);
        Complex c2(2.4, 3.7);
        Complex c3;
        c3 = c1 + c2;
        c3.display();
        return 0;
}
```

2. 在类的内部实现运算符重载

运算符重载本质上是一个函数，在上例中我们在全局范围重载了加法运算符，同样，我们也可以将运算符重载函数作为类的内部成员函数来使用。

将上述重载函数放到类的内部，我们先原封不动地放到类的内部，看看使用情况。

```
Complex operator+(const Complex &c1, const Complex &c2)
{
        Complex tmp(c1.m_real + c2.m_real, c1.m_imag + c2.m_imag);
        return tmp;
}
```

执行语句"c3 = c1 + c2;"，这时要运行加法的重载函数，其形式为：

```
c3 = c1.operator+(c1, c2);
```

我们知道，类的普通成员函数都有一个指向当前对象的指针 this，所以在"c1.operator+(c1, c2)"这样的函数调用中，参数中的左操作数 c1 是完全多余的。因为类普通成员函数拥有一个指向当前对象的指针 this，所以在将全局运算符重载函数转换为类的内部成员函数时需要去掉一个左操作数，正确形式为：

```
Complex operator+(const Complex &obj)
{
        Complex tmp(m_real + obj.m_real, m_imag + obj.m_imag);
        return tmp;
}
```

完整代码如下。

```
#include <iostream>
```

```
using namespace std;

class Complex
{
public:
    Complex():m_real(0.0), m_imag(0.0)
    {
    }
    Complex(double real, double imag): m_real(real), m_imag(imag)
    {
    }

    Complex operator+(const Complex &obj)
    {
        Complex tmp(m_real + obj.m_real, m_imag + obj.m_imag);
        return tmp;
    }
public:
    void display() const
    {
        cout << m_real << " + " << m_imag << "i" << endl;
    }
private:
    double m_real;    //实部
    double m_imag;    //虚部
};

int main()
{
    Complex c1(4.3, 5.8);
    Complex c2(2.4, 3.7);
    Complex c3;
    c3 = c1 + c2;
    c3.display();
    return 0;
}
```

运行结果为：

```
6.7 + 9.5i
```

在上面的例子中，我们在 Complex 类中重载了运算符"+"，该重载只对 Complex 对象有效。当执行"c3 = c1 + c2;"语句时，编译器检测到"+"号左边（"+"号具有左结合性，所以先检测左边）是一个 Complex 对象，就会调用成员函数 operator+()，也就是转换为下面的形式。

```
c3 = c1.operator+(c2);
```

c1 是要调用函数的对象，c2 是函数的实参。

虽然运算符重载所实现的功能完全可以用函数替代，但运算符重载使得程序的书写更加人性化，便于阅读。运算符重载后，原有的功能仍然保留，并没有丧失或改变。通过运算符重载，可以扩大 C++已有运算符的功能，使之能用于对象。

需要注意的是，同一种运算的运算符全局重载和类的内部重载只能同时存在一个，也就是说下面两个函数：

```
Complex operator+(const Complex &c1, const Complex &c2)
Complex operator+(const Complex &obj)
```

在一个程序中只能存在一个。

4.2　运算符重载的规则

运算符重载是通过函数重载实现的，在概念上大家都很容易理解，本节将介绍运算符重载的注意事项。

（1）并不是所有的运算符都可以重载，能够重载的运算符如下：

```
+  -  *  /  %  ^  &  |  ~  !  =  <  >  +=  -=  *=  /=  %=  ^=  &=  |=  <<  >>
<<=  >>=  ==  !=  <=  >=  &&  ||  ++  --  ,  ->*  ->  ()  []  new  new[]  delete  delete[]
```

在上述运算符中，[]是下标运算符，()是函数调用运算符，自增/自减运算符的前置和后置形式都可以重载。

不能重载的运算符如图 4-1 所示。

运算符	符号
作用域解析运算符	::
条件运算符	?:
直接成员访问运算符	.
类成员指针引用的运算符	.*
sizeof运算符	sizeof

图 4-1　不能重载的运算符

（2）重载不能改变运算符的优先级和结合性。假设 4.1 节的 Complex 类中重载了"+"和"*"，并且 c1、c2、c3、c4 都是 Complex 类的对象，那么下面的语句：

```
c4 = c1 + c2 * c3;
```

则等价于：

```
c4 = c1 + ( c2 * c3 );
```

乘法的优先级仍然高于加法，并且它们仍然是二元运算符。

（3）重载不会改变运算符的用法，原本有几个操作数、操作数在左边还是在右边，这些都不会改变。例如，"~"右边只有一个操作数，"+"总是出现在两个操作数之间，重载后也必须如此。

（4）运算符重载函数不能有默认的参数，否则就改变了运算符操作数的个数，这显然是错误的。

（5）运算符重载函数既可以作为类的成员函数，也可以作为全局函数。

将运算符重载函数作为类的成员函数时，二元运算符的参数只有一个，一元运算符不需要参数。之所以少一个参数，是因为类的普通成员函数本身就有一个指向当前对象的指针 this。

例如，4.1 节中的 Complex 类中重载了加法运算符。

```
Complex operator+(const Complex & A) const;
```

当执行

```
c3 = c1 + c2;
```

会被转换为：

```
c3 = c1.operator+(c2);
```

通过 this 指针隐式地访问 c1 的成员变量。

将运算符重载函数作为全局函数时，二元操作符就需要两个参数，一元操作符需要一个参数，而且其中必须有一个参数是对象，以便编译器区分这是程序员自定义的运算符，防止程序员修改用于内置类型的运算符的性质。

例如，下面这样是不对的。

```
int operator + (int a,int b)
{
    return (a-b);
}
```

"+"原来是对两个数相加，现在企图通过重载使它的作用改为两个数相减，如果允许这样重载的话，那么表达式 4+3 的结果是 7 还是 1 呢？显然，这是绝对禁止的。

如果有两个参数，这两个参数可以都是对象，也可以一个是对象，一个是 C++ 内置类型的数据，例如：

```
Complex operator+(int a, Complex &c)
{
    return Complex(a+c.real, c.imag);
}
```

它的作用是使一个整数和一个复数相加。

另外，将运算符重载函数作为全局函数时，一般都需要在类中将该函数声明为友元函数。原因很简单，该函数大部分情况下都需要使用类的 private 成员。

4.1 节的最后一个例子中，我们在全局范围内重载了"+"，并在 Complex 类中将运算符重载函数声明为友元函数，因为该函数使用到了 Complex 类的 m_real 和 m_imag 两个成员变量，它们都是 private 属性的，默认不能在类的外部访问。

（6）箭头运算符"->"、下标运算符"[]"、函数调用运算符"()"、赋值运算符"="只能以成员函数的形式重载，不能重载为类的友元函数。

4.3　常用的运算符重载

运算符重载的步骤：

（1）写出重载函数的名称，如"operator+()"。

（2）根据操作数写出函数的形参，如"operator+(int a, Complex &c)"。

（3）根据使用场景写出函数的返回值，如"Complex operator+(int a, Complex &c)"。

（4）完成函数体。

4.3.1　前置++与后置++的重载

自增运算符++和自减运算符--根据在操作数之前还是之后分为前置和后置，例如，自增运算符++，放在操作数前称为前置++，如++a；放在操作数之后称为后置++，如a++。

1. 前置++运算符

4.2 节的 Complex 需要进行自增运算，如++c1，我们约定关于复数自增要求实部与虚部一起自增。那么，这个时候编译器是不知道怎么运算的，需要我们自己去重载++运算符来实现这个操作，步骤如下。

（1）写出函数名称，我们重载的是++运算符，所以函数名称为：

```
operator++ ();
```

（2）写出函数的形参，++运算符只需要一个参数，全局重载的时候参数为一个，即c1；作为类的内部函数重载的时候，隐藏当前操作数，所以参数为空，结果如下。

```
operator++ (Complex &c)          //全局
operator++ ()                    //内部
```

（3）前置++的功能是先将操作数自增，然后将其代入表达式计算，所以函数返回值应当是自增后的当前对象，形参传入的是当前对象的引用，返回值最好也是当前对象的引用，如下所示。

```
Complex& operator++ (Complex &c)          //全局
Complex& operator++ ()                     //内部
```

（4）实现功能，函数体如下。

```
//全局实现：
Complex& operator++ (Complex &c)
{
    c.m_imag++;
    c.m_real++;
    return c;
}

//内部实现：
Complex& operator++ ()
{
```

```
        m_imag++;
        m_real++;
        return *this;
}
```

内部实现的时候函数没有形参，当前对象使用的是 this 指针，所以*this 就代表当前的对象。例如：

```
int main()
{
        Complex c1(4.3, 5.8);
        Complex c2(2.4, 3.7);
        Complex c3;
        c3 = ++c1 + c2;
        c3.display();
        return 0;
}
```

运行结果为：

```
7.7 + 10.5i
```

2. 后置++运算符

现在我们将"c3 = ++c1 + c2"改为"c3 = c1++ + c2"，那么结果会如何呢？

前置++的运算规则是先自增再运算，后置++的运算规则是先运算再自增。根据前面将的运算符重载步骤，先来写出后置++的原型：

```
Complex& operator++ (Complex &c)            //全局
Complex& operator++ ()                      //内部
```

我们发现按照之前的步骤写出的后置++的原型和前置++原型是一样的，那这样前置++和后置++使用就使用同一个函数，无法区分他们的功能了。

为了解决上述问题，对于后置自增与自减运算符，在其函数原型中增加一个 int 类型的占位参数，以此来区分是前置还是后置，后置++函数原型如下：

```
Complex operator++ (Complex &c, int)        //全局
Complex operator++ (int)                    //内部
```

后置++需要先使用再自增，这里就有一个问题，那就是函数调用结束的时候，对象本身已经被自增过了，那么如何使用原来的值呢？这里解决的办法是先定义一个临时对象保存当前对象的值，然后让当前对象自增，最后函数返回新建的临时对象，这样就可以使用对象原来的值。

注意上面的函数原型，函数返回值是一个对象而不是对象的引用。这是因为函数内部返回的是一个临时对象，所以函数的返回值类型就不能是引用，而是直接返回一个对象。

函数实现如下。

```
//全局实现:
Complex operator++ (Complex &c, int)
{
```

```
        Complex tmp(c.m_real, c. m_imag);
        c.m_imag++;
        c.m_real++;
        return tmp;
}
//内部实现:
Complex operator++ (nt)
{
        Complex tmp(m_real, m_imag);
        m_imag++;
        m_real++;
        return tmp;
}
```

使用示例如下。

```
int main()
{
        Complex c1(4.3, 5.8);
        Complex c2(2.4, 3.7);
        Complex c3;
        c3 = c1++ + c2;
        c1.display();
        c3.display();
        return 0;
}
```

运行结果为:

```
5.3 + 6.8i
6.7 + 9.5i
```

自减运算符重载和自增运算符的处理是一样的，这里不再赘述。

4.3.2　左移<<与右移>>操作符的重载

回顾一下我们之前的 cout 的使用:

```
cout << "hello world" << endl;
cout << a << b << endl;
```

之前我们说将左移操作符 << 当成数据流向来看待，那么现在我们就应该知道，cout 是一个对象，之所以能够像上面那样来使用，是因为在内部重载了<<操作运算符。

在 C++中，标准库本身已经对左移运算符<<和右移运算符>>分别进行了重载，使其能够用于不同数据的输入/输出，但是输入/输出的对象只能是 C++内置的数据类型（如 bool、int、double 等）和标准库所包含的类类型（如 string、complex、ostream、istream 等）。

如果我们自己定义了一种新的数据类型，需要用输入/输出运算符去处理，那么就必须对它们进行重载。本节以前面的 Complex 类为例来演示输入/输出运算符的重载。

我们想以如下方式打印复数对象的内容。

```
Complex c1(4.3, 5.8);
cout << c1;
```

cout 是 ostream 的一个对象,而 ostream 类的内部并没有能够打印 Complex 的左移操作符重载函数, 所以这里我们需要自己实现左移操作符的重载来实现 Complex 的打印。

还是按照之前的思路,先写出要重载的运算符函数的名称,形式为 "operator <<()",再来考虑它的参数,左移操作符<<需要两个参数,左操作数是 cout,它的类型是 ostream,右操作数是 c1,它的类型是 Complex。再来看它的返回值,"cout<<c1"转化为全局函数调用形式为 "operator<<(cout, c1)",从这个形式来看,好像不需要返回值。但是我们之前讲过 cout 支持链式输出,也就是说还可以以 "cout<<c1<<c2" 的形式输出。左移运算符的结合性是从左往右的,所以该语句调用形式为:

```
operator<< (operator <<(cout, c1), c2);
```

要想正确地输出 c2,函数的左操作数类型应该和 cout 类型一致,均为 ostream 类型。参数和返回值最好是引用,可以提升效率。下面为左移运算符重载的全局函数和内部函数原型。

```
ostream& operator<< (ostream &out, Complex &c)          //全局
ostream& operator<< (Complex &c)                        //内部
```

我们先来看内部的形式,在从全局向内部转换的时候,因为有 this 指针的存在,所以可以隐藏一个操作数。需要注意的是,在这里隐藏的左操作数是 ostream&out,也就是说 this 指针的类型是 ostream *,所以在左移运算符重载为内部函数时,需要放到 ostream 类中而不是 Complex 类的内部。

ostream 是 C++的预定义流类,我们无法修改它的源代码,所以左移操作符只能以全局函数的方式实现。

全局函数实现如下。

```
ostream& operator<< (ostream &out, Complex &c)
{
    out << c.m_real << " + " << c.m_imag << "i" << endl;
    return out;
}
```

因为这里使用了 Complex 类的内部私有成员变量,所以要将该函数声明为 Complex 类的友元函数,即

```
friend ostream& operator<< (ostream &out, Complex &c);
```

右移操作符和左移操作符处理方式相同,cin 是 istream 流类,重载函数原型如下。

```
istream & operator>>(istream & in, Complex &c)
{
    in >> c.m_real >> c.m_imag;
    return in;
}
friend istream & operator>>(istream & in, Complex & c);
```

综合演示如下。

```
#include <iostream>
using namespace std;

class Complex
{
    friend istream & operator>>(istream & in, Complex & A);
    friend ostream & operator<<(ostream & out, Complex & A);
public:
    Complex(double real = 0.0, double imag = 0.0): m_real(real), m_imag(imag){ };
public:
    //重载加法运算符
    Complex operator+(const Complex & c)
    {
        Complex tmp(m_real+c.m_real, m_imag+c.m_imag);

        return tmp;
    }

    //重载减法运算符
    Complex operator-(const Complex & c)
    {
        Complex tmp(m_real-c.m_real, m_imag-c.m_imag);

        return tmp;
    }

    //重载乘法运算符
    Complex operator*(const Complex & c)
    {
        Complex tmp;
        tmp.m_real = m_real * c.m_real - m_imag * c.m_imag;
        tmp.m_imag = m_imag * c.m_real + m_real * c.m_imag;
        return tmp;
    }

    //重载除法运算符
    Complex operator/(const Complex & c)
    {
        Complex tmp;
        double square = m_real * m_real + m_imag * m_imag;
        tmp.m_real = (m_real * c.m_real + m_imag * c.m_imag)/square;
        tmp.m_imag = (m_imag * c.m_real - m_real * c.m_imag)/square;
        return tmp;
    }

private:
    double m_real;   //实部
    double m_imag;   //虚部
```

```
};

//重载输入运算符
istream & operator>>(istream & in, Complex & A)
{
    in >> A.m_real >> A.m_imag;
    return in;
}

//重载输出运算符
ostream & operator<<(ostream & out, Complex & A)
{
    out << A.m_real <<" + "<< A.m_imag <<" i ";;
    return out;
}

int main(){
    Complex c1, c2, c3;
    cin>>c1>>c2;

    c3 = c1 + c2;
    cout<<"c1 + c2 = "<<c3<<endl;

    c3 = c1 - c2;
    cout<<"c1 - c2 = "<<c3<<endl;

    c3 = c1 * c2;
    cout<<"c1 * c2 = "<<c3<<endl;

    c3 = c1 / c2;
    cout<<"c1 / c2 = "<<c3<<endl;

    return 0;
}
```

运行结果为：

```
输入：
2.4 3.6
4.8 1.7
输出：
c1 + c2 = 7.2 + 5.3 i
c1 - c2 = -2.4 + 1.9 i
c1 * c2 = 5.4 + 21.36 i
c1 / c2 = 0.942308 + 0.705128 i
```

4.3.3　成员函数与友元函数重载的选择

能用成员函数重载运算符尽量用成员函数重载，但在某些情况下，只能使用友元函数重载运算符，例如对于无法修改左操作数的类，又如 4.3.2 节的 ostream 与 istream，或者左操作数是普通变量的情况。

我们看下面使用方式：

```
Complex c1(4.3, 5.8);
c1 = 10 + c1;
```

这里加法运算符的左右操作数类型分别是 int 和 Complex，如果重载为友元函数，函数原型为：

```
Complex operator+ (int num, Complex &c)
```

调用方式为：

```
operator+(10, c1)。
```

而如果换成成员函数，隐藏左操作数后，函数原型为：

```
Complex operator+ (Complex &c)
```

调用方式为：

```
10.operator+(c1)
```

很显然这种方式是无法实现的,对于这样的情况必须要将运算符重载为友元函数才可以。C++中不能用友员函数重载的运算符有：

```
=    ()    []    ->
```

4.4　赋值运算符=的重载

在讲述浅拷贝与深拷贝时我们举过一个学生的例子，现在再来看一下这个类。

```
#include <iostream>
#include <string.h>
using namespace std;

class Student
{
public:
    Student (int id, char *name)
    {
        m_id = id;
        m_name = new char[20];
        strcpy (m_name, name);
    }
```

```
        ~Student()
        {
            if (m_name != NULL)
            {
                delete[] m_name;
                m_name = NULL;
            }
            m_id = 0;
        }

        //复制堆上的空间，进行深拷贝
        Student(const Student &obj)
        {
            m_id = obj.m_id;
            m_name = new char[20];
            strcpy (m_name, obj.m_name);
        }

        void print()
        {
            cout << "id = " << m_id << ", name = " << m_name << endl;
        }
private:
        int m_id;
        char *m_name;
};
```

默认的拷贝构造函数无法复制堆上的空间，所以必须自己实现拷贝构造函数来进行堆上空间的复制。那么我们看看下面的使用方式又会如何。

```
Student stu(10, "小明");
Student stu1;
stu1 = stu;
```

编译的时候程序并没有问题，但是一运行程序马上会崩溃。

这里需要注意一下初始化与赋值的区别，当我们创建一个对象或者变量给它一个初始值，这称为对变量的初始化；而对一个已经存在变量，重新给它一个值，则称为赋值操作。例如，"Student stu1 = stu;"是对 stu1 的初始化，在对象初始化时会调用相应的构造函数，这里调用的是拷贝构造函数。而上面的示例中"stu1 = stu stu1"是一个已经存在的变量，将 stu 的值赋给 stu1 这是赋值操作，不是初始化，不会调用拷贝构造函数。实际上，这里调用的是赋值运算符重载函数。

和拷贝构造函数一样，当我们没有编写自己的赋值运算符重载函数时，编译器会默认提供一个赋值运算符重载函数，功能和拷贝构造函数相似，只进行值的一些简单赋值，是一个浅拷贝的过程，所以当涉及堆上空间的复制时，就必须自己编写赋值运算符重载函数来进行堆上空间的复制。

下面从使用方式上来推导一下赋值运算符重载函数的原型。先来看友元函数重载，函数名为 operator=()，左操作数为 stu1 右操作数为 stu，所以加上函数形参为 "operator=(const Student &stu1, const Student &stu2)"。运算符支持连等，所以可以使用 "stu2 = stu1 = stu" 的形式，而赋值运算符的结合性是从右往左的，所函数调用形式为"operator=(stu2, operator=(stu1, stu))"，那么 "operator=(stu1, stu)" 需要返回 stu1 本身，所以如果用友元函数重载，赋值运算符重载函数的原型为：

```
Student& operator=(const Student &stu1, const Student &stu2)
```

但是上一节也提到，赋值运算符只能重载为内部函数，不能以友元函数的形式重载。不过在不熟悉的情况下，我们可以先写出友元函数原型，再通过去掉一个左操作数来过渡到内部函数，去掉左操作数后的内部函数原型为：

```
Student& operator=(const Student &stu)
```

下面来看一下赋值运算符的实现，虽然默认的拷贝构造函数和默认的赋值运算符重载函数功能类似，但是我们自己编写的赋值运算符重载函数不能照搬拷贝构造函数的写法，如果按照之前的拷贝构造函数写法，则赋值运算符重载函数为如下形式。

```
Student& operator=(const Student &stu)
{
m_id = obj.m_id;
    m_name = new char[20];
    strcpy (m_name, obj.m_name);
}
```

看一下下面的使用方式。

```
Student stu(10, "小明");
Student stu1(12, "小红");
stu1 = stu;
```

stu1 内部有一个 m_name 成员变量，一开始指向堆上的一块空间，里面存的值是"小红"，如图 4-2 所示。

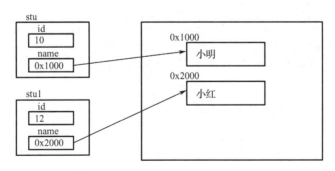

图 4-2　stu1 存储示意图（一）

当执行"stu1 = stu"以后，调用内部赋值运算符重载函数，该函数中在堆上新创建一块空间，将 stu 中 name 值拷贝过去，这个时候 stu1 中 m_name 指针指向新创建的这一块空间，原先的"小红"所在空间并没有释放，导致了这一整块空间都被泄露掉了，如图 4-3 所示。

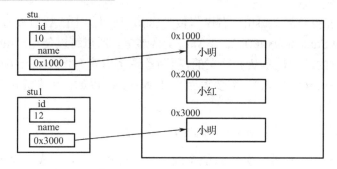

图 4-3　stu1 存储示意图（二）

所以赋值运算符重载的时候，在开辟新空间前必须将原有空间进行释放。不过在释放之前还有一个问题需要考虑，就是有些时候可能会有人做这样的操作，如"stu = stu"，即自己对自己进行赋值，这时如果将原来的空间释放掉，之后从当前空间拷贝的数据将是一些垃圾数据。对于这样的情况，需要先检测一下，如果是自己给自己赋值，则直接返回，不需要再进行接下来的操作，所以重载赋值运算符的步骤为：

- 检测是否为当前对象，是则直接放回；
- 释放旧空间；
- 开辟新空间；
- 进行数据复制。

代码如下。

```
Student& operator=(const Student &stu)
{
    //检测参数:是否是当前对象
    if(this == &stu)
        return *this;

    //1、释放原有空间
    if(m_name != NULL)
        delete[] m_name;

    //2、开辟新空间
    m_name = new char[20];

    //3、拷贝
    strcpy(m_name, stu.m_name);
    m_id = stu.m_id;

    return *this;
}
```

4.5　数组下标运算符[]的重载

C++规定，下标运算符[ ]必须以成员函数的形式进行重载，该重载函数在类中的声明格式如下：

```
返回值类型  & operator[ ] (参数);
```

或者

```
const  返回值类型  & operator[ ] (参数) const;
```

使用第一种声明方式，[ ]不仅可以访问元素，还可以修改元素；使用第二种声明方式，[ ]只能访问而不能修改元素。在实际开发中，我们应该同时提供以上两种形式，这样做是为了适应 const 对象，因为通过 const 对象只能调用 const 成员函数，如果不提供第二种形式，那么将无法访问 const 对象的任何元素。

下面我们通过一个具体的例子来演示如何重载[ ]，本例通过自定义的 Array 类来实现数组。

```cpp
#include <iostream>
using namespace std;

class Array
{
public:
    Array(int length = 0)
    {
        if(length == 0)
        {
            m_p = NULL;
        }
        else
        {
            m_p = new int[length];
        }
        m_length = length;
    }
    ~Array()
    {
        if (m_p != NULL)
            delete[] m_p;
        m_p = NULL;
        m_length = 0;
    }

public:
    int & operator[](int i)
    {
        return m_p[i];
    }
    const int & operator[](int i) const
    {
        return m_p[i];
    }
```

```
public:
    int length() const
    {
        return m_length;
    }
    void display() const
    {
        for(int i = 0; i < m_length; i++)
        {
            if(i == m_length - 1)
            {
                cout<< m_p[i] << endl;
            }
            else
            {
                cout << m_p[i] << ", ";
            }
        }
    }
private:
    int m_length;       //数组长度
    int *m_p;           //指向数组内存的指针
};


int main()
{
    int n;
    cin >> n;

    Array A(n);
    for(int i = 0, len = A.length(); i < len; i++)
    {
        A[i] = i * 5;
    }
    A.display();

    const Array B(n);
    cout << B[n-1] << endl;   //访问最后一个元素

    return 0;
}
```

运行结果为：

```
输入：
10
输出：
0, 5, 10, 15, 20, 25, 30, 35, 40, 45
```

重载[ ]运算符以后，表达式 arr[i]会被转换为"arr.operator[ ](i);"。

需要说明的是，B 是 const 对象，如果 Array 类没有提供 const 版本的 operator[ ]，那么"cout << B[n-1] << endl"这行代码在编译时将报错。虽然该代码只是读取对象的数据，并没有试图修改对象，但它调用了非 const 版本的 operator[ ]，编译器不管实际上有没有修改对象，只要调用了非 const 的成员函数，编译器就认为会修改对象（至少有这种风险）。

4.6　函数调用运算符()的重载

()运算符主要用于函数调用，它能使对象的使用看起来像函数调用。函数调用运算符()必须以成员函数的形式进行重载，该重载函数在类中的声明格式如下。

```
返回值类型  & operator() (参数);
```

使用方式如下。

```cpp
#include <iostream>

using namespace std;

class Test
{
public:
    void operator()(int a)
    {
        cout << "a = " << a << endl;
    }
};

int main()
{
    Test t;        //t 是一个对象

    t(10);         //行为类似函数的对象，但本质上是一个对象

    return 0;
}
```

运行结果为：

```
a = 10
```

4.7　new 和 delete 运算符的重载

内存管理运算符 new、new[]、delete 和 delete[]也可以进行重载，其重载形式既可以是类

的成员函数，也可以是全局函数。一般情况下，仅仅内建的内存管理运算符就够用了，只有在需要自己管理内存时才需要重载。

以成员函数的形式重载 new 运算符如下。

```
void * operator new( size_t size )
{
    //TODO:
}
```

以全局函数的形式重载 new 运算符如下。

```
void * operator new( size_t size )
{
    //TODO:
}
```

两种重载形式的返回值相同，都是 void *类型，并且都有一个参数，是 size_t 类型。在重载 new 或 new[]时，无论是成员函数还是全局函数，它的第一个参数必须是 size_t 类型。size_t 表示要分配空间的大小，对于 new[]的重载函数而言，size_t 表示所需要分配的所有空间的总和。

new 运算符的内部实现分为以下两步。

● 内存分配：调用相应的 operator new(size_t) 函数来动态分配内存。

● 构造函数：在分配到的动态内存块上初始化相应类型的对象（构造函数），并返回其首地址。

也就是说，外面重载的 operator new 实际上完成的是第一步，即动态内存分配。

size_t 在头文件<cstdio>中被定义为"typedef unsigned int size_t;"，即无符号整型。

当然，重载函数也可以有其他参数，但都必须有默认值，并且第一个参数的类型必须是 size_t。

同样地，delete 运算符也有两种重载形式。

以类的成员函数的形式进行重载如下所示。

```
void operator delete( void *ptr)
{
    //TODO:
}
```

以全局函数的形式进行重载如下所示。

```
void operator delete( void *ptr)
{
    //TODO:
}
```

两种重载形式的返回值都是 void 类型，并且都必须有一个 void 类型的指针作为参数，该指针指向需要释放的内存空间。

delete 运算符的内部实现分为以下两步。

● 析构函数：调用相应类型的析构函数来处理类内部可能涉及的资源释放。

● 内存释放：调用相应的 operator delete(void *)函数。

也就是说，外面重载的 operator delete 实际上完成的是第二步，即动态地内存释放。

关于 new/delete 的重载，请参考如下代码。

```cpp
#include <iostream>

using namespace std;

class T
{
public:
    T()
    {
        cout << "构造函数。" << endl;
    }

    ~T()
    {
        cout << "析构函数。" << endl;
    }

    void * operator new(size_t sz)
    {

        T * t = (T*)malloc(sizeof(T));
        cout << "内存分配。" << endl;

        return t;
    }

    void operator delete(void *p)
    {

        free(p);
        cout << "内存释放。" << endl;

        return;
    }
};

int main()
{
    T * t = new T(); //先内存分配，再构造函数

    delete t; //先析构函数，再释放内存

    return 0;
}
```

运行结果为：

内存分配。
构造函数。
析构函数。
内存释放。

如果类中没有定义 new 和 delete 的重载函数，那么会自动调用内建的 new 和 delete 运算符。

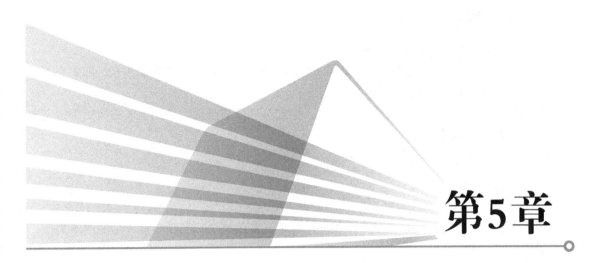

第5章

继承与派生

5.1 继承的概念及语法

面向对象程序设计有 4 个主要特点：抽象、封装、继承和多态性。我们已经讲解了类和对象，了解了面向对象程序设计的两个重要特征——数据抽象与封装，已经能够设计出基于对象的程序。这是面向对象程序设计的基础。

要较好地进行面向对象程序设计，还必须了解面向对象程序设计另外两个重要特征——继承和多态性。本章主要介绍有关继承的知识。多态性将在后续章节中讲解。

继承是面向对象程序设计最重要的特征。可以说，如果没有掌握继承，就等于没有掌握类和对象的精华，就没有掌握面向对象程序设计的真谛。

在传统的程序设计中，程序设计者往往要为每一种应用项目单独进行程序的开发，因为每一种应用都有不同的目的和要求，程序的结构和具体的编码是不同的，无法使用已有的软件资源。即使两种应用具有许多相同或相似的特点，程序设计者可以吸取已有程序的思路作为自己开发新程序的参考，但是仍然不得不重写程序或对已有的程序进行较大的修改。显然，这种方法的重复工作量是很大的。这是因为过去的程序设计方法和计算机语言缺乏软件重用的机制，无法利用现有的、丰富的软件资源，造成在软件开发过程中人力、物力和时间的巨大浪费，效率较低。

面向对象技术强调软件的可重用性（Software Reusability），C++语言通过提供类的继承机制解决了软件重用的问题。

5.1.1　类之间的关系

类与类之间的关系可以分为 has-A、uses-A 和 is-A 三种。

- has-A：包含关系，表示一个类由多个部件类构成。has-A 用类成员表示，即一个类中的数据成员是另一种已经定义的类。
- uses-A：一个类部分地使用另一个类，通过类之间成员函数的相互联系，用于定义友元或对象参数的传递。
- is-A：继承，继承关系具有传递性，不具有对称性。

5.1.2　继承关系

继承是类与类之间的关系，是一个很简单且很直观的概念，与现实世界中的继承类似，如儿子继承父亲的财产。

继承（Inheritance）可以理解为一个类从另一个类获取成员变量和成员函数的过程。例如，类 B 继承于类 A，那么类 B 就拥有类 A 的成员变量和成员函数。被继承的类被称为父类或基类。继承的类被称为子类或派生类。

派生类除了拥有基类的成员，还可以定义自己的新成员，以增强类的功能。

以下是两种典型的使用继承的场景。

（1）当创建的新类与现有的类相似，只是多出若干成员变量或成员函数时，可以使用继承，这样不但会减少代码量，而且新类会拥有基类的所有功能。

（2）当需要创建多个类，它们拥有很多相似的成员变量或成员函数时，也可以使用继承，可以将这些类的共同成员提取出来，定义为基类，然后从基类继承，既可以节省代码，也方便后续修改成员。

继承关系的示意图如图 5-1 所示。

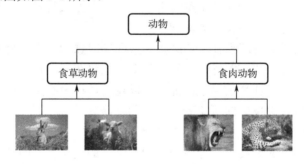

图 5-1　继承关系的示意图

5.1.3　继承的使用

继承的一般语法为：

```
class 派生类名:［继承方式］　基类名
{
    派生类新增加的成员
};
```

继承方式包括 public（公有的）、private（私有的）和 protected（受保护的）。继承方式是可选项。如果不写，则默认为 private。我们将在 5.2 节详细讲解这些不同的继承方式。

下面定义一个基类 People，然后由此派生出 Student 类。

```cpp
#include<iostream>
using namespace std;

//基类  People
class People
{
public:
    void setname(char *name)
    {
        m_name = name;
    }
    void setage(int age)
    {
        m_age = age;
    }
    char *getname()
    {
        return m_name;
    }
    int getage()
    {
        return m_age;
    }
private:
    char *m_name;
    int m_age;
};

//派生类  Student
class Student: public People
{
public:
    void setscore(float score)
    {
        m_score = score;
    }
    float getscore()
    {
        return m_score;
    }
private:
    float m_score;
};
```

```
int main()
{
    Student stu;
    stu.setname("小明");
    stu.setage(16);
    stu.setscore(95.5f);
    cout<<stu.getname()<<"的年龄是 "<<stu.getage()<<", 成绩是 "<<stu.getscore()<<endl;

    return 0;
}
```

运行结果为:

小明的年龄是 16, 成绩是 95.5

在本例中, People 是基类, Student 是派生类。Student 类继承了 People 类的成员, 同时还新增了自己的成员变量 score 和成员函数 setscore()、getscore()。这些继承过来的成员可以通过子类对象访问。

5.2　派生类的访问控制

继承方式限定了基类成员在派生类中的访问权限, 继承方式是可选项, 如果不写, 默认为 private (成员变量和成员函数也默认为 private)。

public、protected、private 三个关键字除了可以修饰类的成员, 还可以指定继承方式。

类成员的访问权限由高到低依次为 public、protected、private, public 成员可通过对象来访问, private 成员不能通过对象访问。

protected 成员和 private 成员类似, 也不能通过对象访问。但是当存在继承关系时, protected 和 private 就不一样了: 基类中的 protected 成员可以在派生类中使用, 而基类中的 private 成员不能在派生类中使用。

先来写一个基类 Parent。

```
//基类
class Parent
{
public:
    int base_public;

protected:
    int base_protect;

private:
    int base_private;
};
```

不同的继承方式会影响基类成员在派生类中的访问权限。

（1）公有继承。public 继承方式是公有继承，特点如下。

● 基类的 public 成员在派生类中具有 public 属性，派生类的内部能访问，外部不能访问；

● 基类的 protected 成员在派生类中也具有 protected 属性，派生类的内部能够访问，外部不能访问；

● 基类的 private 成员在派生类中还具有 private 属性，派生类的内部、外部都不能访问。

代码如下。

```
class Child1 : public Parent
{
public:
    //内部
    void setValue()
    {
        base_public  = 0;     //正确
        base_protect = 1;     //正确
        base_private = 2;     //错误
    }
};

//外部
int main()
{
    Child1 c1;
    c1.base_public = 20;    //正确
    c1.base_protect = 10;   //错误
    c1.base_private = 2;    //错误

    return 0;
}
```

（2）保护继承。protected 继承方式是保护继承，特点如下。

● 基类的 public 成员在派生类中具有 protected 属性，派生类的内部能够访问，外部不能访问；

● 基类的 protected 成员在派生类中具有 protected 属性，派生类的内部能够访问，外部不能访问；

● 基类的 private 成员在派生类中具有 private 属性，派生类的内部、外部都不能访问。

代码如下。

```
class Child2: protected Parent
{
public:
    //内部
    void setValue()
    {
        base_public  = 0;     //正确
        base_protect = 1;     //正确
```

```
            base_private = 2;        //错误
        }
};
//外部
int main()
{
    Child2 c2;
    c2.base_public = 20;        //错误
    c2.base_protect = 10;       //错误
    c2.base_private = 2;        //错误

    return 0;
}
```

（3）私有继承。private 继承方式是私有继承，特点如下。

● 基类的 public 成员：在派生类中具有 private 属性，派生类的内部能够访问，外部不能　访问；

● 基类的 protected 成员：在派生类中具有 private 属性，派生类的内部能够访问，外部不能访问；

● 基类的 private 成员：在派生类中具有 private 属性，派生类的内部外部都不能访问。

代码如下。

```
class Child3: private Parent
{
public:
    //内部
    void setValue()
    {
        base_public   = 0;     //正确
        base_protect = 1;      //正确
        base_private = 2;      //错误
    }
};
//外部
int main()
{
    Child3 c3;
    c3.base_public = 20;       //错误
    c3.base_protect = 10;      //错误
    c3.base_private = 2;       //错误

    return 0;
}
```

从上面的继承方式来看，保护继承和私有继承在单层继承情况下，基类成员在派生类中的使用并没有什么差别，基类的所有成员都不能在派生类的外部访问，基类的公有和保护成员在派生类内部都可以访问，私有成员在派生类内部和外部都不可以访问。

在单层继承情况下确实如此，但是在多层继承的情况又有不同，例如上面的 Child2 和 Child3 分别再派生一个子类。

```
class GrandSon1:public Child2
{
public:
    void setValue()
    {
        base_public  = 0;      //正确
        base_protect = 1;      //正确
        base_private = 2;      //错误
    }
};

class GrandSon2:public Child3
{
public:
    void setValue()
    {
        base_public  = 0;      //错误
        base_protect = 1;      //错误
        base_private = 2;      //错误
    }
};
```

在 Child2 中，从 Parent 继承过来的成员除了私有成员，都变为了保护属性，在它的派生类中可以正常访问；在 Child3 中，从 Parent 继承过来的所以成员都变为了私有属性，在其派生类中都不能访问。

通过上面的分析可以发现：

（1）基类成员在派生类中的访问权限不得高于继承方式中指定的权限。例如，当继承方式为 protected 时，基类成员在派生类中的访问权限最高为 protected，高于 protected 的会降级为 protected，低于 protected 不会升级；再如，当继承方式为 public 时，基类成员在派生类中的访问权限将保持不变。

也就是说，继承方式中的 public、protected、private 是用来指明基类成员在派生类中的最高访问权限的。

（2）不管继承方式如何，基类中的 private 成员在派生类中始终不能使用（不能在派生类的成员函数中访问或调用）。

（3）如果希望基类的成员能够被派生类继承并且毫无障碍地使用，那么这些成员只能声明为 public 或 protected；只有那些不希望在派生类中使用的成员才声明为 private。

（4）如果希望基类的成员既不向外暴露（不能通过对象访问），还能在派生类中使用，就只能声明为 protected。

注意，我们这里说的是基类的 private 成员不能在派生类中使用，并没有说基类的 private 成员不能被继承。实际上，基类的 private 成员是能够被继承的，并且（成员变量）会占用派生类对象的内存。它只是在派生类中不可见，导致无法使用罢了。private 成员的这种特性能够很好地对派生类隐藏基类，以体现面向对象的封装性。

图 5-2 汇总了不同继承方式对不同属性成员的影响结果。

继承方式	基类成员特性	派生类成员特性	派生类对象访问
	public	public	可直接访问
公有继承	protected	protected	不可直接访问
	private	不可直接访问	不可直接访问
	public	private	不可直接访问
私有继承	protected	private	不可直接访问
	private	不可直接访问	不可直接访问
	public	protected	不可直接访问
保护继承	protected	protected	不可直接访问
	private	不可直接访问	不可直接访问

图 5-2　不同继承方式对不同属性成员的影响结果

由于 private 和 protected 这两种继承方式会改变基类成员在派生类中的访问权限，导致继承关系复杂，因此在实际开发中一般使用 public。

5.3　继承中的对象内存模型

派生类会保留基类的所有属性和行为。每一个派生类的实例都包含一份完整的基类实例数据。在单层继承的情况下，每一个新的派生类都简单地在自己的成员变量添加基类的成员变量之后，如下面代码所示。

```
#include <iostream>
using namespace std;

class A
{
public:
    void setAB(int a, int b)
    {
        this->a = a;
        this->b = b;
    }
protected:
    int a;
    int b;
};

class B:public A
{
public:
    void setC(int c)
    {
        this->c = c;
```

```
    }
protected:
    int c;
};


int main()
{
    B b;
    b.setAB(1,2);
    b.setC(3);

    return 0;
}
```

上述代码中 a 和 b 的内存模型如图 5-3 所示。

派生（子）类 B 是由基（父）类 A 成员叠加子类新成员得到的。可以在 VS2010 中调试一下上述代码，将断点设置在"return 0"后，查看一下对象 b 的内存，在地址栏输入"&b"，如图 5-4 所示。

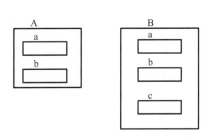

图 5-3　单层继承的内存模型

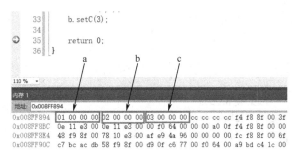

图 5-4　断点调试

5.4　派生类的构造函数和析构函数

5.4.1　派生类的构造函数

前面提到基类的成员函数可以被继承，可以通过派生类的对象访问，但这仅仅指的是普通的成员函数，类的构造函数不能被继承。构造函数不能被继承是有道理的，因为即使继承了，它的名字和派生类的名字也不一样，不能成为派生类的构造函数，当然更不能成为普通的成员函数。

在设计派生类时，对于继承过来的成员变量，其初始化工作也要由派生类的构造函数完成，但是大部分基类都有 private 属性的成员变量，在派生类中无法访问，更不能使用派生类的构造函数进行初始化。

这种矛盾在 C++继承中是普遍存在的。解决这个问题的思路是：在派生类的构造函数中调用基类的构造函数。注意，不是在派生类构造函数的函数体中直接调用基类的构造函数，在构造函数中直接调用构造函数只会创建一个临时对象，并不能达到初始化的目的。

为了初始化基类成员，需要在派生类构造函数的初始化列表显示、调用基类的构造函数。

下面的例子展示了如何在派生类的构造函数中调用基类的构造函数。

```cpp
#include<iostream>
using namespace std;

//基类 People
class People
{
public:
    People(char *name, int age): m_name(name), m_age(age)
    {

    }

protected:
    char *m_name;
    int m_age;
};


//派生类 Student
class Student: public People
{
public:
    //People(name, age)就是调用基类的构造函数
    Student(char *name, int age, float score): People(name, age), m_score(score)
    {
    }
    void display()
    {
        cout<<m_name<<"的年龄是"<<m_age<<"，成绩是"<<m_score<<"。"<<endl;
    }

private:
    float m_score;
};

int main()
{
    Student stu("小明", 16, 90.5);
    stu.display();

    return 0;
```

}

运行结果为：

小明的年龄是 16，成绩是 90.5。

People(name, age)就是调用基类的构造函数，并将 name 和 age 作为实参传递给它，m_score(score)是派生类的参数初始化表，它们之间用逗号隔开。

也可以将基类构造函数的调用放在参数初始化表的后面，如

Student(char *name, int age, float score): m_score(score),People(name, age)

不管它们的顺序如何，派生类构造函数总是先调用基类构造函数，再执行其他代码（包括参数初始化表和函数体中的代码）。

从上面的分析中可以看出，基类构造函数总是被优先调用。这说明在创建派生类对象时，会先调用基类构造函数，再调用派生类构造函数。如果继承关系有好几层，例如，A→B→C，那么在创建类 C 对象时，构造函数的执行顺序为：类 A 构造函数→类 B 构造函数→类 C 构造函数。

构造函数的调用顺序是按照继承的层次自顶向下、从基类再到派生类的。

还有一点要注意，在派生类构造函数中只能调用直接基类的构造函数，不能调用间接基类。以上面的类 A、B、C 为例，类 C 是最终的派生类，类 B 就是类 C 的直接基类，类 A 就是类 C 的间接基类。

C++这样规定是有道理的，因为在类 C 中调用了类 B 的构造函数，类 B 又调用了类 A 的构造函数，相当于类 C 间接地（或者说隐式地）调用了类 A 的构造函数。如果在类 C 中显式地调用类 A 的构造函数，那么类 A 的构造函数就被调用了两次。相应地，初始化工作也做了两次，这不仅是多余的，还会浪费 CPU 的时间及内存，毫无益处。所以，C++禁止在类 C 中显式地调用类 A 的构造函数。

继承中构造函数的调用原则如下。

- 子类对象在创建时会首先调用父类的构造函数；
- 父类构造函数在执行结束后，再执行子类的构造函数；
- 当父类的构造函数有参数时，需要在子类的初始化列表中显示调用；
- 派生类不能调用间接基类的构造函数。

5.4.2　派生类的析构函数

和构造函数类似，析构函数也不能被继承。与构造函数不同的是，在派生类的析构函数中不用显式地调用基类的析构函数，因为每一个类只有一个析构函数，编译器知道如何选择，无须程序员干涉。

另外，析构函数的执行顺序和构造函数的执行顺序刚好相反。在创建派生类对象时，构造函数的执行顺序和继承顺序相同，即先执行基类构造函数，再执行派生类构造函数；在销毁派生类对象时，析构函数的执行顺序和继承顺序相反，即先执行派生类析构函数，再执行基类析构函数。

例如下面的例子。

#include <iostream>

```cpp
using namespace std;

class A
{
public:
    A()
    {
        cout<<"A 构造"<<endl;
    }
    ~A()
    {
        cout<<"A 析构"<<endl;
    }
};

class B: public A
{
public:
    B()
    {
        cout<<"B 构造"<<endl;
    }
    ~B()
    {
        cout<<"B 析构"<<endl;
    }
};

class C: public B
{
public:
    C()
    {
        cout<<"C 构造"<<endl;
    }
    ~C()
    {
        cout<<"C 析构"<<endl;
    }
};

int main()
{
    C test;
    return 0;
}
```

运行结果为：

```
A 构造
B 构造
C 构造
C 析构
B 析构
A 析构
```

5.4.3   继承与组合混搭情况下构造和析构调用原则

当一个类中有另一个类的对象，在初始化时需要在初始化列表中对该对象进行初始化。与初始化普通成员变量一样，成员对象需要在父类构造函数执行结束后才开始初始化。调用原则为：

● 对象创建：先构造父类，再构造成员变量，最后构造自己。

● 对象销毁：先析构自己，在析构成员变量，最后析构父类。

例如下面的示例。

```cpp
#include <iostream>

class Obj
{
public:
    Obj(int e)
    {
        this->e = e;
        printf ("Obj 构造函数被调用    e: %d\n", e);
    }

    ~Obj()
    {
        printf ("Obj 析构函数被调用    e: %d\n", e);
    }
protected:
    int e;
};

class Parent
{
public:
    Parent (int a, int b)
    {
        this->a = a;
        this->b = b;

        printf ("Parent 构造函数被调用\n");
    }

    ~Parent()
```

```
    {
        printf ("Parent 析构函数被调用\n");
    }

protected:
    int a;
    int b;
};

class Child : public Parent
{
public:
    Child(int a, int b, int c): Parent(a, b), o1(1), o2(2)
    {
        this->c = c;

        printf ("Child 构造函数被调用\n");
    }

    ~Child()
    {
        printf ("Child 析构函数被调用\n");
    }
private:
    int c;
    Obj o1;
    Obj o2;
};
int main()
{
    Child *pc = new Child(1,2,3);
    delete pc;

    return 0;
}
```

运行结果为：

```
Parent 构造函数被调用
Obj 构造函数被调用    e: 1
Obj 构造函数被调用    e: 2
Child 构造函数被调用
Child 析构函数被调用
Obj 析构函数被调用    e: 2
Obj 析构函数被调用    e: 1
Parent 析构函数被调用
```

5.5 继承时的名字遮蔽

如果派生类中的成员（包括成员变量及成员函数）和基类中的成员重名，那么就会遮蔽从基类继承过来的成员。所谓遮蔽，就是在派生类中使用该成员（包括在定义派生类时使用，也包括通过派生类对象访问该成员）时，实际上使用的是派生类的新增成员，而不是从基类继承来的成员。

下面是一个成员函数的名字被遮蔽的例子。

```cpp
#include<iostream>
using namespace std;

//基类 People
class People
{
public:
    void show()
    {
        cout<<"嗨，大家好，我叫"<<m_name<<"，今年"<<m_age<<"岁"<<endl;
    }
protected:
    char *m_name;
    int m_age;
};

//派生类 Student
class Student: public People
{
public:
    Student(char *name, int age, float score)
    {
        m_name = name;
        m_age = age;
        m_score = score;
    }
public:
    void show()    //遮蔽基类的 show()
    {
        cout<<m_name<<"的年龄是"<<m_age<<"，成绩是"<<m_score<<endl;
    }
private:
    float m_score;
};

int main()
{
```

```
        Student stu("小明", 16, 90.5);
        //使用的是派生类新增的成员函数，而不是从基类继承的成员函数
        stu.show();
        //使用的是从基类继承来的成员函数
        stu.People::show();

        return 0;
}
```

运行结果为：

```
小明的年龄是 16，成绩是 90.5
嗨，大家好，我叫小明，今年 16 岁
```

在本例中，基类 People 和派生类 Student 都定义了成员函数 show()，它们的名字一样，会造成遮蔽。stu 是派生类 Student 的对象，默认使用派生类 Student 的 show()函数。

基类 People 中的 show()函数仍然可以访问，但要加上类名和域解析符，如 stu.People::show()。

这里需要注意：子类无法重载父类的函数，父类同名函数将被名称覆盖。

函数重载必须发生在同一个类中，如果在派生类中有成员函数和基类的成员函数同名，则会遮蔽掉基类中的所有同名函数。请看下面的例子。

```cpp
#include<iostream>
using namespace std;

//基类 Base
class Base
{
public:
    void func()
    {
        cout<<"Base::func()"<<endl;
    }
    void func(int a)
    {
        cout<<"Base::func(int)"<<endl;
    }
};

//派生类 Derived
class Derived: public Base
{
public:
    void func(char *str)
    {
        cout<<"Derived::func(char *)"<<endl;
    }
    void func(bool is)
```

```
    {
            cout<<"Derived::func(bool)"<<endl;
    }
};

int main()
{
    Derived d;
    d.func("c.biancheng.net");
    d.func(true);
    d.func();        //compile error
    d.func(10);    //compile error
    d.Base::func();
    d.Base::func(100);

    return 0;
}
```

在本例中，类 Base 的 func()、func(int)，以及类 Derived 的 func(char *)、func(bool)四个成员函数的名字相同，参数列表不同，它们看似构成了重载，能够通过对象 d 访问所有的函数，实则不然，类 Derive 的 func 遮蔽了类 Base 的 func，导致第 d.func()、d.func(10)没有匹配的函数，所以调用失败。

如果说有重载关系，那么也是类 Base 的两个 func 构成重载，而类 Derive 的两个 func 构成另外的重载。

派生类与基类拥有同名成员的使用总结如下。

- 当子类成员变量与父类成员变量同名时，子类依然从父类继承同名成员；
- 在子类中通过作用域分辨符"::"进行同名成员区分（在派生类中使用基类的同名成员，显式地使用类名限定符）；
- 同名成员存储在内存中的不同位置；
- 派生类无法重载基类的同名成员函数，基类同名成员函数将被遮蔽。

5.6 继承中的 static 关键字

如果在基类中定义了静态成员，则该静态成员将被所有的派生类共享。

继承中的静态成员变量同样要遵循访问控制原则，派生类访问基类的静态成员变量可以使用"类名::成员"方式，也可以使用"对象.成员"方式，如下所示。

```
#include <iostream>

using namespace std;

//基类中的静态变量是所有派生类公用的
class A
{
```

```
public:
    static int a;
};

int A::a = 10;

class B:public A
{
public:
    void print()
    {
        cout << "a = " << a << endl;
    }
};

class C : public A
{
public:
    void print()
    {
        cout << "a = " << a << endl;
    }
};

int main()
{
    B b;
    C c;
    b.a = 5;
    b.print();
    c.print();

    c.a = 15;
    b.print();
    c.print();
    return 0;
}
```

运行结果为：

```
a = 5
a = 5
a = 15
a = 15
```

在该例中，类 A 有一个静态成员变量 a，类 B 和类 C 都继承于类 A，类 B 和类 C 共享类 A 中的静态成员变量 a，所以类 B 的对象或类 C 的对象在改变了 a 的值后，其他对象在使用的时候使用的就是改变后的值。

5.7　继承中的类型兼容性原则

　　类型兼容性是指在需要基类对象的任何地方，都可以使用公有派生类的对象替代。通过公有继承，派生类得到了基类中除构造函数、析构函数的所有成员。这样，公有派生类实际就具备了基类的所有功能，凡是基类能解决的问题，公有派生类都可以解决。类型兼容性中所指的替代包括以下情况。

　　（1）子类对象可以当成父类对象使用。子类对象是一种特殊的父类，父类能做的事情，子类对象都可以做，子类对象可以直接替换父类对象，如下所示。

```cpp
#include <iostream>
using namespace std;
class Parent
{
public:
    Parent()
    {}
    Parent(const Parent &obj)
    {
        a = obj.a;
        b = obj.b;
    }
    void setAB(int a, int b)
    {
        this->a = a;
        this->b = b;
    }
protected:
    int a;
    int b;
};

class Child:public Parent
{
public:
    void setC(int c)
    {
        this->c = c;
    }

    void printC()
    {
        cout << "c = " << this->c << endl;
    }
private:
    int c;
```

```
};
int main()
{
    Parent p;
    p.setAB(10, 20);
    p.printP();
    return 0;
}
```

运行结果为：

```
a = 10, b = 20
```

在上例中，p 的类型是 Parent 类的，我们将其替换为 Child 类，结果不会有任何影响。

（2）父类指针可以直接指向子类对象。

```
int main()
{
    Child c;
    c.setAB(10,20);
    c.setC(30);

    Child *pc = &c;
    pc->printP();
    pc->printC();

    Parent *p = &c;
    p->setAB(1,2);
    pc->printP();

    return 0;
}
```

运行结果为：

```
a = 10, b = 20
c = 30
a = 1, b = 2
```

在这段代码中，我们定义了一个对象 c，然后定义指针 pc 和 p 都指向这一个对象，但是 pc 是派生类指针，p 是基类指针。之前讲过继承的对象模型，在单层继承的情况下，派生类是通过在基类成员后添加新成员构成的。也就是说，对于派生类对象来讲，其前半部分是一个完整的基类结构，如图 5-5 所示。

p 是 Parent 类的指针，不管它指向什么样的对象，对于编译器来讲，只是知道它的类型是 Parent 类的，它只能使用 Parent 的成员变量和成员函数。对于图 5-5 中的对象 c，它的前半部分是一个完整的 Parent 结构，而 p 正好指向了这一块空间的首地址，可以认为 p 指向了一个 Parent 类的对象，所以 p 可以正常使用而不会出现问题。

基类指针可以直接指向派生类的对象，但是只能把派生类对象当成基类对象来使用。

（3）基类的引用可以直接引用派生类对象。

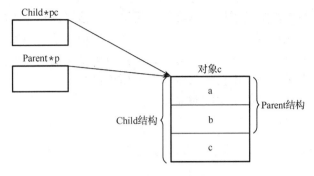

图 5-5　对象 C 的结构示例

```
int main()
{
    Child c;
    c.setAB(10,20);
    c.setC(30);

    Parent &p = c;
    p.printP();
    return 0;
}
```

运行结果为：

a = 10, b = 20

因为引用的本质是一个常指针，基类指针可以指向派生类对象，基类的引用当然也可以直接引用派生类对象，但是只能当成基类对象使用。

（4）子类对象可以直接初始化基类对象。

```
int main()
{
    Child c;
    c.setAB(10,20);
    c.setC(30);

    Parent p = c;    //①
    p.printP();

    return 0;
}
```

运行结果为：

a = 10, b = 20

注释①处，c 是派生类对象，用派生类对象直接对基类对象 p 进行初始化。这里会调用 p 的拷贝构造函数，我们先来看一下 p 的拷贝构造函数原型：

Parent(const Parent &obj)

拷贝构造函数形参是基类的引用，基类的引用可以直接引用派生类的对象，所以这里用派生类对象 c 去初始化基类对象 p，会调用基类的拷贝构造函数，将派生类对象当成基类对象来使用，所以不用担心如何处理派生类对象比基类对象多出的成员变量，因为拷贝构造函数的参数类型是由基类引用的，不会访问派生类的新增内容。

（5）子类对象可以直接赋值给父类对象。

```
int main()
{
    Child c;
    c.setAB(10,20);
    c.setC(30);

    Parent p;
    p = c;              //①
    p.printP();

    return 0;
}
```

运行结果为：

a = 10, b = 20

注释①处，c 是派生类对象，用派生类对象直接赋值给基类对象 p。赋值操作不会调用对象的构造函数，但是会调用对象赋值运算符重载函数。下面为 p 的赋值运算符重载函数原型：

```
Parent& operator=(const Parent &obj);
```

赋值运算符重载函数的参数也是一个基类的引用，也可以直接用派生类对象赋值基类对象。

5.8 多继承

5.8.1 多继承的概念

在前面的例子中，派生类都只有一个基类，被称为单继承（Single Inheritance）。除此之外，C++也支持多继承（Multiple Inheritance），即一个派生类可以有两个或多个基类。

多继承容易让代码逻辑复杂、思路混乱，一直备受争议，在中小型项目中较少使用，后来的 Java、C#、PHP 等干脆取消了多继承。

多继承的语法也很简单，将多个基类用逗号隔开即可。例如，已声明了类 A、类 B 和类 C，那么可以这样声明派生类 D：

```
class D: public A, private B, protected C
{
    //类 D 新增加的成员
}
```

5.8.2　多继承中的构造与析构

在多继承形式下的构造函数和单继承形式基本相同，只是要在派生类构造函数的初始化列表中调用多个基类的构造函数。以上面的类 A、B、C、D 为例，类 D 构造函数的写法为：

```
D(形参列表): A(实参列表), B(实参列表), C(实参列表)
{
    //其他操作
}
```

基类构造函数的调用顺序和它们在派生类初始化列表中出现的顺序无关，与声明派生类时基类出现的顺序相同。仍然以上面的类 A、B、C、D 为例，即使将类 D 构造函数写成下面的形式：

```
D(形参列表): B(实参列表), C(实参列表), A(实参列表)
{
    //其他操作
}
```

那么也是先调用类 A 的构造函数，再调用类 B 构造函数，最后调用类 C 构造函数。

下面是一个多继承的示例。

```cpp
#include <iostream>
using namespace std;

//基类
class BaseA
{
public:
    BaseA(int a, int b): m_a(a), m_b(b)
    {
        cout << "BaseA 构造函数被调用" << endl;
    }
    ~BaseA()
    {
        cout << "BaseA 析构函数被调用" << endl;
    }
protected:
    int m_a;
    int m_b;
};

//基类
class BaseB
{
public:
    BaseB(int c, int d): m_c(c), m_d(d)
    {
        cout << "BaseB 构造函数被调用" << endl;
```

```
    }
    ~BaseB()
    {
        cout << "BaseB 析构函数被调用" << endl;
    }
protected:
    int m_c;
    int m_d;
};

//派生类
class Derived: public BaseA, public BaseB
{
public:
    Derived(int a, int b, int c, int d, int e):BaseA(a, b), BaseB(c, d), m_e(e)
    {
        cout << "Derived 构造函数被调用" << endl;
    }
    ~Derived()
    {
        cout << "Derived 析构函数被调用" << endl;
    }
public:
    void show()
    {
        cout << m_a << ", " << m_b << ", " << m_c << ", " << m_d << ", " << m_e << endl;
    }
private:
    int m_e;
};

int main()
{
    Derived obj(1, 2, 3, 4, 5);
    obj.show();
    return 0;
}
```

运行结果为：

```
BaseA 构造函数被调用
BaseB 构造函数被调用
Derived 构造函数被调用
1, 2, 3, 4, 5
Derived 析构函数被调用
BaseB 析构函数被调用
BaseA 析构函数被调用
```

从运行结果可以发现，在多继承形式下，析构函数的执行顺序和构造函数的执行顺序相反。

5.8.3　多继承导致的二义性问题

当两个或多个基类中有同名的成员时，如果直接访问该成员，就会产生命名冲突，编译器不知道使用哪个基类的成员，这时就需要在成员名字前面加上类名和域解析符"::"，显式地指明到底使用哪个类的成员，以消除二义性。

修改上面的代码，为类 BaseA 和类 BaseB 添加 show()函数，并将类 Derived 的 show()函数更改为 display()。

```cpp
#include <iostream>
using namespace std;

//基类
class BaseA
{
public:
    BaseA(int a, int b): m_a(a), m_b(b)
    {
        cout << "BaseA 构造函数被调用" << endl;
    }
    ~BaseA()
    {
        cout << "BaseA 析构函数被调用" << endl;
    }

    void show()
    {
        cout << "m_a = " << m_a << endl;
        cout << "m_b = " << m_b << endl;
    }
protected:
    int m_a;
    int m_b;
};

//基类
class BaseB
{
public:
    BaseB(int c, int d): m_c(c), m_d(d)
    {
        cout << "BaseB 构造函数被调用" << endl;
    }
    ~BaseB()
    {
        cout << "BaseB 析构函数被调用" << endl;
```

```
        }

        void show()
        {
            cout << "m_c = " << m_c << endl;
            cout << "m_d = " << m_d << endl;
        }
protected:
    int m_c;
    int m_d;
};

//派生类
class Derived: public BaseA, public BaseB
{
public:
    Derived(int a, int b, int c, int d, int e):BaseA(a, b), BaseB(c, d), m_e(e)
    {
        cout << "Derived 构造函数被调用" << endl;
    }
    ~Derived()
    {
        cout << "Derived 析构函数被调用" << endl;
    }
public:
    void Derived::display()
    {
        BaseA::show();   //调用 BaseA 类的 show()函数
        BaseB::show();   //调用 BaseB 类的 show()函数
        cout << "m_e = " << m_e << endl;
    }

private:
    int m_e;
};

int main()
{
    Derived obj(1, 2, 3, 4, 5);
    obj.display();
    return 0;
}
```

5.8.4 多继承时的对象内存模型

多继承时派生来按照基类的声明顺序是先排列基类实例数据，然后排列派生类数据。例如下面的示例。

```c
#include <stdio.h>

class A
{
public:
    int m_a;
    int m_b;
};

class B
{
public:
    int m_c;
    int m_d;
};

class C: public A, public B
{
public:
    int m_e;
};


int main()
{
    C c;
    c.m_a = 1;
    c.m_b = 2;
    c.m_c = 3;
    c.m_d = 4;
    c.m_e = 5;

    return 0;     //①
}
```

在 VS2010 中，我们将断点设置在注释①的位置，在内存观察窗口地址栏处填"&c"，结果如图 5-6 所示。

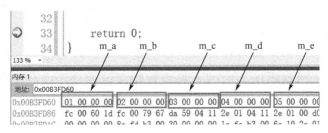

图 5-6   设置断点

内存布局如图 5-7 所示。

根据类型兼容性原则,基类指针可以直接指向派生类的对象,也可以把派生类当成基类对象使用。其原因是在单继承模型下,派生类对象前半部分排列的是基类成员,相当于基类指针和派生类指针重合,因此可以使用。

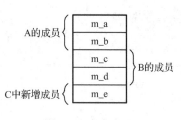

图 5-7　内存布局

在多继承模型下,类 B 的成员被排列在中间位置,这个时候用一个类 B 的指针指向类 C 对象会怎样呢?示例如下。

```
int main()
{
    C c;
    A *pa = &c;
    B *pb = &c;
    C *pc = &c;

    printf ("pa = %p\n", pa);
    printf ("pb = %p\n", pb);
    printf ("pc = %p\n", pc);

    return 0;
}
```

运行结果为:

```
pa = 00AFFE28
pb = 00AFFE30
pc = 00AFFE28
```

从结果来看,我们发现 pa 和 pc 是重合的,但是 pb 和 pc 偏移了 8 个字节,如图 5-8 所示。

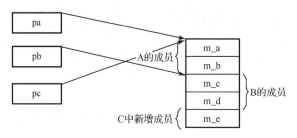

图 5-8　pa、pb 和 pc 的存储示意图

虽然我们是想将对象 c 的地址传给 pb,但是 pb 会根据在对象 c 中的排列进行一些偏移。这样做以后,在多继承情况下,基类指针就同样可以操作派生类对象,只是要注意,基类指针会根据派生类中的布局进行相应的偏移,而不是总是与派生类指针重 合的。

5.9　虚继承

5.9.1　虚继承与虚基类

多继承（Multiple Inheritance）是指从多个直接基类中产生派生类的能力，多继承的派生类继承了所有父类的成员。尽管在概念上非常简单，但是多个基类的相互交织可能会带来错综复杂的设计问题，命名冲突就是一个不可回避的问题。

多继承很容易产生命名冲突，即使我们很小心地将所有类中的成员变量和成员函数都命名为不同的名字，但命名冲突依然有可能发生，例如典型的菱形继承，如图 5-9 所示。

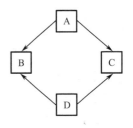

图 5-9　菱形继承

类 A 派生类 B 和类 C，类 D 继承类 B 和类 C，这时类 A 中的成员变量和成员函数继承到类 D 时就变成两份：一份来自类 A→类 B→类 D 这条路径；另一份来自类 A→类 C→类 D 这条路径。

在一个派生类中保留间接基类的多份同名成员，虽然可以在不同的成员变量中分别存放不同的数据，但在大多数情况下这是多余的。因为保留多份成员变量不仅占用较多的存储空间，还容易产生命名冲突。假如类 A 有一个成员变量 a，那么在类 D 中直接访问 a 就会产生歧义，编译器不知道它究竟来自类 A→类 B→类 D 这条路径，还是来自类 A→类 C→类 D 这条路径。下面是菱形继承的具体实现。

```
#include <iostream>

//间接基类 A
class A
{
public:
    A()
    {
        printf ("A 的构造函数被调用\n");
    }
protected:
    int m_a;
};

//直接基类 B
class B: public A
{
public:
    B()
    {
        printf ("B 的构造函数被调用\n");
    }
protected:
```

```
    int m_b;
};

//直接基类 C
class C: public A
{
public:
    C()
    {
        printf ("C 的构造函数被调用\n");
    }
protected:
    int m_c;
};

//派生类 D
class D: public B, public C
{
public:
    D()
    {
        printf ("D 的构造函数被调用\n");
    }
public:
    void seta(int a){ m_a = a; }    //命名冲突   ①
    void setb(int b){ m_b = b; }    //正确
    void setc(int c){ m_c = c; }    //正确
    void setd(int d){ m_d = d; }    //正确
private:
    int m_d;
};
```

这段代码实现了图 5-9 所示的菱形继承，注释①处的代码试图直接访问成员变量 m_a，结果发生了错误，因为类 B 和类 C 中都有成员变量 m_a（从类 A 继承而来），编译器不知道选用哪一个，所以产生了歧义。

为了消除歧义，我们可以在 m_a 的前面指明它具体来自哪个类，例如：

```
void seta(int a){ B::m_a = a; }
```

这样表示使用 B 类的 m_a，当然也可以使用 C 类的，例如：

```
void seta(int a){ C::m_a = a; }
```

不仅如此，因为类 A 在类 D 中存在两份数据，那么在构造类 D 的对象时就必须对这两份数据进行初始化，这个时候类 A 的构造函数将被调用两次，如下所示。

```
int main()
{
    D d;
    return 0;
```

```
}
```

运行结果为：

```
A 的构造函数被调用
B 的构造函数被调用
A 的构造函数被调用
C 的构造函数被调用
D 的构造函数被调用
```

为了解决多继承时的命名冲突和冗余数据问题，C++提出了虚继承，使得在派生类中只保留一份间接基类的成员。

在继承方式前面加上关键字 virtual 就表示虚继承，例如下面的例子。

```cpp
#include <iostream>

//间接基类 A
class A
{
public:
    A()
    {
        printf ("A 的构造函数被调用\n");
    }
protected:
    int m_a;
};

//直接基类 B
class B: virtual public A    //虚继承
{
public:
    B()
    {
        printf ("B 的构造函数被调用\n");
    }
protected:
    int m_b;
};

//直接基类 C
class C: virtual public A     //虚继承
{
public:
    C()
    {
        printf ("C 的构造函数被调用\n");
    }
protected:
```

```
        int m_c;
};

//派生类 D
class D: public B, public C
{
public:
    D()
    {
        printf ("D 的构造函数被调用\n");
    }
public:
    void seta(int a){ m_a = a; }    //正确
    void setb(int b){ m_b = b; }    //正确
    void setc(int c){ m_c = c; }    //正确
    void setd(int d){ m_d = d; }    //正确
private:
    int m_d;
};

int main()
{
    D d;
    return 0;
}
```

这段代码使用虚继承的方式重新实现了图 5-9 所示的菱形继承，这样在派生类 D 中就只保留了一份成员变量 m_a，在直接访问时就不会再有歧义了。

虚继承的目的是让某个类做出声明，承诺愿意共享它的基类。这个被共享的基类就被称为虚基类（Virtual Base Class）。在本例中的类 A 就是一个虚基类。在这种机制下，不论虚基类在继承体系中出现多少次，在派生类中都只包含一份虚基类的成员。

现在让我们重新梳理一下本例的继承关系，如图 5-10 所示。

观察这个新的继承体系，我们会发现虚继承的一个不太直观的特征：必须在虚派生的真实需求出现前完成虚派生的操作。在图 5-10 中，当定义类 D 时才出现了对虚派生的需求，但是如果类 B 和类 C 不是从类 A 虚派生得到的，那么类 D 还是会保留类 A 的两份成员。

图 5-10　使用虚
继承方式实现菱形继承

换个角度讲，虚派生只影响从指定虚基类的派生类中进一步派生出来的类，它不会影响派生类本身。

在实际开发中，位于中间层次的基类将其继承声明为虚继承一般不会带来什么问题。在通常情况下，使用虚继承的类层次是由一个人或者一个项目组一次性设计完成的。对于一个独立开发的类来说，很少需要基类中的某一个类是虚基类，而且新类的开发者也无法改变已经存在的类体系。

因为在虚继承的最终派生类中只保留了一份虚基类的成员，所以该成员可以被直接访问，不会产生二义性。此外，如果虚基类的成员只被一条派生路径覆盖，那么仍然可以直接访问这个被覆盖的成员；但如果该成员被两条或多条路径覆盖了，那就不能直接访问了，此时必须指明该成员属于哪个类。

以图 5-10 中的菱形继承为例，假设类 B 定义了一个名为 x 的成员变量，当我们在类 D 中直接访问 x 时，会有三种可能性。

- 如果类 B 和类 C 中都没有 x 的定义，那么 x 将被解析为类 B 的成员，此时不存在二义性；
- 如果类 B 或类 C 中的一个类定义了 x，也不会有二义性，派生类 x 的比虚基类 x 的优先级更高；
- 如果类 B 和类 C 中都定义了 x，那么直接访问 x 将产生二义性问题。

可以看到，使用多继承经常会出现二义性问题，必须十分小心。上面的例子是简单的，如果继承的层次再多一些，关系更复杂一些，程序员就很容易陷入"迷魂阵"，程序的编写、调试和维护工作者会变得更加困难，因此我们不提倡在程序中使用多继承，只有在比较简单和不易出现二义性的情况或者在必要时才使用多继承，能用单继承解决的问题就不要使用多继承。也正是由于这个原因，C++之后的很多面向对象的编程语言，例如 Java、C#、PHP 等，都不支持多继承。

5.9.2　虚继承时的构造函数

在虚继承中，虚基类是由最终的派生类初始化的。换句话说，即最终派生类的构造函数必须调用虚基类的构造函数。对于最终的派生类来说，虚基类是间接基类，而不是直接基类。这跟普通继承不同，在普通继承中，派生类构造函数中只能调用直接基类的构造函数，不能调用间接基类的构造函数。

下面我们以菱形继承为例来演示构造函数的调用。

```cpp
#include <iostream>
using namespace std;

//虚基类A
class A
{
public:
    A(int a): m_a(a){ }

protected:
    int m_a;
};



//直接派生类B
class B: virtual public A
{
public:
    B(int a, int b): A(a), m_b(b){ }
```

```cpp
public:
    void display()
    {
        cout<<"m_a="<<m_a<<", m_b="<<m_b<<endl;
    }
protected:
    int m_b;
};

//直接派生类 C
class C: virtual public A
{
public:
    C(int a, int c): A(a), m_c(c){ }
public:
    void display()
    {
        cout<<"m_a="<<m_a<<", m_c="<<m_c<<endl;
    }
protected:
    int m_c;
};

//间接派生类 D
class D: public B, public C
{
public:
    D(int a, int b, int c, int d): A(a), B(90, b), C(100, c), m_d(d){ }        //①
public:
    void display()
    {
        cout<<"m_a="<<m_a<<", m_b="<<m_b<<", m_c="<<m_c<<", m_d="<<m_d<<endl;
    }
private:
    int m_d;
};

int main()
{
    B b(10, 20);
    b.display();

    C c(30, 40);
    c.display();

    D d(50, 60, 70, 80);
    d.display();
    return 0;
```

```
}
```

运行结果为：

```
m_a=10, m_b=20
m_a=30, m_c=40
m_a=50, m_b=60, m_c=70, m_d=80
```

请注意注释①处的代码，在最终派生类 D 的构造函数中，除了调用类 B 和类 C 的构造函数，还调用了类 A 的构造函数，这说明类 D 不但要负责初始化直接基类 B 和 C，还要负责初始化间接基类 A。而在以往的普通继承中，派生类的构造函数只负责初始化它的直接基类，再由直接基类的构造函数初始化间接基类，尝试调用间接基类的构造函数将导致错误。

现在采用虚继承，虚基类 A 在最终派生类 D 中只保留了一份成员变量 m_a，如果由类 B 和类 C 初始化 m_a，那么类 B 和类 C 在调用类 A 的构造函数时很有可能给出不同的实参，这时编译器就会犯迷糊，不知道使用哪个实参初始化 m_a。

为了避免出现这种矛盾的情况，C++干脆规定必须由最终的派生类 D 来初始化虚基类 A，直接派生类 B 和 C 对类 A 构造函数的调用是无效的。在注释①处的代码中，在调用类 B 的构造函数时试图将 m_a 初始化为 90，在调用类 C 的构造函数时试图将 m_a 初始化为 100，输出结果证明了这些都是无效的，m_a 最终被初始化为 50，这正是在类 D 中直接调用类 A 的构造函数的结果。

另外，需要关注的是构造函数的执行顺序。在虚继承时，构造函数的执行顺序与普通继承时不同：在最终派生类构造函数的调用列表中，不管各个构造函数出现的顺序如何，编译器总是先调用虚基类的构造函数，再按照出现的顺序调用其他的构造函数；而对于普通继承，是按照构造函数出现的顺序依次调用的。

修改上面注释①处的代码，改变构造函数出现的顺序：

```
D(int a, int b, int c, int d): B(90, b), C(100, c), A(a), m_d(d){ }
```

虽然我们将 A() 放在了最后，但是编译器仍然会先调用 A()，然后调用 B() 和 C()，因为 A()是虚基类的构造函数，比其他构造函数的优先级高。如果没有使用虚继承的话，那么编译器将按照出现的顺序依次调用 B()、C() 和 A()。

5.9.3　虚继承时的对象内存模型

在单继承和多继承模型中，派生类都是先按照基类的继承顺序先排列基类成员，再排列自己的新增成员的。再来看一下图 5-9 所示的菱形继承的例子，在非虚继承的情况下，内存模型如图 5-11 所示。

这时类 A 的数据在类 D 中会存在两份，在虚继承时类 A 是虚基类，在最终的派生类 D 中只有一份数据，这时类 A 是类 B 和类 C 所共享的，这时的内存布局就不再是如图 5-11 所示的情况。

虚继承时内存布局应遵循以下规则：

- 排列非虚继承的基类实例；
- 有虚基类时，为每一个基类增加一个隐藏的 vbptr，除非已经从非虚继承的类那里继承了一个 vbptr；

● 排列派生类的新数据成员；
● 在实例最后排列每一个虚基类的一个实例。

在虚继承时，派生类会为每一个虚基类增加一个隐藏的虚基类指针 vbptr，虚基类成员会被排列到最后，先来看一下 B 的内存布局，如图 5-12 所示。

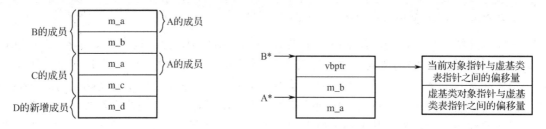

图 5-11　在非虚继承下的内存模型　　　　　　　图 5-12　在虚继承下的内存模型

虚基类 A 的成员被排列到最后，这样虚基类在派生类中的位置将不再固定。为了能找到虚基类成员在派生类中的位置，在最开始的位置增加了一个虚基类指针 vbptr，该指针指向一个全类共享的偏移量表，表中项目记录了对于该类而言，虚基类表指针与虚基类之间的偏移量，从而达到间接计算虚基类位置的目的。

如图 5-12 所示，偏移量表中有两项成员：第一项是当前对象指针与虚基类表指针的偏移量，也就是 B*类型的指针和 vbptr 的偏移量，在此为 0；第二项是虚基类对象指针与虚基类表指针的偏移量，也就是 A*类型的指针与 vbptr 指针的偏移量。根据类型兼容性原则，A*类型指针指向 m_a 的位置，在此为 8。

类 C 与类 B 的内存布局相同，下面来看类 D 的内存布局。

类 B 和类 C 分别虚继承类 A，在类 D 中类 B 和类 C 分别有各自的虚基类指针，指向各自的偏移量表，B*与 A*之间的偏移量为 20 字节，图 5-13 中第二项值为 20；C*与 A*之间的偏移量为 12 字节，图 5-13 中的值为 12。公共虚基类 A 的成员被排列在当前对象 D 的后面。

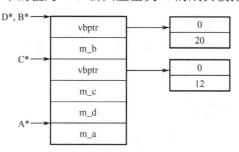

图 5-13　偏移量表示意图

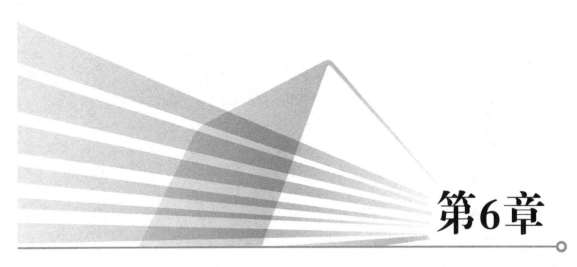

第6章

多态

6.1 多态的概念与使用

通过前面节的学习，我们知道派生类无法重载基类的成员函数，例如，当派生类存在与基类同名的成员函数时，基类的成员函数将被屏蔽。有一种特殊的情况，就是当派生类存在与基类函数原型相同的成员函数，我们把这种情况称为函数重定义（Redefining），也就是在派生类中重新定义基类中具有相同名称的函数。

根据类型兼容性原则，基类指针可以直接指向派生类对象，那么当类型兼容性原则遇上函数重定义时，又会如何呢？我们先看看下面的代码。

```
#include <iostream>
class A
{
public:
    A(int a, int b)
    {
        this->a = a;
        this->b = b;
    }
    void print ()
    {
        printf ("a = %d, b = %d\n", this->a, this->b);
    }
protected:
```

```
        int a;
        int b;
};
class B :public A
{
public:
    B(int a, int b, int c):A(a,b)
    {
        this->c = c;
    }
    void print ()
    {
        printf ("a = %d, b = %d, c = %d\n", this->a, this->b, this->c);
    }
private:
    int c;
};

void print(A *p)
{
    p->print();        //③
}
int main()
{
    A a(1,2);
    B b(4,5,6);
    print(&a);        //①
    print(&b);        //②
    return 0;
}
```

运行结果为：

```
a = 1, b = 2
a = 4, b = 5
```

类 B 继承自类 A，类 B 重定义了类 A 的 print 成员函数，有一个全局的函数 print 参数，即类 A 的一个指针，在函数内部调用对象的成员函数打印对象的数据。我们在注释①处传入类 A 的对象 a 的地址，在注释②处传入类 B 的对象 b 的地址，希望能够分别调用 a 和 b 的成员函数 print 来打印它们的值。从运行结果发现，不管传入的是类 A 的对象还是类 B 的对象，最终调用的都是类 A 的成员函数 print。

我们直观上认为，如果基类指针指向了派生类对象，那么就应该使用派生类的成员变量和成员函数，这符合人们的思维习惯。但是本例的运行结果却告诉我们，当基类指针 p 指向派生类 B 的对象时，虽然使用了 B 的成员变量，但是却没有使用它的成员函数，导致输出结果不符合我们的预期（本来是要输出成员变量 a、b、c 的值，现在只是输出了 a 和 b 的值）。

换句话说，通过基类指针只能访问派生类的成员变量，不能访问派生类的成员函数。

这不是我们所期望的方式，对于使用来讲，我们希望当基类指针指向基类对象时，就调用基类的成员函数；当基类指针指向派生类对象时，就调用派生类重定义函数。

为了实现这样的目的，让基类指针能够访问派生类的成员函数，C++增加了虚函数（Virtual Function）。使用虚函数非常简单，只需要在基类成员函数声明前面增加关键字 virtual，用 virtual 修饰的函数称为虚函数。

更改上述代码，将 print 改为虚函数。

```
#include <iostream>
class A
{
public:
    A(int a, int b)
    {
        this->a = a;
        this->b = b;
    }
    virtual void print ()
    {
        printf ("a = %d, b = %d\n", this->a, this->b);
    }
protected:
    int a;
    int b;
};
class B :public A
{
public:
    B(int a, int b, int c):A(a,b)
    {
        this->c = c;
    }
    void print ()
    {
        printf ("a = %d, b = %d, c = %d\n", this->a, this->b, this->c);
    }
private:
    int c;
};

void print(A *p)
{
    p->print();
}
int main()
{
    A a(1,2);
    B b(4,5,6);
    print(&a);
```

```
    print(&b);
    return 0;
}
```

运行结果为：

```
a = 1, b = 2
a = 4, b = 5, c = 6
```

和前面的例子相比，本例仅在基类 A 的 print()成员函数声明前加了一个关键字 virtual，将成员函数声明为虚函数（Virtual Function），这样就可以通过 p 指针调用类 B 的成员函数了，运行结果也证明了这一点。

我们将在派生类中重定义基类中具有相同名称和参数的虚函数的情况，也称为覆盖（Override）。

有了虚函数，在基类指针指向基类对象时就使用基类的成员（包括成员函数和成员变量），在指向派生类对象时就使用派生类的成员。换句话说，基类指针可以按照基类的方式来做事，也可以按照派生类的方式来做事，它有多种形态，或者说有多种表现方式，我们将这种现象称为多态（Polymorphism）。

上面的代码中，同样是"p->print();"语句，当 p 指向不同的对象时，它执行的操作是不一样的。同一条语句可以执行不同的操作，看起来有不同的表现方式，这就是多态。

多态是面向对象编程的主要特征之一，C++中虚函数的唯一用处就是构成多态。

C++提供多态的目的是：可以通过基类指针对所有派生类（包括直接派生及间接派生）的成员变量和成员函数进行"全方位"的访问，尤其是对于成员函数，如果没有多态，我们只能访问成员变量。

前面说过，通过指针调用普通的成员函数时会根据指针的类型（通过哪个类定义的指针）来判断调用的是哪个类的成员函数，通过本节的分析可以发现，这种说法并不适用于虚函数。虚函数是根据指针的指向来调用的。指针指向哪个类的对象就调用哪个类的虚函数。

引用也可以实现多态，引用的本质是常指针，指针可以实现多态，引用当然也可以。将上述代码的全局函数 print 参数改为基类对象引用，如下所示。

```
#include <iostream>
class A
{
public:
    A(int a, int b)
    {
        this->a = a;
        this->b = b;
    }
    virtual void print ()
    {
        printf ("a = %d, b = %d\n", this->a, this->b);
    }
protected:
    int a;
    int b;
```

```
};
class B :public A
{
public:
    B(int a, int b, int c):A(a,b)
    {
        this->c = c;
    }
    void print ()
    {
        printf ("a = %d, b = %d, c = %d\n", this->a, this->b, this->c);
    }
private:
    int c;
};

void print(A &p)
{
    p.print();
}
int main()
{
    A a(1,2);
    B b(4,5,6);
    print(a);
    print(b);
    return 0;
}
```

运行结果为：

```
a = 1, b = 2
a = 4, b = 5, c = 6
```

从运行结果可以看出，当基类的引用指代基类对象时，调用的是基类的成员，而指代派生类对象时，调用的是派生类的成员。

不过引用不如指针灵活，指针可以随时改变指向，而引用只能指代固定的对象，在多态方面缺乏表现力，所以以后我们在谈及多态时一般是说指针。本例的主要目的是让读者知道，除了指针，引用也可以实现多态。

6.2 虚函数详解

虚函数对于多态而言具有决定性的作用，有虚函数才能构成多态，本节将重点介绍使用虚函数的注意事项。

（1）只需要在函数的声明处加上关键字 virtual 即可构成虚函数，在函数定义处可以加关键字 virtual，也可以不加。

（2）为了方便，可以只将基类中的函数声明为虚函数，这样所有派生类中具有遮蔽（覆盖）关系的同名函数都将自动成为虚函数。

（3）在基类中定义虚函数时，如果派生类没有定义新的函数来重写此函数，那么将使用基类的虚函数。

（4）只有用派生类的虚函数重写基类的虚函数（函数原型相同）时才能构成多态（通过基类指针访问派生类函数）。例如，基类虚函数的原型为"virtual void func();"，派生类虚函数的原型为"virtual void func(int); "，当基类指针 p 指向派生类对象时，语句"p->func(100);"将会出错，而语句"p->func();"将调用基类的虚函数。

（5）构造函数不能是虚函数。对于基类的构造函数，它仅仅是在派生类构造函数中被调用。这种机制不同于继承。也就是说，派生类不继承基类的构造函数，将构造函数声明为虚函数没有什么意义。

（6）析构函数可以声明为虚函数，而且有时必须要声明为虚函数，这点我们将在下节中讲解。

面向对象的三大特征为封装、继承和多态，封装和继承在前面的章节中已经讲过，多态的目的是为了实现同样的调用语句有多种不同的表现形态，下面是构成多态的条件。

● 要有继承；
● 派生类中要由虚函数重写；
● 要由基类指针指向派生类对象，通过指针调用派生类对象的虚函数。

演示代码如下。

```cpp
#include <iostream>
using namespace std;

//基类 Base
class Base
{
public:
    virtual void func()
    {
        cout<<"void Base::func()"<<endl;
    }
    virtual void func(int)
    {
        cout<<"void Base::func(int)"<<endl;
    }
};

//派生类 Derived
class Derived: public Base
{
public:
    void func()
    {
        cout<<"void Derived::func()"<<endl;
```

```
    }
    void func(char *)
    {
        cout<<"void Derived::func(char *)"<<endl;
    }
};
int main()
{
    Base *p = new Derived();
    p->func();                   //输出 void Derived::func()
    p->func(10);                 //输出 void Base::func(int)
    p->func("hello world");      //compile error

    return 0;
}
```

在基类 Base 中，我们将 void func()声明为虚函数，这样派生类 Derived 中的 void func()就会自动成为虚函数。p 是基类 Base 的指针，但是指向了派生类 Derived 的对象。

语句"p->func();"调用的是派生类的虚函数，构成了多态。

语句"p->func(10);"调用的是基类的虚函数，因为派生类中没有函数重写它。

语句"p->func("hello world");"出现编译错误，因为通过基类的指针只能访问从基类继承的成员，不能访问派生类新增的成员。

什么时候声明虚函数呢？

首先看成员函数所在的类是否会作为基类，然后看成员函数在类的继承后有无可能被更改功能，如果希望更改为其他功能的，则一般应该将它声明为虚函数。如果成员函数在类被继承后的功能不需修改，或者在派生类中用不到该函数，则不需要把它声明为虚函数。

6.3 虚析构函数

当我们要初始化某个对象时，会调用该对象的构造函数对其进行初始化。构造函数的调用规则是沿着该对象的继承关系一直往上，直到找到它的最顶层的基类为止，然后从上往下依次调用基类的构造函数，最后调用自己的构造函数完成初始化工作。与析构时正好相反，首先调用自己的析构函数，然后沿着继承路径依次往上追溯其基类，从下往上调用其基类的析构函数。所以对于构造和析构来讲，重要的是要知道一开始的位置在哪里，因为不管从上往下地构造，还是从下往上地析构，都是相对于当前的位置而言的。

当类型兼容性原则遇上析构函数，也就是想通过基类指针释放派生类对象的时候，会发生什么呢？看看如下代码。

```
#include <iostream>

using namespace std;

class A
{
```

```
public:
    A()
    {
        cout << "A 的构造" << endl;
    }
    ~A()
    {
        cout << "A 的析构" << endl;
    }
};
class B:public A
{
public:
    B()
    {
        cout << "B 的构造" << endl;
    }
    ~B()
    {
        cout << "B 的析构" << endl;
    }
};

class C:public B
{
public:
    C()
    {
        cout << "C 的构造" << endl;
    }
    ~C()
    {
        cout << "C 的析构" << endl;
    }
};

void func(A *p)
{
    delete p;
}

int main()
{
    C *pc = new C;
    func(pc);

    return 0;
}
```

运行结果为：

```
A 的构造
B 的构造
C 的构造
A 的析构
```

该例中的继承关系为：类 C→类 B→类 A，对于类 C 来讲，我们定义了一个类 C 的对象，在 func 中，用一个类 A 的指针指向了该对象，函数内部调用 delete 对指向的对象进行释放。

调用 delete 释放对象会调用对象的析构函数，p 的类型是 A*，那么调用 delete 时会调用类 A 的析构函数。根据析构函数的规则，先释放类 A，然后沿着继承路径往上追溯，类 A 没有父类，所以这里只是调用了类 A 的析构，并设有调用类 B 和类 C 的析构函数。

如果把 A*改为 B*，即

```
void func(B *p)
{
    delete p;
}
```

则调用 delete 时会调用类 B 的析构函数，因为类 B 有父类 A，所以会接着调用类 A 的析构函数，运行结果如下。

```
A 的构造
B 的构造
C 的构造
B 的析构
A 的析构
```

通过结果发现，想要通过基类指针释放派生类对象是存在问题的，派生类对象的资源并不能被完全释放，因为根据析构的规则，只能从当前基类开始往上调用析构函数，而并不能调用到派生类的析构函数。

为了解决这个问题，我们需要将基类的析构函数设为虚函数，这样它的派生类的析构函数也都会变成虚函数。在调用 delete 时，因为析构函数是虚函数，会根据传入的具体对象来调用对象自己的析构函数。例如，传入的是类 C 的对象，那么会调用类 C 的析构函数，再沿着类 C 的继承关系依次往上调用所有基类的析构函数，从而达到完整释放对象资源的目的，代码如下。

```
#include <iostream>

using namespace std;

class A
{
public:
    A()
    {
        cout << "A 的构造" << endl;
    }
```

```
        virtual ~A()
        {
            cout << "A 的析构" << endl;
        }
};
class B:public A
{
public:
    B()
    {
        cout << "B 的构造" << endl;
    }
    ~B()
    {
        cout << "B 的析构" << endl;
    }
};

class C:public B
{
public:
    C()
    {
        cout << "C 的构造" << endl;
    }
    ~C()
    {
        cout << "C 的析构" << endl;
    }
};

void func(A *p)
{
    delete p;
}

int main()
{
    C *pc = new C;
    func(pc);

    return 0;
}
```

运行结果为：

A 的构造
B 的构造
C 的构造

C 的析构
B 的析构
A 的析构

通过将基类的析构函数设成虚函数，可以通过 delete 运算符正确地析构动态对象。

6.4 多态的实现机制

6.4.1 多态原理

有了多态，我们就可以通过基类指针去操作派生类的成员函数，那么多态的机制是如何实现的呢？再来看一下之前的例子。

```
#include <iostream>
class A
{
public:
    A(int a, int b)
    {
        this->a = a;
        this->b = b;
    }
    virtual void print ()
    {
        printf ("a = %d, b = %d\n", this->a, this->b);
    }
protected:
    int a;
    int b;
};
class B :public A
{
public:
    B(int a, int b, int c):A(a,b)
    {
        this->c = c;
    }
    void print ()
    {
        printf ("a = %d, b = %d, c = %d\n", this->a, this->b, this->c);
    }
private:
    int c;
};

void print(A *p)
```

```
{
    p->print();      //①
}
int main()
{
    A a(1,2);
    B b(4,5,6);
    print(&a);
    print(&b);
    return 0;
}
```

现在我们知道在注释①处会有多态发生，p 是 A*类的指针，它是如何区分传给它的是类 A 的对象还是类 B 的对象的呢？实际上，这里指针 p 并不会区分具体的对象类型，而是通过一个虚函数指针 vfptr 来找到具体要调用的函数的。

在类中声明虚函数时，编译器会在类中生成一个虚函数表，虚函数表是一个存储类成员函数指针的数据结构，是由编译器自动生成与维护的，类中的虚成员函数会被编译器放入虚函数表中。

当存在虚函数时，每一个对象中都有一个指向虚函数表的指针，它一般作为类对象的第一个成员，这样可以使虚函数调用能够尽量快一些。当进行函数调用时，C++编译器不需要区分子类对象或者父类对象，只要通过基类指针找到 vfptr 指针，再通过该指针在虚函数表中找到对应函数即可。

下面来看一下有了虚函数以后类 A 的对象和类 B 的对象的内存布局，如图 6-1 所示。

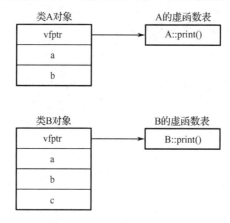

图 6-1　有了虚函数以后类 A 的对象和类 B 的对象的内存布局

对 print 函数：

```
void print(A *p)
{
    p->print();
}
```

当传入的是类 A 的对象时，p 的指向如图 6-2 所示。

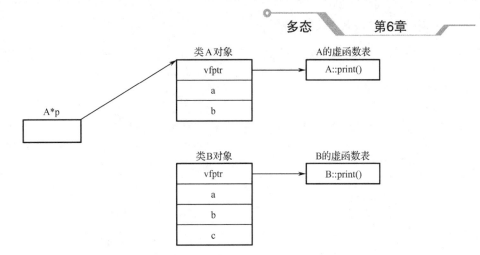

图 6-2　传入类 A 的对象时指针 p 的指向

当传入的是类 B 的对象时，p 的指向如图 6-3 所示。

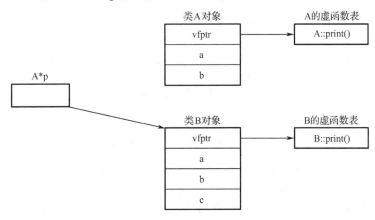

图 6-3　传入类 B 的对象时指针 p 的指向

在执行"p->print()"语句时，首先编译器会判断 print 函数是否为虚函数，如果 print 函数不是虚函数，则不管传入的对象是什么类型，都根据指针类型调用相应的函数，如 p 是 A* 指针，则调用类 A 的 print 函数。

如果 print 是虚函数，则编译器从指针 p 所指向的内存中取出 vfptr 指针，再根据 vfptr 在虚函数表中查找 print 函数，并调用。

需要注意的是，通过虚函数表指针 vfptr 调用重写函数是在程序运行时进行的，因此需要通过寻址操作才能确定真正应该调用的函数；而普通成员函数是在编译时就确定了调用的函数。在效率上，虚函数的效率要低很多，所以出于效率考虑，没必要将所有的成员函数都声明为虚函数。

6.4.2　构造函数中调用虚函数能否实现多态

关于多态的使用，要注意的是，在构造函数中调用虚函数是无法实现多态的，看看如下的代码。

```cpp
#include <iostream>
using namespace std;
```

```cpp
class A
{
public:
    A()
    {
        print();
        cout << "A 的构造函数" << endl;
    }

    virtual void print()
    {
        cout << "我是 A" << endl;
    }
public:
    int a;
    int b;
};
class B:public A
{
public:
    B()
    {
        print();
        cout << "B 的构造函数" << endl;
    }
    void print()
    {
        cout << "我是 B" << endl;
    }
public:
    int c;
};

int main()
{
    B   b;    //①

    return 0;
}
```

运行结果为:

```
我是 A
A 的构造函数
我是 B
B 的构造函数
```

在注释①处的代码定义了一个类 B 的对象，类 B 继承自类 A，所以在构造时要先调用类

A 的构造函数。类 A 和类 B 中都有一个虚函数 print，类 A 的构造函数中调用了 print，因为我们定义的是类 B 的对象，按道理这时候根据虚函数指针找到的 print 函数应该类 B 中的 print 函数，但是实际结果是这里并没有发生多态，调用的还是类 A 自己的 print 函数。这又是为何呢？

这是因为虚函数指针 vfptr 是分步进行初始化的，当调用父类的构造函数时，vfptr 指向父类的虚函数表，如图 6-4 所示。

当父类的构造函数执行完成后，在执行子类的构造函数时，vfptr 又会指向子类的虚函数表，如图 6-5 所示。

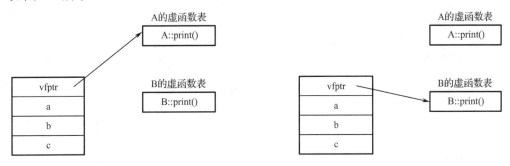

图 6-4　调用父类构造函数时 vfptr 的指向　　图 6-5　调用子类构造函数时 vfptr 的指向

在进行对象初始化时，执行哪个类的构造函数，vfptr 就会指向这个类的虚函数表，所以在构造函数中是无法实现多态的，因为在对象初始化完之前 vfptr 的指向并不确定。

6.4.3　父类指针操作子类数组

多态要求由基类的指针指向派生类对象来调用派生类的虚函数，我们可以通过基类指针操作单个派生类对象，但最好不要用基类的指针去操作派生类的对象数组，因为指针加法与减法运算和指针所指向的类型有关，用基类指针操作派生类对象数组容易导致步长不一致的问题，如下所示。

```cpp
#include <iostream>
using namespace std;

class A
{
public:
    virtual void print()
    {
        cout << "我是 A" << endl;
    }
public:
    int a;
};
class B:public A
{
public:
```

```
        void print()
        {
            cout << "我是 B" << endl;
        }
public:
        int b;
};

int main()
{
B *pb = new B[10];
    A *pa = pb;        //①
    for (int i = 0; i < 5; i++)
    {
        pa[i].print();    //②
    }

    return 0;
}
```

在注释①处的代码创建了一个类 B 的对象数组，但是用的是类 A 的指针来连接的，在运行时会发现，这段代码在注释②处会直接崩溃，不能运行成功。

先来看一下内存分布情况，如图 6-6 所示。

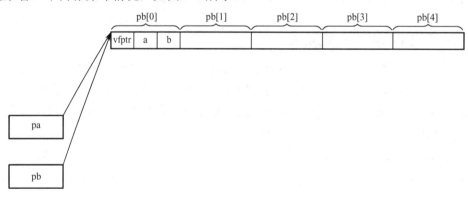

图 6-6　内存分布情况（一）

我们来分析一下注释②处的代码 "pa[i].print();"，"pa[i]" 等价于 "*(pa + i)"，而 "pa + i" 的值等价于 "(int)pa + sizeof(A)*i"，假设这时 i 为 1，也就是数组中的第二个元素，"pa+1" 等价于 "(int)pa + sizeof(A) == (int)pa + 8"；"pb+1"等价于 "(int)pb + sizeof(B) == (int)pb + 12"，如图 6-7 所示。

这时 *(pa + 1)，也就是 pa[1]没有指向一个完整的类 B 的对象，所以在使用类 B 的成员时自然会出错。

通过上面的分析也可看出，之所以不能用基类指针操作派生类对象，是因为一般情况下，基类和派生类对象所占内存空间的大小是不一样的，这就导致了基类指针和派生类指针的步长不一致，从而会产生一些意外的错误。

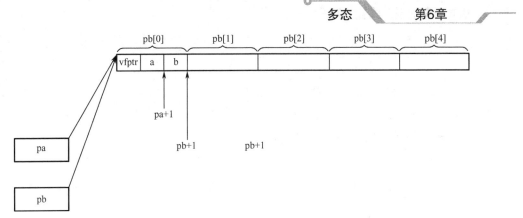

图 6-7　内存分布情况（二）

6.5　多继承下的多态

不同的编译器在多态的实现上可能会有所不同，这里以 VC++为例，VC++的实现方式是，保证任何有虚函数的类的第一项永远是 vfptr，这就可能要求在实例布局时，在基类前插入新的 vfptr，或者要求在多重继承时，有 vfptr 的基类放到左边，没有 vfptr 的基类的前面，如下面所示。

```
class A
{
private:
    int a;
};

class B
{
private:
    int b;
};

class C : public B, public A
{
private:
    int c;
};
```

以上面的继承方式，类对 C 来说，它的内存布局如图 6-8 所示。

但是，改造类 A 如下。

```
class A
{
public:
    virtual void seta( int _a )
    {
        a = _a;
```

```
        }
private:
        int a;

};
```

同样继承顺序的类 C，内存布局如图 6-9 所示。

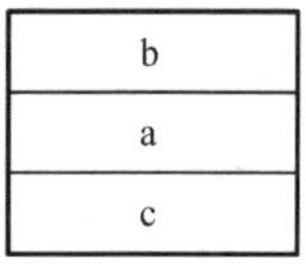

b
a
c

图 6-8　类 C 的内存布局

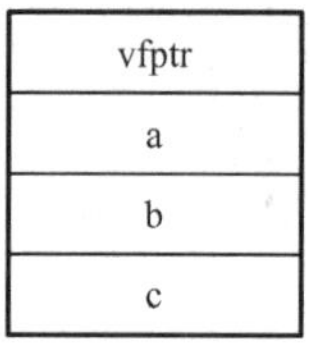

vfptr
a
b
c

图 6-9　改造之后的类 C 的内存布局

类 A 被提到类 B 前面，这样的布局是因为 vfptr 要放在最前面。

许多 C++的实现会共享或者重用从基类继承来的 vfptr，例如，类 C 并不会有一个额外的 vfptr 指向一个专门存放新的虚函数的虚函数表，而是直接使用从类 A 继承过的 vfptr，只不过现在的 vfptr 指向类 C 的虚函数表。如此一来，单继承的代价就不算高昂。一旦一个实例有 vfptr，它就不需要更多的 vfptr。新的派生类可以引入更多的虚函数，这些新的虚函数只是简单地在已存在的"每类一个"的虚函数表的末尾追加新项。

但是，如果从多个有虚函数的基类继承，一个实例就有可能包含多个 vfptr。例如下面代码中的类 P、R 和 S。

```
class P
{
public:
        void pf(){}                //new
        virtual void pvf(){} //new
public:
        int p1;
};

class R
{
public:
        virtual void rvf(){}; //new
public:
        int r1;
};

class S : public P, public R
{
public:
        void pvf(){} //重写  P::pvf
        void rvf(){} //重写  R::rvf
        void svf(){} //new
```

```
public:
    int s1;
};
```

在多继承时，基类指针在派生类中会有所偏移，也就是说，对于同一个 S 对象，S*和R*的值是不同，但是同样可以通过 R*来实现虚函数调用（只能调用重写了 R 内部的虚函数），所以要求在 R*的位置有一个虚函数指针（从 R 继承过来的虚函数指针），类 P、R、S 的内存布局如图 6-10 所示。

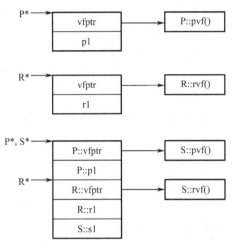

图 6-10　类 P、R、S 的内存布局

6.6　虚继承下的多态

例如，在下面的代码中，类 T 虚继承类 P，覆盖类 P 的虚成员函数，声明了新的虚函数，如下所示。

```
class P
{
public:
    void pf(){}                //new
    virtual void pvf(){} //new
private:
    int p1;
};

class T : virtual public P
{
public:
    void pvf();                //overrides P::pvf
    virtual void tvf(); //new
private:
```

```
        int t1;
    };
```

如果采用在基类虚函数表末尾添加新项的方式，则访问虚函数总要求访问虚基类。在VC++中，为了避免在获取虚函数表时转换到虚基类 P 的高昂代价，T 中的新虚函数通过一个新的虚函数表获取，从而带来了一个新的虚函数表指针，该指针放在 T 实例的顶端，内存布局如图 6-11 所示。

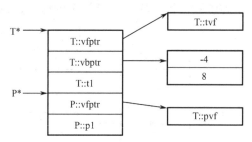

图 6-11 新建虚函数表指针后的内存布局

6.7 纯虚函数和抽象类

在 C++中，可以将虚函数声明为纯虚函数，语法格式为：

virtual 返回值类型 函数名 (函数参数) = 0;

纯虚函数没有函数体，只有函数声明，在虚函数声明的结尾加上"=0"，表明此函数是纯虚函数。

包含纯虚函数的类称为抽象类（Abstract Class）。之所以说它抽象，是因为它无法实例化，也就是说无法创建对象。原因很明显，纯虚函数没有函数体，不是完整的函数，无法调用，也无法为其分配内存空间。

抽象类通常作为基类，让派生类去实现纯虚函数。派生类必须实现纯虚函数才能被实例化。

纯虚函数应用举例如下。

```cpp
#include <iostream>
using namespace std;

//线
class Line
{
public:
    Line(float len): m_len(len){ }
    virtual float area() = 0;
    virtual float volume() = 0;
protected:
    float m_len;
};
```

```
//矩形
class Rec: public Line
{
public:
    Rec(float len, float width): Line(len), m_width(width){ }
    float area(){ return m_len * m_width; }
protected:
    float m_width;
};

//长方体
class Cuboid: public Rec
{
public:
    Cuboid(float len, float width, float height): Rec(len, width), m_height(height){ }
    float area()
    {
        return 2 * ( m_len*m_width + m_len*m_height + m_width*m_height);
    }
    float volume()
    {
        return m_len * m_width * m_height;
    }
protected:
    float m_height;
};

//正方体
class Cube: public Cuboid
{
public:
    Cube(float len): Cuboid(len, len, len){ }
    float area()
    {
        return 6 * m_len * m_len;
    }
    float volume()
    {
        return m_len * m_len * m_len;
    }
};

int main()
{
    Line *p = new Cuboid(10, 20, 30);     //①
    cout<<"The area of Cuboid is "<<p->area()<<endl;
    cout<<"The volume of Cuboid is "<<p->volume()<<endl;
```

```
    p = new Cube(15);
    cout<<"The area of Cube is "<<p->area()<<endl;
    cout<<"The volume of Cube is "<<p->volume()<<endl;

    return 0;
}
```

运行结果为：

```
The area of Cuboid is 2200
The volume of Cuboid is 6000
The area of Cube is 1350
The volume of Cube is 3375
```

本例中定义了四个类，它们的继承关系为：Line→Rec→Cuboid→Cube。

Line 是一个抽象类，也是最顶层的基类，在类 Line 中定义了两个纯虚函数 area()和 volume()。在类 Rec 中，实现了 area()函数；所谓实现，就是定义了纯虚函数的函数体，但这时类 Rec 仍不能被实例化，因为它没有实现继承来的 volume()函数，volume()仍然是纯虚函数，所以类 Rec 也仍然是抽象类。直到类 Cuboid，才实现了 volume()函数，才是一个完整的类，才可以被实例化。

可以发现，类 Line 表示"线"，没有面积和体积，但它仍然定义了 area()和 volume()两个纯虚函数。这样的用意很明显：类 Line 不需要被实例化，但是它为派生类提供了"约束条件"，派生类必须实现这两个函数，完成计算面积和体积的功能，否则就不能实例化。

在实际开发中，用户可以定义一个抽象基类，只完成部分功能，未完成的功能交给派生类去实现（谁派生谁实现）。这部分未完成的功能，往往是基类不需要的，或者在基类中无法实现的。虽然抽象基类没有完成，却强制要求派生类完成，这就是抽象基类的"霸王条款"。

抽象基类除了约束派生类的功能，还可以实现多态。请注意上面注释①处代码，指针 p 的类型是 Line，但是它却可以访问派生类中的 area()和 volume()函数，正是由于在类 Line 中将这两个函数定义为纯虚函数；如果不这样做，注释①处后面的代码都是错误的。这或许才是 C++提供纯虚函数的主要目的。

关于纯虚函数的几点说明如下。

（1）一个纯虚函数可以使类成为抽象基类，但抽象基类中除了包含纯虚函数，还可以包含其他的成员函数（虚函数或普通函数）和成员变量。

（2）只有类中的虚函数才能被声明为纯虚函数，普通成员函数和顶层函数均不能声明为纯虚函数，如下例所示。

```
//顶层函数不能被声明为纯虚函数
void fun() = 0;              //compile error

class base
{
public :
    //普通成员函数不能被声明为纯虚函数
    void display() = 0;    //compile error
```

```
};
```

6.8 typeid 运算符

typeid 运算符用来获取一个表达式的类型信息。类型信息对编程而言非常重要，它描述了数据的各种属性。

（1）对于基本类型（int、float 等 C++内置类型）的数据，类型信息所包含的内容比较简单，主要是指数据的类型。

（2）对于类的数据（也就是对象），类型信息是指对象所属的类、所包含的成员、所在的继承关系等。

类型信息是创建数据的模板，数据占用多大内存、能进行什么样的操作、该如何操作等，这些都由它的类型信息决定的。

typeid 的操作对象既可以是表达式，也可以是数据类型，下面是它的两种使用方法。

```
typeid( dataType )
typeid( expression )
```

dataType 是数据类型，expression 是表达式，这和 sizeof 运算符非常类似，只不过使用 sizeof 时可以省略括号()，而 typeid 必须带上括号()。

typeid 会把获取的类型信息保存到一个 type_info 类型的对象里面，并返回该对象的常引用；当需要具体的类型信息时，可以通过成员函数来提取。typeid 的使用非常灵活，例如下面的例子（只能在 VC/VS 下运行）。

```cpp
#include <iostream>
#include <typeinfo>
using namespace std;

class Base{ };

struct STU{ };

int main()
{
    //获取一个普通变量的类型信息
    int n = 100;
    const type_info &nInfo = typeid(n);
    cout<<nInfo.name()<<" | "<<nInfo.raw_name()<<" | "<<nInfo.hash_code()<<endl;

    //获取一个字面量的类型信息
    const type_info &dInfo = typeid(25.65);
    cout<<dInfo.name()<<" | "<<dInfo.raw_name()<<" | "<<dInfo.hash_code()<<endl;

    //获取一个对象的类型信息
    Base obj;
    const type_info &objInfo = typeid(obj);
```

```
        cout<<objInfo.name()<<" | "<<objInfo.raw_name()<<" | "<<objInfo.hash_code()<<endl;

        //获取一个类的类型信息
        const type_info &baseInfo = typeid(Base);
        cout<<baseInfo.name()<<" | "<<baseInfo.raw_name()<<" | "<<baseInfo.hash_code()<<endl;

        //获取一个结构体的类型信息
        const type_info &stuInfo = typeid(struct STU);
        cout<<stuInfo.name()<<" | "<<stuInfo.raw_name()<<" | "<<stuInfo.hash_code()<<endl;

        //获取一个普通类型的类型信息
        const type_info &charInfo = typeid(char);
        cout<<charInfo.name()<<" | "<<charInfo.raw_name()<<" | "<<charInfo.hash_code()<<endl;

        //获取一个表达式的类型信息
        const type_info &expInfo = typeid(20 * 45 / 4.5);
        cout<<expInfo.name()<<" | "<<expInfo.raw_name()<<" | "<<expInfo.hash_code()<<endl;

        return 0;
}
```

运行结果为：

```
int | .H | 529034928
double | .N | 667332678
class Base | .?AVBase@@ | 1035034353
class Base | .?AVBase@@ | 1035034353
struct STU | .?AUSTU@@ | 734635517
char | .D | 4140304029
double | .N | 667332678
```

从本例可以看出，typeid 的使用非常灵活，它的操作数可以是普通变量、对象、内置类型（int 和 float 等）、自定义类型（结构体和类），还可以是一个表达式。

本例中还用到了 type_info 类的几个成员函数，下面是对它们的介绍。

（1）name()用来返回类型的名称。

（2）raw_name()用来返回名字编码（Name Mangling）算法产生的新名称。

（3）hash_code()用来返回当前类型对应的 hash 值。hash 值是一个可以用来标志当前类型的整数，有点类似学生的学号、公民的身份证号、银行卡号等。不过 hash 值有赖于编译器的实现，在不同的编译器下可能会有不同的整数，但它们都能唯一地标识某个类型。

遗憾的是，C++标准只对 type_info 类做了很有限的规定，不仅成员函数少、功能弱，而且各个平台的实现不一致。例如，上面代码中的 name()函数，nInfo.name()、objInfo.name()在 VC/VS 下的输出结果分别是 int 和 class Base，而在 GCC 下的输出结果分别是 i 和 4Base。

C++标准规定，type_info 类至少要有如下所示的 4 个 public 属性的成员函数，其他的扩展函数编译器开发者可以自由发挥，不做限制。

（1）原型：

const char* name() const;

返回一个能表示类型名称的字符串。但是 C++标准并没有规定这个字符串是什么形式，例如，对于上面的 objInfo.name()语句，VC/VS 下返回"class Base"，但 GCC 下返回"4Base"。

（2）原型：

```
bool before (const type_info& rhs) const;
```

判断一个类型是否位于另一个类型的前面，参数 rhs 是一个 type_info 对象的引用。但是 C++标准并没有规定类型的排列顺序，不同的编译器有不同的排列规则，程序员也可以自定义。要特别注意的是，这个排列顺序和继承顺序没有关系，基类并不一定位于派生类的前面。

（3）原型：

```
bool operator== (const type_info& rhs) const;
```

重载运算符"=="，判断两个类型是否相同，参数 rhs 是一个 type_info 对象的引用。

（4）原型：

```
bool operator!= (const type_info& rhs) const;
```

重载运算符"!="，判断两个类型是否不同，参数 rhs 是一个 type_info 对象的引用。

raw_name()是 VC/VS 独有的一个成员函数，hash_code()在 VC/VS 和较新版本的 GCC 下有效。

可以发现，不像 Java、C#等动态性较强的语言，C++能获取的类型信息非常有限，也没有统一的标准，如同"鸡肋"一般，大部分情况下我们只是使用重载过的"=="运算符来判断两个类型是否相同。

typeid 运算符经常被用来判断两个类型是否相等。

（1）内置类型的比较。例如，下面的定义：

```
char *str;
int a = 2;
int b = 10;
float f;
```

内置类型的比较如图 6-12 所示。

类型比较	结果	类型比较	结果
typeid(int)= =typeid(int)	true	typeid(int)= =typeid(char)	false
typeid(char*)= =typeid(char)	false	typeid(str)= =typeid(char*)	true
typeid(a)= =typeid(int)	true	typeid(b)= =typeid(int)	true
typeid(a)= =typeid(a)	true	typeid(a)= =typeid(b)	true
typeid(a)= =typeid(f)	false	typeid(a/b)= =typeid(int)	true

图 6-12　内置类型的比较

typeid 返回 type_info 对象的引用，而表达式"typeid(a) == typeid(b)"的结果为 true，可以说明，一个类型不管使用了多少次，编译器都只为它创建一个对象，所有 typeid 都返回这个对象的引用。

（2）类的比较。例如，下面的定义：

```
class Base{};;
```

```
class Derived: public Base{};

Base obj1;
Base *p1;
Derived obj2;
Derived *p2 = new Derived;
p1 = p2;
```

类的比较如图 6-13 所示。

类型比较	结果	类型比较	结果
typeid(obj1)= =typeid(p1)	false	typeid(obj1)= =typeid(*p1)	true
typeid(&obj1)= =typeid(p1)	true	typeid(obj1)= =typeid(obj2)	false
typeid(obj1)= =typeid(Base)	true	typeid(*p1)= =typeid(Base)	true
typeid(p1)= =typeid(Base*)	true	typeid(p1)= =typeid(Derived*)	false

图 6-13 类的比较

表达式 "typeid(*p1) == typeid(Base)" 和 "typeid(p1) == typeid(Base*)" 的结果为 true,可以说明,即使将派生类指针 p2 赋值给基类指针 p1,p1 的类型仍然为 Base*。

最后我们再来看一下 type_info 类的声明,以进一步了解它所包含的成员函数,以及这些函数的访问权限。type_info 类位于 typeinfo 头文件,声明形式如下。

```
class type_info
{
public:
    virtual ~type_info();
    int operator==(const type_info& rhs) const;
    int operator!=(const type_info& rhs) const;
    int before(const type_info& rhs) const;
    const char* name() const;
    const char* raw_name() const;
private:
    void *_m_data;
    char _m_d_name[1];
    type_info(const type_info& rhs);
    type_info& operator=(const type_info& rhs);
};
```

它的构造函数是 private 属性的,所以不能在代码中直接实例化,只能由编译器在内部实例化(借助友元),而且还重载了 "=" 运算符,也是 private 属性的,所以也不能赋值。

6.9 静态绑定和动态绑定

为了支持多态,C++使用了动态绑定和静态绑定。理解它们的区别,有助于更好地理解多态,以及在编程的过程中避免犯错误。

需要理解 4 个名词：

（1）对象的静态类型：对象在声明时采用的类型，是在编译期确定的。

（2）对象的动态类型：目前所指对象的类型，是在运行期决定的。对象的动态类型可以更改，但是对象的静态类型无法更改。

关于对象的静态类型和动态类型，请看下面的一个示例。

```
class B
{
}
class C : public B
{
}
class D : public B
{
}
D* pD = new D();      //①
B* pB = pD;           //②
C* pC = new C();
pB = pC;              //③
```

注释①处 pD 的静态类型是它声明的类型 D*，动态类型也是 D*；注释②处 pB 的静态类型是它声明的类型 B*，动态类型是 pB 所指向的对象 pD 的类型 D*；注释③pB 的动态类型是可以更改的，现在它的动态类型是 C*。

（3）静态绑定：绑定的是对象的静态类型，其特性（如函数）依赖于对象的静态类型，发生在编译期。

（4）动态绑定：绑定的是对象的动态类型，其特性（如函数）依赖于对象的动态类型，发生在运行期。

```
class B
{
    void DoSomething();
    virtual void vfun();
}
class C : public B
{
    void DoSomething();    //这个子类重新定义了父类的 no-virtual 函数
    virtual void vfun();
}
class D : public B
{
    void DoSomething();
    virtual void vfun();
}
D* pD = new D();
B* pB = pD;
```

C 中的 DoSomething 重定义了 B 中的 DoSomething，DoSomething 并不是虚函数，所以

pD->DoSomething()和 pB->DoSomething()调用的并不是同一个函数。虽然 pD 和 pB 都指向同一个对象，但函数 DoSomething 不是一个虚函数，它是静态绑定的，编译器会在编译期根据对象的静态类型来选择函数；pD 的静态类型是 D*，编译器在处理 pD->DoSomething()的时候会将它指向 D::DoSomething()。同理，pB 的静态类型是 B*，pB->DoSomething()调用的就是 B::DoSomething()。

让我们再来看一下，pD->vfun()和 pB->vfun()调用的是同一个函数吗？

是同一个函数，因为 vfun 是一个虚函数，它是动态绑定的，也就是说它绑定的是对象的动态类型，pB 和 pD 虽然静态类型不同，但是它们同时指向一个对象，它们的动态类型是相同的，都是 D*，所以它们的调用的是同一个函数，即 D::vfun()。

上面都是针对对象指针的情况，对于引用的情况同样适用。指针和引用的动态类型和静态类型可能会不一致，但是对象的动态类型和静态类型是一致的。

哪些是动态绑定，哪些是静态绑定呢？只有虚函数才使用的是动态绑定，其他的全部是静态绑定的。

特别需要注意的地方，当缺省参数和虚函数一起出现时情况有点复杂，极易出错。我们知道，虚函数是动态绑定的，但是为了执行效率，缺省参数是静态绑定的。

看看下面的示例。

```
class B
{
public:
    virtual void vfun(int i = 10);
}
class D : public B
{
public:
    virtual void vfun(int i = 20);
}
D* pD = new D();
B* pB = pD;
pD->vfun();
pB->vfun();
```

由上面的分析可知，pD->vfun()和 pB->vfun()调用都是函数 D::vfun()，但是它们的缺省参数是什么呢？

分析一下，缺省参数是静态绑定的，pD->vfun()时，pD 的静态类型是 D*，所以它的缺省参数应该是 20；同理，pB->vfun()的缺省参数应该是 10。所以，永远记住：绝不要重新定义继承而来的缺省参数（Never redefine function's inherited default parameters value）。

第7章

模板

C++提供了函数模板（Function Template），所谓函数模板，实际上是指建立了一个通用函数，其函数类型和形参类型不具体指定，用一个虚拟的类型来代表。这个通用函数就称为函数模板。凡是函数体相同的函数都可以用这个模板来代替，不必定义多个函数，只需在模板中定义一次即可。在调用函数时系统会根据实参的类型来取代模板中的虚拟类型，从而实现了不同的函数功能。

C++提供两种模板机制：函数模板和类模板。

类属类型参数化，又称参数模板，使得程序（算法）可以从逻辑功能上抽象，把被处理的对象（数据）类型作为参数传递。

模板把函数或类要处理的数据类型参数化，表现为参数的多态性，称为类属。模板用于表达逻辑结构相同，但具体数据元素类型不同的数据对象的通用行为。

7.1 函数模板

7.1.1 函数模板语法

例如，我们现在有这样的需求，交换 char 类型、int 类型、double 类型变和 float 类型变量的值。为了实现上述需求，我们需要写 4 个函数，如下所示。

```
//交换 char 变量的值
void Swap(char &a, char &b)
{
    char tmp = a;
```

```
        a = b;
        b = tmp;
    }


    //交换 int 变量的值
    void Swap(int &a, int &b)
    {
        int tmp = a;
        a = b;
        b = tmp;
    }


    //交换 double 变量的值
    void Swap(double &a, double &b)
    {
        double tmp = a;
        a = b;
        b = tmp;
    }


    //交换 float 变量的值
    void Swap(float &a, float &b)
    {
        float tmp = a;
        a = b;
        b = tmp;
    }
```

　　我们通过函数重载实现 4 个交换函数，这些函数虽然在调用时方便了一些，但从本质上说还是定义了 4 个功能相同、函数体相同的函数，只是数据的类型不同而已，这看起来有点浪费代码，能不能把它们压缩成一个函数呢？

　　我们知道，数据的值可以通过函数参数传递，在函数定义时数据的值是未知的，只有等到函数调用时接收了实参才能确定其值。这就是值的参数化。在上述的代码中，函数体除了类型不一样外，其他的代码是一模一样的，既然数据的值可以通过参数进行传递，那么类型是否也可以通过参数进行传递呢？如果数据类型可以参数化，那么上述 4 个函数可以整合为一个函数，在调用时通过外部传入要处理的数据类型即可。

　　在 C++中，数据的类型是可以通过参数来传递的，在函数定义时可以不指明具体的数据类型，在函数调用时，将具体的类型当成实参传递给函数即可，这就是类型的参数化。

　　值（Value）和类型（Type）是数据的两个主要特征，它们在 C++中都可以被参数化。

　　所谓函数模板，实际上是建立一个通用函数，它所用到的数据的类型（包括返回值类型、形参类型、局部变量类型）可以不具体指定，而是用一个虚拟的类型来代替（实际上是用一个标识符来占位），在函数调用时再根据传入的实参来推演出真正的类型。这个通用函数就称为函数模板（Function Template）。

　　在函数模板中，数据的值和类型都被参数化了，在函数调用时编译器会根据传入的实参来推演形参的值和类型。换个角度说，函数模板除了支持值的参数化，还支持类型的参数化。

一旦定义了函数模板，就可以将类型参数用于函数定义和函数声明了。说得直白一点，原来使用 int、double、float 等内置类型的地方，都可以用类型参数来代替。

函数模板的语法为：

```
template <类型形式参数表>
类型 函数名<形式参数表>
{
    语句序列
}
```

函数模板定义由函数模板说明和函数定义组成。函数模板说明的类属参数必须在函数定义中至少出现一次，函数参数表中可以使用类属类型参数，也可以使用一般类型参数。

类型形式参数的形式为：

```
typename T1 ， typename T2 ,……, typename Tn
```

或

```
class T1 ， class T2 ,……, class Tn
```

关键字 typename 可以使用关键字 class 替代，它们没有任何区别。早期的 C++对模板的支持并不严谨，没有引入新的关键字，而是用 class 来指明类型参数，但是关键字 clas 本来已经用在类的定义中了，这样做显得不太友好，所以后来 C++又引入了一个新的关键字 typename，专门用来定义类型参数。不过至今仍然有很多代码在使用关键字 class，包括 C++标准库、一些开源程序等。

下面我们来使用函数模板将上面 4 个函数压缩成一个函数模板。

```cpp
#include <iostream>
using namespace std;

template<typename T>
void Swap(T &a, T &b)
{
    T temp = a;
    a = b;
    b = temp;
}

int main()
{
    //交换 int 变量的值
    int n1 = 100, n2 = 200;
    Swap(n1, n2);              //①
    cout<<n1<<", "<<n2<<endl;

    //交换 float 变量的值
    float f1 = 12.5f, f2 = 56.93f;
    Swap<float>(f1, f2);    //②
    cout<<f1<<", "<<f2<<endl;
```

```
        //交换 char 变量的值
        char c1 = 'A', c2 = 'B';
        Swap<char>(c1, c2);        //③
        cout<<c1<<", "<<c2<<endl;

        //交换 bool 变量的值
        bool b1 = false, b2 = true;
        Swap<bool>(b1, b2);        //④
        cout<<b1<<", "<<b2<<endl;
        return 0;
}
```

运行结果为：

```
200, 100
56.93, 12.5
B, A
1, 0
```

函数模板头中包含的类型参数可以用在函数定义的各个位置，包括返回值、形参列表和函数体；本例在形参列表和函数体中使用了类型参数 T。

类型参数的命名规则跟其他标识符的命名规则一样，不过使用 T、T1、T2、Type 等已经成为一种惯例。

定义了函数模板后，就可以像调用普通函数一样来调用函数模板了。调用函数模板的时候有两种形式，一种是隐式调用，就是不写传入的类型，让编译器自己判断传入的是什么类型数据，例如注释①处的代码；第二种方式是显示调用，即在调用时说明传入的数据类型，形式为：

函数名<类型列表>（实参列表）

例如上面注释②、③、④处的代码。

为了加深对函数模板的理解，我们来编写一个冒泡排序的函数模板，代码如下。

```
#include <iostream>
using namespace std;

template <typename T>
void mySwap(T &i, T &j)
{
    T tmp = i;
    i = j;
    j = tmp;
}

template <typename T1>
void mySort(T1 arr[], int len)
{
    for (int i = 0; i < len-1; i++)
```

```
    {
        for (int j = 0; j < len-1-i; j++)
        {
            if (arr[j] > arr[j+1])
                mySwap<T1>(arr[j], arr[j+1]);
        }
    }
}

template <typename T>
void printA(T *arr, int len)
{
    for (int i=0; i < len; i++)
    {
        cout << arr[i] << " ";
    }

    cout << endl;
}

int main()
{
    int arr[] = {9,8,7,6,5,4,3,2,1,0};
    mySort<int>(arr, sizeof(arr)/sizeof(arr[0]));
    printA<int>(arr, sizeof(arr)/sizeof(arr[0]));

    char str[] = "hfjakfa";
    mySort<char>(str, sizeof(str)/sizeof(str[0]));
    printA<char>(str, sizeof(str)/sizeof(str[0]));

    double d[] = {1.2 ,-9.8, 10.8, -1.2, 5.6};
    mySort<double>(d, sizeof(d)/sizeof(d[0]));
    printA<double>(d, sizeof(d)/sizeof(d[0]));

    return 0;
}
```

运行结果为：

```
0 1 2 3 4 5 6 7 8 9
  a a f f h j k
-9.8 -1.2 1.2 5.6 10.8
```

函数模板也可以提前声明，不过声明时需要带上模板头，并且模板头和函数定义（声明）是一个不可分割的整体，它们可以换行，但中间不能有分号。

函数模板可以将算法和数据类型相分离，让我们更专注于算法的实现，而不需要关心具体的类型。例如，上面的冒泡排序，我们可以不用关心具体对什么类型进行冒泡排序，只要完成冒泡的算法即可。完成以后可以发现，该算法可以变得更加通用，能够对任意类型基础数据类型进行冒泡排序。

7.1.2　函数模板和函数重载

在使用函数模板时可以进行隐式调用，即不写明使用的数据类型，让编译器自己推断，但是不允许进行隐式的类型转换。例如：

```
void Print(int a, int b)
{
    cout << "a = " << a << ", b = " << b << endl;
}
```

例如，可以使用下面的调用方式：

```
int    a = 65;
char ch = 'A';

Print(a, ch);
```

运行结果为：

```
a = 65, b = 65
```

ch 虽然是 char 类型，但是在调用 Print 时可以被隐式地转换为 int 类型。将 Print 改为函数模板，如下所示。

```
template <typename T>
void Print(T a, T b)
{
    cout << "a = " << a << ", b = " << b << endl;
}
```

继续进行如下使用：

```
int    a = 65;
char ch = 'A';

Print(a, ch);
```

编译的时候会报"void Print(T,T): 模板 参数 T 不明确"的错误。调用函数模板时不允许进行隐式的数据类型转换，必须指明要操作的数据类型，如下所示。

```
Print<int>(a, ch);
```

运行结果为：

```
a = 65, b = 65
```

或者

```
Print<char>(a, ch);
```

运行结果为：

a = A, b = A

函数模板可以被重载，同样也可以和普通函数一起使用，示例如下。

```cpp
#include "iostream"
using namespace std;

int Max(int a, int b)    //①
{
    cout<<"int Max(int a, int b)"<<endl;
    return a > b ? a : b;
}

template<typename T>     //②
T Max(T a, T b)
{
    cout<<"T Max(T a, T b)"<<endl;
    return a > b ? a : b;
}

template<typename T>     //③
T Max(T a, T b, T c)
{
    cout<<"T Max(T a, T b, T c)"<<endl;
    return Max(Max(a, b), c);
}


void main()
{
    int a = 1;
    int b = 2;

    cout << Max(a, b) << endl;              //④
    cout << Max<>(a, b) << endl;            //⑤
    cout << Max(3.0, 4.0) << endl;          //⑥
    cout << Max(5.0, 6.0, 7.0) << endl;     //⑦

    return ;
}
```

运行结果为：

```
int Max(int a, int b)
2
T Max(T a, T b)
2
T Max(T a, T b)
4
```

```
T Max(T a, T b, T c)
T Max(T a, T b)
T Max(T a, T b)
7
```

上述代码中注释①处是一个普通的，求两个数最大值的函数注释；②处是一个求两个数最大值的函数模板；注释③处是函数模板的重载函数。

当函数模板和普通函数一起使用时，应遵循如下规则。

- 在函数模板和普通函数都可以被调用的情况下，优先选择普通函数，如注释④处的代码。
- 在数模板和普通函数都可以被调用的情况下，如果想调用函数模板，可以写一个空参数列表来指定要调用函数模板，如注释⑤处的代码。
- 如果函数模板可以产生一个更好的匹配，则选择函数模板，如注释⑥处的代码。
- 函数模板可以像普通函数一样被重载，如注释⑦处的代码。

7.1.3 函数模板机制

7.1.2 节最后讲到函数模板和函数重载可以放一起使用，那么当普通函数和函数模板可以一起存在（上例注释①和②）时，C++是如何提供函数模板机制的呢？函数模板的函数定义只有一份代码，为什么可以处理不同类型的数据呢？

很多人可能觉得 C++在内部提供机制，让函数模板可以处理任意类型的数据，然而事实上并不是这样。在处理函数模板时，编译器会对函数模板进行两次编译，在声明的地方对模板代码本身进行编译；在调用的地方对参数替换后的代码进行编译，通过传入的具体类型来产生相应类型的处理函数。

例如，下面的代码。

```
#include "iostream"
using namespace std;

template <typename T>
void Print(T a, T b)                //①
{
    cout << "a = " << a << ", b = " << b << endl;
}


void main()
{
    Print<int>(1,2);                //②
    Print<char>('A', 'B');          //③
    Print<double>(10.2, 5.8);       //④

    return ;
}
```

注释①处 Print 是一个函数模板，编译时会先对这部分代码先编译一次，当编译到注释②

处代码时，会先匹配一下当前有没有该类型函数可以调用，如果当前存在"Print(int a, int b)"这样的普通函数，会直接调用该普通函数；如果没有相应的函数可以使用，编译器会根据函数模板格式和传入的类型，在内部生成一个如下所示的函数。

```
void Print(int a, int b)
{
    cout << "a = " << a << ", b = " << b << endl;
}
```

编译器根据函数模板生成的函数称为模板函数，同样地，在注释③和④处也会生成如下函数。

```
void Print(char a, char b)
{
    cout << "a = " << a << ", b = " << b << endl;
}

void Print(double a, double b)
{
    cout << "a = " << a << ", b = " << b << endl;
}
```

从以上的分析中也可以明白为什么在普通函数和函数模板都可以被调用时要优先调用普通函数了，因为在调用普通函数时不用再生成一个模板函数了。

7.2　类模板

7.2.1　单个类的类模板语法

C++除了支持函数模板，还支持类模板（Class Template）。函数模板中定义的类型参数可以用在函数声明和函数定义中，类模板中定义的类型参数可以用在类声明和类实现中。类模板的目的同样是将数据的类型参数化。

声明类模板的语法为：

```
template<typename 类型参数 1, typename 类型参数 2, ...>
class 类名{
    //TODO:
};
```

类模板和函数模板都是以关键字 template 开头的（当然也可以使用关键字 class，目前来讲它们没有任何区别），后面跟着类型参数，类型参数不能为空，多个类型参数用逗号隔开。

一旦声明了类模板，就可以将类型参数用于类的成员函数和成员变量了。换句话说，原来使用 int、float、char 等内置类型的地方，都可以用类型参数来代替。

假如，我们现在要定义一个类来表示坐标，要求坐标的数据类型可以是整数、小数和字符串，如下所示。

x = 10、y = 10
x = 12.88、y = 129.65
x = "东经 180 度"、y = "北纬 210 度"

这时就可以使用类模板,请看下面的代码。

```
template<typename T1, typename T2>   //这里不能有分号
class Point
{
public:
    Point(T1 x, T2 y): m_x(x), m_y(y){ }
public:
    T1 getX() const;   //获取 x 坐标
    void setX(T1 x);   //设置 x 坐标
    T2 getY() const;   //获取 y 坐标
    void setY(T2 y);   //设置 y 坐标
private:
    T1 m_x;   //x 坐标
    T2 m_y;   //y 坐标
};
```

x 坐标和 y 坐标的数据类型不确定,借助类模板可以将数据类型参数化,这样就不必定义多个类了。

注意:模板头和类头是一个整体,可以换行,但是中间不能有分号。

有了类的定义,接下来就可以使用该类来创建对象了。使用类模板创建对象时,需要指明具体的数据类型,请看下面的代码。

```
Point<int, int> p1(10, 20);
Point<int, float> p2(10, 15.5);
Point<float, char*> p3(12.4, "东经 180 度");
```

与函数模板不同的是,类模板在实例化时必须显式地指明数据类型,编译器不会根据给定的数据推演出数据类型。

除了对象变量,我们也可以使用对象指针的方式来进行实例化。

```
Point<float, float> *p1 = new Point<float, float>(10.6, 109.3);
Point<char*, char*> *p = new Point<char*, char*>("东经 180 度", "北纬 210 度");
```

需要注意的是,赋值号两边都要指明具体的数据类型,且要保持一致。例如,下面的写法是错误的。

```
//赋值号两边的数据类型不一致
Point<float, float> *p = new Point<float, int>(10.6, 109);

//赋值号右边没有指明数据类型
Point<float, float> *p = new Point(10.6, 109);
```

将上面的类定义和类实例化的代码整合起来,构成一个完整的示例,如下所示。

```
#include <iostream>
using namespace std;
```

```
template<typenameT1, typenameT2>        //这里不能有分号
class Point{
public:
    Point(T1 x, T2 y): m_x(x), m_y(y){ }
public:
    T1 getX() const                     //获取 x 坐标
    {
        return m_x;
    }
    void setX(T1 x)                     //设置 x 坐标
    {
        m_x = x;
    }
    T2 getY() const                     //获取 y 坐标
    {
        return m_y;
    }
    void setY(T2 y)                     //设置 y 坐标
    {
        m_y = y;
    }
private:
    T1 m_x;                             //x 坐标
    T2 m_y;                             //y 坐标
};

int main()
{
    Point<int, int> p1(10, 20);
    cout<<"x="<<p1.getX()<<", y="<<p1.getY()<<endl;

    Point<int, char*> p2(10, "东经 180 度");
    cout<<"x="<<p2.getX()<<", y="<<p2.getY()<<endl;

    Point<char*, char*> *p3 = new Point<char*, char*>("东经 180 度", "北纬 210 度");
    cout<<"x="<<p3->getX()<<", y="<<p3->getY()<<endl;

    return 0;
}
```

运行结果为：

```
x=10, y=20
x=10, y=东经 180 度
x=东经 180 度, y=北纬 210 度
```

类模板对象作为参数传递时有两种方式可以选择，一种是写一个具体的普通函数，指明函数形参接收的对象类型，如下所示。

```
void Print(Point<int, int> &p)
{
    cout<<"x="<<p.getX()<<", y="<<p.getY()<<endl;
}
```

该函数只能接收 Point<int, int>类型的对象。

另一种方式是写一个函数模板，如下所示。

```
template <typename T1, typename T2>
void Print(Point<T1, T2> &p)
{
    cout<<"x="<<p.getX()<<", y="<<p.getY()<<endl;
}
```

将上述代码修改为调用函数模板进行打印，修改后的代码如下。

```
int main()
{
    Point<int, int> p1(10, 20);
    Print<int, int>(p1);

    Point<int, char*> p2(10, "东经 180 度");
    Print<int, char*>(p2);

    Point<char*, char*> *p3 = new Point<char*, char*>("东经 180 度", "北纬 210 度");
    Print<char*, char*>(*p3);

    return 0;
}
```

7.2.2　继承中的类模板语法

类模板是否可以派生新的类呢？答案是肯定的，和类模板对象的函数参数一样，类模板可以派生一个普通类，也可以派生一个模板类。

我们先来定义一个模板类 B。

```
template <typename T>
class B
{
public:
    B(T a)
    {
        this->a = a;
    }

    void print()
    {
        cout << "a = " << a << endl;
```

```
        }
public:
    T a;
};
```

（1）当派生类是普通类时，需要在继承时指明基类的具体类型，形式如下。

```
class B1 :public B<int>
{
public:
    B1(int a, int b):B<int>(a)
    {
        this->b = b;
    }

    void print()
    {
        cout << "a = " << a << ", b = " << b << endl;
    }
private:
    int b;
};
```

（2）当派生类是一个模板类时，可以继承一个具体的基类或者一个基类的模板，如下所示。

```
template <typename T>
class B2:public B<int>
{
public:
    B2(int a, T c):B<int>(a)
    {
        this->c = c;
    }
    void print()
    {
        cout << "a = " << a << ", c = " << c << endl;
    }
private:
    T c;
};

template <typename T1, typename T2>
class B3:public B<T1>
{
public:
    B3(T1 a, T2 c):B<T1>(a)
    {
        this->c = c;
```

```
        }
        void print()
        {
            cout << "a = " << a << ", c = " << c << endl;
        }
private:
    T2 c;
};
```

7.2.3　类模板的使用

一般情况下，我们在编写一个类时，通常会将类的声明放在某个头文件中，而将类的实现放到一个源文件中。当然也可以选择在同一个文件中实现类的定义。类模板在不同的情况实现时会有一些很奇怪的语法，下面一起来看看。

1. 类模板成员函数写在类的内部

我们实现一个复数类的类模板，如下所示。

```
template <typename T>
class Complex
{
public:
    Complex (T a, T b)
    {
        this->a = a;
        this->b = b;
    }

    Complex operator+ (const Complex &obj)
    {
        Complex tmp(a + obj.a, b + obj.b);    //①
        return tmp;
    }
private:
    T a;
    T b;
};
```

在类的成员函数内定义对象时可以不指定具体的对象类型，如注释①处的代码。该类实现了加法运算符的重载，现在我们想让类 Complex 的对象能够像内置数据类型一样被 cout 直接进行输出，这时我们就需要重载左移运算符。而左移运算符必须重载为友元函数，需要写一个全局的函数模板重载左移运算符，然后将其设置为类 Complex 的友元函数，代码如下所示。

```
friend ostream & operator<<(ostream &out, Complex &c);
template <typename T>
ostream & operator<<(ostream &out, Complex<T> &c)
{
```

```
        out << c.a << " + " << c.b << "i";
        return out;
    }
```

但是编译的发现，存在问题无法通过编译。我们现在将友元函数的函数体直接放在类的内部，结果如下。

```
#include <iostream>
using namespace std;

template <typename T>
class Complex
{
    friend ostream & operator<<(ostream &out, Complex &c)
    {
        out << c.a << " + " << c.b << "i";
        return out;
    }

public:
    Complex (T a, T b)
    {
        this->a = a;
        this->b = b;
    }

    Complex operator+ (const Complex &obj)
    {
        Complex tmp(a + obj.a, b + obj.b);
        return tmp;
    }
private:
    T a;
    T b;
};

int main()
{
    Complex<int>    a(1,2);
    Complex<int>    b(3,4);

    Complex<int> c = a + b;
    cout << a << std::endl;
    cout << b << std::endl;
    cout << c << std::endl;

    return 0;
}
```

运行结果为：

```
1 + 2i
3 + 4i
4 + 6i
```

将友元函数放到类的内部后发现，不管是编译还是运行都不会有任何问题。这里要注意的是，虽然将友元函数的实现放在类的内部，但本质上它还是一个友元函数，不是类的内部成员函数，不能直接使用类的成员变量和成员方法，必须通过类的对象来使用。

在实现模板类时，将类的成员函数或者友元函数直接放在类的内部，这是最安全的做法，不会产生任何问题。

2. 类模板成员函数放在类的外部

上面的类 Complex 的成员函数和友元函数都放在类的内部，我们还可以将它们放在类的外部，放在类的外部时可以选择放在同一个文件或者不同的文件中。

（1）放在同一个文件中。

① 成员函数放在类的外部定义，需要将所有成员函数都设置为函数模板，形式如下。

```
template<typename 类型参数 1 , typename 类型参数 2 , ...>
返回值类型 类名<类型参数 1，类型参数 2, ...>::函数名(形参列表)
{
    //TODO:
}
```

注意，如果这里返回值的类型是类的对象，则对象类型不能省略，如返回 Complex 类型，需要写成 Complex<T>。

② 友元函数放在类的外部定义。如果是左移与右移运算符重载函数，需要在函数名与参数列表之间加上 <T>说明，如下所示。

```
friend ostream & operator<< <T>(ostream &out, Complex &c)
```

如果是一个普通的友元函数，例如，现在有一个实现两个复数减法的友元函数 mySub，写法如下。

需要在类前增加类的前置声明和函数的前置声明。

```
//先声明模板类
template <typename T>
class Complex;

//声明模板类的友元函数
template <typename T>
Complex<T> mySub(Complex<T> &a, Complex<T> &b);
```

因为不是类的内部函数，所以在定义对象时要显示地说明对象的类型，即 Complex 后的 <T>不能省略。

将函数声明为类的友元函数，需要在函数名和函数参数列表之间加<T>。

```
friend Complex<T> mySub<T>(Complex<T> &a, Complex<T> &b);
```

完成函数定义，如下所示。

```
template <typename T>
Complex<T> mySub(Complex<T> &a, Complex<T> &b)
{
    Complex<T> tmp(a.a - b.a, a.b - b.b);
    return tmp;
}
```

注意：函数声明必须和函数定义时的函数原型一致，声明时不用在函数和参数列表之间加<T>。

完整代码如下。

```
#include <iostream>
using namespace std;

//先声明模板类
template <typename T>
class Complex;

//声明模板类的友元函数
template <typename T>
Complex<T> mySub(Complex<T> &a, Complex<T> &b);

template <typename T>
class Complex
{
    friend ostream & operator<< <T>(ostream &out, Complex &c);
    friend Complex<T> mySub<T>(Complex<T> &a, Complex<T> &b);

public:
    Complex (T a, T b);
    Complex operator+ (const Complex &obj);
private:
    T a;
    T b;
};

template <typename T>
Complex<T>::Complex (T a, T b)
{
    this->a = a;
    this->b = b;
}

template <typename T>
Complex<T>   Complex<T>::operator+ (const Complex &obj)
{
    Complex tmp(a + obj.a, b + obj.b);
    return tmp;
```

```
}

template <typename T>
ostream & operator<<(ostream &out, Complex<T> &c)
{
    out << c.a << " + " << c.b << "i";
    return out;
}

template <typename T>
Complex<T> mySub(Complex<T> &a, Complex<T> &b)
{
    Complex<T> tmp(a.a - b.a, a.b - b.b);
    return tmp;
}

int main()
{
    Complex<int>    a(1,2);
    Complex<int>    b(3,4);

    Complex<int> c = a + b;
    cout << a << std::endl;
    cout << b << std::endl;
    cout << c << std::endl;

    Complex<int> d = mySub(a, b);
    cout << d << std::endl;

    return 0;
}
```

运行结果为：

```
1 + 2i
3 + 4i
4 + 6i
-2 + -2i
```

（2）写在不同的文件中。我们将类的声明和类的实现分开写到两个文件中，如下所示。

① Complex.h 文件。

```
#ifndef _Complex_h_
#define _Complex_h_

#include <iostream>
using namespace std;

template <typename T>
```

```
class Complex;

template <typename T>
Complex<T> mySub(Complex<T> &a, Complex<T> &b);

template <typename T>
class Complex
{
    friend ostream& operator<< <T>(ostream &out, Complex<T> &obj);
    friend Complex<T> mySub<T>(Complex<T> &a, Complex<T> &b);

public:
    Complex();
    Complex(T a, T b);

    Complex operator+(Complex &obj);
private:
    T a;    //实部
    T b;    //虚部
};

#endif //_Complex_h_
```

② Complex.cpp 文件。

```
#include "Complex.h"

template <typename T>
Complex<T>::Complex()
{

}

template <typename T>
Complex<T>::Complex(T a, T b)
{
    this->a = a;
    this->b = b;
}

template <typename T>
Complex<T> Complex<T>::operator+(Complex &obj)
{
    Complex tmp(a+obj.a, b+obj.b);
    return tmp;
}

template <typename T>
ostream & operator<< (ostream &out, Complex<T> &obj)
```

```
{
    out << obj.a << " + " << obj.b << "i";
    return out;
}

template <typename T>
Complex<T> mySub(Complex<T> &a, Complex<T> &b)
{
    Complex<T> tmp(a.a - b.a, a.b - b.b);
    return tmp;
}
```

按照正常的使用习惯，在使用时要包含类的文件，代码如下。

```
#include <iostream>
#include "Complex.h"      //①

using namespace std;

int main()
{
    Complex<int>    a(1,2);
    Complex<int>    b(3,4);

    Complex<int> c = a + b;
    cout << a << std::endl;
    cout << b << std::endl;
    cout << c << std::endl;

    Complex<int> d = mySub(a, b);
    cout << d << std::endl;

    return 0;
}
```

但是这样使用时，会发现编译通不过。在这里我们不能像往常一样直接包含头文件，而是要包含模板类的源文件，将注释①处的代码改为：

```
#include "Complex.cpp"
```

发现编译运行都没有问题了，运行结果为：

```
1 + 2i
3 + 4i
4 + 6i
-2 + -2i
```

一般我们将这种可以直接包含的源文件后缀名设置为.hpp 而不是.cpp，表示头文件和源文件一起包含。

7.3 类模板中的关键字 static

函数模板的实现机制是在调用时根据具体类型进行匹配，如果没有相应函数可以调用，编译器则会生成一个模板函数。类模板的机制和函数模板相似，我们使用类模板定义对象时，如果没有现成的类可以使用，编译器则会根据具体类型生成一个具体的类。

类中有一个很特殊的成员变量，就是类的静态变量。类的静态变量是类所有对象所共享的，类模板会根据具体类型生成各种各样的类，所以类模板实例化的每个模板类都有自己的类模板数据成员，该模板类的所有对象共享静态数据成员。和非模板类的静态数据成员一样，模板类的静态数据成员也应该在文件范围定义和初始化，每个模板类有自己的类模板的静态数据成员副本。

例如，下面的代码。

```cpp
#include <iostream>
using namespace std;
template <typename T>
class A
{
public:
    static T m_a;
};
template <typename T>
T A<T>::m_a = 10;           //①

int main()
{
    A<int>   a;
    cout << "A<int>      a.m_a: " << a.m_a << endl;
    a.m_a = 20;

    A<double> d;
    cout << "A<double> d.m_a: " << d.m_a << endl;
    cout << "A<int>      a.m_a: " << a.m_a << endl;

    A<int> b;
    cout << "A<int>      b.m_a: " << b.m_a << endl;

    return 0;
}
```

运行结果为：

```
A<int>      a.m_a: 10
A<double> d.m_a: 10
A<int>      a.m_a: 20
A<int>      b.m_a: 20
```

　　a.m_a 的值改变后并没有影响到 d.m_a，b 和 a 同是 A<int>类的对象，所以 b 和 a 共享一个静态变量 m_a，a 将 m_a 的值设置为 20 后，虽然 b 并没有设置成员变量 m_a 的值，但它的值也变成了 20。

　　类的静态成员变量也必须在类的外部进行初始化，如注释①处的代码。

第8章

异常

8.1 什么是异常

异常是一种程序控制机制，与函数机制独立和互补。函数是一种以栈结构展开的上下函数衔接的程序控制系统，异常是另一种控制结构，它依附于栈结构，却可以同时设置多个异常类型作为捕获条件，从而以类型匹配在栈机制中跳跃回馈。

栈机制是一种高度节律性控制机制，面向对象编程却要求对象之间有方向、有目的地控制传动，从一开始，异常就是冲着改变程序控制结构，以适应面向对象程序更有效工作这个主题，而不是仅为了进行错误处理。

异常设计出来之后，却发现在错误处理方面获得了最大的好处。

异常，让一个函数可以在发现自己无法处理的错误时抛出一个异常，希望它的调用者可以直接或者间接处理这个问题。而传统错误处理技术，检查到一个局部无法处理问题时的解决办法有以下 4 种。

（1）终止程序。例如，atol、atoi、输入 NULL，会产生段错误，导致程序异常退出。

（2）返回一个表示错误的值。很多系统函数都是这样，如 malloc，当内存不足、分配失败时，则返回 NULL 指针。

（3）返回一个合法值，让程序处于某种非法的状态。

（4）调用一个预先准备好在出现错误情况下使用的函数。

第一种情况是不允许的，无条件终止程序的库无法运用到不能宕机的程序里；第二种情况比较常用，但是有时不合适，例如返回错误码是 int，每个调用都要检查错误值，极不方便，也容易让程序规模加倍；第三种情况很容易误导调用者，万一调用者没有去检查全局变量或者通过其他方式检查错误，那是一个灾难，而且这种方式在并发的情况下不能很好工作；第四种情况比较少用，而且回调的代码不能很多。

使用异常，就是指把错误和处理分开来，由库函数抛出异常，调用者捕获这个异常后就可以知道程序函数库的调用出现错误了，并去处理，而是否终止程序则由调用者决定。

但是，错误的处理依然是一件很困难的事情，C++的异常机制为程序员提供了一种处理错误的方式，使程序员能够以更自然的方式处理错误。

8.2　异常的语法

异常的语法分为两部分，一个是在发生错误的地方，另一个是处理错误的地方。发生错误时要向外部抛出一个异常，需要用到关键字 throw，语法如下。

```
throw 表达式；
```

throw 的用法和 return 很相似，throw 抛出的也是一个值，但是 return 返回的是上一级调用的函数，而 throw 抛出的异常需要专门设置捕获语句进行异常变量的捕获。

异常捕获需要用到 try 语句，语法如下。

```
try
{
    可能发生异常的语句
}
catch （异常类型 变量名）
{
    异常处理语句
}
```

使用示例如下。

```cpp
#include <iostream>

using namespace std;

void func()
{
    throw "发生异常";  //抛出异常
}

int main()
{
    try
    {
        func();
    }
    catch(const char* &e)
    {
```

```
        cout << e << endl;
    }

    return 0;
}
```

运行结果为：

发生异常

要将可能发生异常的语句放到 try{}块中，否则将无法捕获异常。捕获到异常后的处理语句在 catch{}语句块中。

8.3 异常类型以及多级 catch

8.2 节中讲到 throw 抛出异常和函数中的 return 很相似，return 返回的是一个变量，throw 抛出的也是一个变量，既然是变量，就会有各种各样的类型，异常捕获时要根据抛出的异常变量类型进行捕获。C++规定，异常类型可以是 int、char、float、bool 等基本类型，也可以是指针、数组、字符串、结构体、类等聚合类型。

catch 在使用上有点类似没有返回值的函数，异常的捕获类似于函数的实参到形参的传递过程，但是和函数不同的是：

（1）异常变量之间不允许隐式地类型转换，需要严格按照类型进行捕获。

（2）可以设置多级 catch，匹配（catch）是类似 switch 的机制，程序会按照从上到下的顺序，将异常类型和 catch 所能接收的类型逐个匹配。如果都没有匹配到，可以用三个点"…"来表示其他类型。

多级 catch 使用示例如下。

```
#include <iostream>

using namespace std;

int main()
{
    try
    {
        throw 'a';
    }
    catch (int e)      //根据变量类型捕捉异常
    {
        cout << "捕捉一个 int 类型的异常： " << e << endl;
    }
    catch (char ch)
    {
        cout << "捕捉一个 char 类型的异常： " << ch << endl;
    }
    catch (...)         //其他类型
```

```
    {
        cout << "捕捉其他类型异常" << endl;
    }
    return 0;
}
```

运行结果为：

捕捉一个 char 类型的异常： a

关于异常捕获的几点说明如下。

（1）将可能抛出异常的程序段嵌在 try{}块中，控制通过正常的顺序执行到达 try 语句，然后执行 try{}块内的保护段。

（2）如果在保护段执行期间没有引起异常，那么跟在 try{}块后的 catch 子句就不执行。程序从 try{}块后跟随的最后一个 catch 子句后面的语句继续执行下去。

（3）如果匹配的处理未找到，则自动运行函数 terminate，其缺省功能是调用 abort 终止程序。

（4）对于处理不了的异常，可以在 catch 的最后一个分支，使用 throw 语法，向上抛。

（5）异常是跨函数的。

使用示例如下。

```
#include <iostream>

using namespace std;

void func3()
{
    cout << "func3 函数被调用" << endl;

    throw "func3 函数发生错误";

    cout << "func3 函数调用结束" << endl;
}

void func2()
{
    cout << "func2 函数被调用" << endl;

    func3();

    cout << cout << "func2 函数被调用" << endl;
}

void func1()
{
    cout << "func1 函数被调用" << endl;
    try
    {
```

```
            func2();
        }
        catch (char *e)
        {
            cout << "func1 捕获到一个异常,交由上层处理" << endl;
            throw;
        }
        catch (...)
        {
            cout << "捕获其他异常" << endl;
        }
        cout << cout << "func1 函数调用结束" << endl;
}

int main()
{
        try
        {
            func1();
        }
        catch (char *e)
        {
            cout << "main 函数捕获到一个异常: " << e << endl;
        }
        catch (...)
        {
            cout << "捕获其他异常" << endl;
        }
        return 0;
}
```

运行结果为:

```
func1 函数被调用
func2 函数被调用
func3 函数被调用
func1 捕获到一个异常,交由上层处理
main 函数捕获到一个异常: func3 函数发生错误
```

8.4 throw 详解

关键字 throw 除了可以用在函数体中抛出异常,还可以用在函数头和函数体之间,指明当前函数能够抛出的异常类型,这称为异常规范(Exception Specification),也称为异常指示符或异常列表。例如:

```
double func (char param) throw (int);
```

这条语句声明了一个名为 func 的函数，它的返回值类型为 double，有一个 char 类型的参数，并且只能抛出 int 类型的异常。如果抛出其他类型的异常，try 将无法捕获，只能终止程序。

如果函数会抛出多种类型的异常，那么可以用逗号隔开，例如：

```
double func (char param) throw (int, char, double);
```

如果函数不会抛出任何异常，那么( )中什么也不写，例如：

```
double func (char param) throw ();
```

如此，func() 函数就不能抛出任何类型的异常了，即使抛出了异常 try 也检测不到。

1. 虚函数中的异常规范

C++规定，派生类虚函数的异常规范必须与基类虚函数的异常规范一样严格，或者更严格。只有这样，当通过基类指针（或者引用）调用派生类虚函数时，才能保证不违背基类成员函数的异常规范。例如：

```
class Base
{
public:
    virtual int fun1(int) throw();
    virtual int fun2(int) throw(int);
    virtual string fun3() throw(int, string);
};
class Derived:public Base
{
public:
    int fun1(int) throw(int);          //错！异常规范不如 throw()严格
    int fun2(int) throw(int);          //对！有相同的异常规范

    //对！异常规范比 throw(int,string)更严格
    string fun3() throw(string);   }
```

2. 异常规范与函数定义和函数声明

C++规定，异常规范必须同时在函数声明和函数定义中指明，并且要严格保持一致，不能更加严格或者更加宽松。

```
//错！定义中有异常规范，声明中没有
void func1();
void func1() throw(int) { }

//错！定义和声明中的异常规范不一致
void func2() throw(int);
void func2() throw(int, bool) { }

//对！定义和声明中的异常规范严格一致
void func3() throw(float, char*);
void func3() throw(float, char*) { }
```

8.5 标准库异常

C++标准提供了一组标准异常类，这些类都是以 exception 为基类，标准库抛出的所有异常都是派生自该基类，先来看看 exception 的直接派生类，如表 8-1 所示。

表 8-1　exception 的直接派生类

异常名称	说　　明
logic_error	逻辑错误
runtime_error	运行时错误
bad_alloc	使用 new 或 new[ ]分配内存失败时抛出的异常
bad_typeid	使用 typeid 操作一个 NULL 指针，而且该指针带有虚函数的类，这时抛出 bad_typeid 异常
bad_cast	使用 dynamic_cast 转换失败时抛出的异常
ios_base::failure	IO 过程中出现的异常
bad_exception	这是个特殊的异常，如果函数的异常列表里声明了 bad_exception 异常，当函数内部抛出了异常列表中没有的异常时，如果调用的 unexpected()函数中抛出了异常，不论什么类型，都会被替换为 bad_exception 类型

logic_error 的派生类如表 8-2 所示。

表 8-2　logic_error 的派生类

异常名称	说　　明
length_error	试图生成一个超出该类型最大长度的对象时抛出该异常，如 vector 的 resize 操作
domain_error	参数的值域错误，主要用在数学函数中，例如使用一个负值调用只能操作非负数的函数
out_of_range	超出有效范围
invalid_argument	参数不合适。在标准库中，当利用 string 对象构造 bitset 时，而 string 中的字符不是 0 或 1 时，抛出该异常

runtime_error 的派生类如表 8-3 所示。

表 8-3　runtime_error 的派生类

异常名称	说　　明
range_error	计算结果超出了有意义的值域范围
overflow_error	算术计算上溢
underflow_error	算术计算下溢

基类 exception 提供一个虚函数 what()，用来返回错误信息，what 函数原型为：

```
virtual const char *what() const throw();
```

我们可以通过下面的语句来捕获所有的标准异常。

```
try
{
    //可能抛出异常的语句
```

```
}
catch(exception &e)
{
    //处理异常的语句
}
```

之所以使用引用，是为了提高效率。如果不使用引用，就要经历一次对象拷贝（要调用拷贝构造函数）的过程。使用 exception 需要包含头文件为：

```
#include <exception>
```

使用示例如下。

```
#include <iostream>
#include <stdexcept>
using namespace std;

class Student
{
public:
    Student(int id)
    {
        if (id < 0)
            throw out_of_range("id 不能小于 0");
        this->id = id;
    }
private:
    int id;
};

int main()
{
    try
    {
        Student s(-10);
    }
    catch (exception &e)
    {
        printf("捕捉一个异常：%s\n", e.what());
    }
    catch (...)
    {
    }

    return 0;
}
```

运行结果为：

```
捕捉一个异常：id 不能小于 0
```

第9章

输入/输出流

9.1 输入/输出流介绍

9.1.1 输入/输出流的理解

程序输入/输出是以应用程序为参照物的，从应用程序将数据导出的操作称为输出，从外部获取数据到程序内的操作称为输入，如图 9-1 所示。

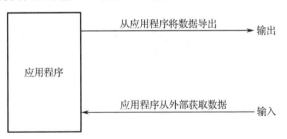

图 9-1　输入/输出流

根据输入和输出操作的对象不同，C++将输入和输出分为以下三类，如图 9-2 所示。

（1）对系统指定的标准设备的输入和输出，即从键盘输入数据，输出到显示器屏幕。这种输入和输出称为标准的输入/输出，简称标准 I/O。

（2）以外存磁盘文件为对象进行的输入和输出，即从磁盘文件输入数据，数据输出到磁盘文件。以外存文件为对象的输入和输出称为文件的输入/输出，简称文件 I/O。

（3）对内存中指定的空间进行的输入和输出，通常指定一个字符数组作为存储空间（实际上可以利用该空间存储任何信息）。这种输入和输出称为字符串输入/输出，简称字符串 I/O。

图 9-2　输入/输出的分类

9.1.2　流的理解

输入和输出实际上就是数据传送的过程，输出是指程序将数据传送到某个设备的过程，而输入则是某个设备将数据传送给程序的过程，这期间数据如流水一样从一处流向另一处，即程序到设备或者设备到程序。C++形象地将此过程称为流（Stream）。

C++的输入/输出流是指由若干字节组成的字节序列，这些字节中的数据按顺序从一个对象传送到另一对象。流表示信息从源端到目的端的流动，在输入操作时，字节流从输入设备（如键盘、磁盘）流向内存；在输出操作时，字节流从内存流向输出设备（如屏幕、打印机、磁盘等）。流中的内容可以是 ASCII 字符、二进制形式的数据、图形图像、数字音频视频或其他形式的信息。

为了实现数据的有效流动，C++系统为每种 I/O（如标准 I/O、文件 I/O 和字符串 I/O）提供了庞大的 I/O 类库，调用不同的类去实现不同的功能，常用类如表 9-1 所示。

表 9-1　常用的 I/O 类

类　　名	功 能 说 明	使用需包含的头文件
IOS	抽象基类	iostream
istream	通用输入流和其他输入流的基类	iostream
ostream	通用输出流和其他输出流的基类	iostream
iostream	通用输入/输出流和其他输入输出流的基类	iostream
ifstream	输入文件流类	fstream
ofstream	输出文件流类	fstream
fstream	输入/输出文件流类	fstream
istrstream	输入字符串流类	strstream
ostrstream	输出字符串流类	strstream
strstream	输入/输出字符串流类	strstream

其中 ios 是基类，其他都是由它直接或间接派生的类，继承关系如图 9-3 所示。

在图 9-3 中，ios 是一个抽象基类，ios 三个字母分别表示输入（input）、输出（output）和流（stream），意为输入输出流。由它派生了两个类即 istream 和 ostream，分别是输入流类和输出流类，类 istream 支持输入操作，类 ostream 支持输出操作。类 iostream 支持输入/输出操作，是从类 istream 和类 ostream 通过多重继承而派生的类。

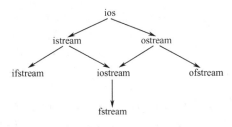

图 9-3　继承关系示意图

C++对文件的输入/输出需要用类 ifstrcam 和类 ofstream，两个类名中第 1 个字母 i 和 o 分别代表输入和输出，第 2 个字母 f 代表文件。ifstream 支持对文件的输入操作，ofstream 支持对文件的输出操作。类 ifstream 继承了类 istream，类 ofstream 继承了类 ostream，类 fstream 继承了类 iostream。

I/O 类库中还有其他一些类，但是对于一般用户来说，以上这些已能满足需要了。如果想深入了解类库的内容和使用，可参阅所用的 C++系统的类库手册。

9.1.3　为什么要引用输入/输出流

为了兼容 C 语言，原有 C 语言中的输入/输出函数在 C++中依然可以使用，但如果直接把 C 语言的那套输入/输出函数搬到 C++中却无法满足 C++的需求，最重要的一点就是 C 语言中的输入/输出函数有类型要求，只支持基本类型，这显然没办法满足 C++的需求，因此 C++设计了易于使用的且多种输入输出流接口统一的 IO 类库，并且还支持多种格式化操作，还可以自定义格式化操作。

C++引入 I/O 流，将标准 I/O、文件 I/O 和字符串 I/O 三种输入/输出流接口统一起来，统一使用右移操作符"＞＞"进行数据读取，使用左移操作符"＜＜"进行数据输入操作。

在 istream 输入流类中定义对右移操作符"＞＞"重载的一组公用成员函数，函数的具体声明格式为：

```
istream& operator>> (T &);
```

其中 T 表示数据类型，T 常用的类型标识符如表 9-2 所示。

表 9-2　常用的数据类型标识符

char	short	int	long
unsigned char	unsigned short	unsigned int	unsigned long
float	double	long int	long double
bool	string		

对于每一种数据类型，都对应一个"＜＜"重载函数，对于 istream 的派生类来说，输入操作时不必再像 C 语言的 scanf 操作一样指定数据类型。例如，我们之前用过的 cin，cin 是 istream 类的一个对象，如果有以下语句：

```
int var;
cin >> var;
```

系统会根据 var 的类型自动匹配相应的"＞＞"重载函数，实际上相当于

```
cin.operator>>(var);
```

在 ostream 输出流中定义了对左移操作符 "<<" 重载的一组公用函数，函数声明格式为：

```
ostream& operator>> (T &);
```

其中 istream 输入流使用类型 T 的范围，在这里仍然可以使用，除此之外，这里的 T 还支持 void *类型，用于输出任何指针（但不能是字符指针，因为字符指针将被作为字符串处理，即输出所指向存储空间中保存的一个字符串）的值。

对于 ostream 输出流，输出数据的也不必再指定数据类型，例如，我们之前用过的 cout，cout 是 ostream 类的一个对象，如以下语句：

```
int var = 10;
cout << var;
```

系统会根据 var 的类型自动匹配相应的 "<<" 重载函数，实际上相当于

```
cout.operator<<(var);
```

可能很多人会搞混 "<<" 和 ">>" 运算符的作用。其实这里我们只要把它们理解为数据的流向就好了。"<<" 代表数据从右边流向左边，">>" 代表数据从左边流向右边。例如：

```
>> var;
```

那么根据数据从左边流向右边的原则，右边是 var，是一个变量，就是说要读取一个数据给变量 var，是输入操作，这里左边自然需要一个输入流的对象。需要注意的是，输入流对象并不一定是 cin，cin 只是 istream 的一个对象，代表的是标准输入。我们也可以使用 istream 的派生类 ifstream，ifstream 是文件输入流类，可以自己定义文件输入流对象，从文件中读取数据给 var 变量，如下所示。

```
ifstream fin("data");
fin >> var;
```

同样地，有如下形式：

```
<< var;
```

那么根据数据从右边流向左边的原则，左边是 var，是一个变量，也就是说要将变量 var 的值传送给某个设备，是输出操作，那么左边自然需要一个输出流的对象。同样需要注意的是，输出流对象并不一定是 cout，cout 只是 ostream 的一个对象，代表的是标准输出。我们也可以使用 ostream 的派生类 ofstream，ofstream 是文件输出流类，可以自己定义文件输出流对象，将 var 变量的值写入到某个文件中，如下所示。

```
ofstream fout("data");
fout << var;
```

9.1.4 流的缓冲区

内存为每一个数据流开辟了一个内存缓冲区，用来存放流中的数据。当用 cout 和插入运算符 "<<" 向显示器输出数据时，先将这些数据送到程序中的输出缓冲区保存，直到缓冲区

满了或遇到 endl，就将缓冲区中的全部数据送到显示器显示出来。在输入时，从键盘输入的数据先放在键盘的缓冲区中，当按回车键时，键盘缓冲区中的数据输入到程序中的输入缓冲区，形成 cin 流，然后用提取运算符"＞＞"从输入缓冲区中提取数据送给程序中的有关变量，如图 9-4 所示。总之，流是与内存缓冲区相对应的，或者说，内存缓冲区中的数据就是流。

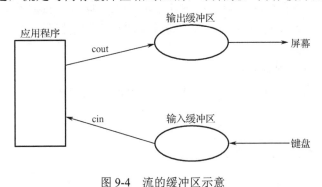

图 9-4　流的缓冲区示意

9.2　标准输入/输出流

9.2.1　标准输入/输出流对象

C++不仅定义了现成的 I/O 类库供用户使用，而且还为用户进行标准 I/O 操作定义了 4 个类对象，它们分别是 cin、cout、cerr 和 clog。

（1）cin：标准输入流，其标准输入设备是键盘。

（2）cout：标准输出流，其标准输出设备是显示器。

（3）cerr：标准错误流（不带缓冲区），它是一种输出流，由于不带缓冲区，直接输出到显示器。

（4）clog：标准错误流（带缓冲区），它是一种输出流，由于带缓冲区，会先把要输出的内容放到缓冲区里，直到缓冲区满或遇到换行（endl）才输出到显示器。

9.2.2　输出流的使用

1. 输出流的方法

输出流重载了左移操作符，可以让我们很方便地输出数据，但还需要了解一些额外的功能。

（1）put()和 write()。put()函数可以向控制台输出单个字符，write()函数可以输出字符数组，使用方式如下。

```
void writeData(const char *data, int dataLen)
{
    cout.write(data, dataLen);
}
```

```
void putData(const char *data, int index)
{
    cout.put(data[index]);
}
```

（2）flush()输出流是有缓冲区的，在向输出流写入数据时，数据不会立即写入目标，而是先写入缓冲区，当满足下列条件之一时，缓冲区将进行刷新操作，然后将数据写入目标。

● 遇到换行，如 endl；
● 流对象离开作用域被析构时；
● 当进行输入操作时，即要求从 cin 输入时，cout 会被刷新；
● 流缓存满时；
● 刷新显示的流缓存。

刷新显示的流缓存使用的是 flush 方法，如下所示。

```
cout << "hello";
cout.flush();
```

2. 输出流的错误处理

输出操作有可能会在某些情况下出现错误，例如，写入文件不存在而导致写入操作失败。一个流是否处于正常状态，即是否处于可用的状态，可以通过下列函数进行判断。

（1）good()函数：判断当前流是否处于正常状态。

（2）bad()函数：流是否发生致命错误。

（3）fail()函数：在最近一次操作失败时返回 true。

使用方式如下，在输出流调用 flush()之后再调用 fail()以确保流可用。

```
cout.flush();
if (cout.fail())
{
    cerr << "刷新操作失败" << endl;
}
```

9.2.3 输入流的使用

1. 输入流的方法

与输出流一样，输入流也提供了一些方法，它们可以获得比普通 ">>" 运算符更底层的访问。

（1）get()函数。get()函数是 cin 输入流对象的成员函数，它有 3 种形式：无参数、有一个参数、有 3 个参数。

① 不带参数的 get()函数。其调用形式为：

```
cin.get()
```

get()函数用来从指定的输入流中提取一个字符（包括空白字符），函数的返回值就是读入的字符。若遇到输入流中的文件结束符，则函数值返回文件结束标志 EOF（End Of File），一般以-1 代表 EOF，用-1 而不用 0 或正值，是考虑到不会与字符的 ASCII 代码混淆，但不同的 C ++系统所用的 EOF 值有可能不同。

例如，用 get()函数读入字符如下所示。

```
#include <iostream>
using namespace std;
int main( )
{
    char c;
    cout << "enter a sentence:" << endl;
    while( (c = cin.get()) != EOF)
        cout << c;
    return 0;
}
```

运行结果为：

```
enter a sentence:
hello world              //输入一行字符
hello world              //输出一行字符
^Z                       //输入结束符 Ctrl + Z
```

C 语言中的 getchar()函数与流成员函数 cin.get()的功能相同，C++保留了 C 语言的这种用法，可以用 getchar(c)从键盘读入一个字符赋给 c。

② 有一个参数的 get()函数。其调用形式为：

```
cin.get(ch)
```

其作用是从输入流中读取一个字符，赋给字符变量 ch。如果读取成功则函数返回 true（真），如失败（遇文件结束符）则函数返回 false（假）。上例可以改写为：

```
#include <iostream>
using namespace std;
int main( )
{
    char c;
    cout << "enter a sentence:" << endl;
    while(cin.get(c))
        cout << c;

    cout << "end" << endl;
    return 0;
}
```

③ 有 3 个参数的 get()函数。其调用形式为：

```
cin.get(字符数组, 字符个数 n, 终止字符)
```

或

```
cin.get(字符指针, 字符个数 n, 终止字符)
```

其作用是从输入流中读取 $n-1$ 个字符，赋给指定的字符数组（或字符指针指向的数组），如果在读取 $n-1$ 个字符之前遇到指定的终止字符，则提前结束读取。如果读取成功则函数返回 true（真），如失败（遇文件结束符）则函数返回 false（假）。再将上例改写为：

```cpp
#include <iostream>
using namespace std;
int main( )
{
    char ch[20];
    cout << "enter a sentence:" << endl;
    cin.get(ch, 10, '\n');     //指定换行符为终止字符

    cout << ch << endl;
    return 0;
}
```

运行结果为：

```
enter a sentence:
hello world
hello wor
```

在输入流中有 12 个字符，但由于在 get 函数中指定的 n 为 10，读取 $n-1$ 个（即 9 个）字符并赋给字符数组 ch 中前 9 个元素。有人可能要问：指定 10，为什么只读取 9 个字符呢？因为存放的是一个字符串，因此在 9 个字符之后要加入一个字符串结束标志，实际上存放到数组中的是 10 个字符。请读者思考：如果不加入字符串结束标志，会出现什么情况？结果是在用"cout<<ch;"输出数组中的字符时，不是输出读入的字符串，而是数组中的全部元素。大家可以亲自测试一下 ch[9]（即数组中第 10 个元素）的值是什么。

如果输入

```
↙
abcde
```

即未读完第 9 个字符就遇到终止字符、读取操作终止，前 5 个字符已存放到数组 ch[0] 到 ch[4]中，ch[5]中存放"\0"。

如果在 get 函数中指定的 n 为 20，而输入 22 个字符，则将输入流中前 19 个字符赋给字符数组 ch 中前 19 个元素，再加入一个"\0"。

get 函数中第 3 个参数可以省写，此时默认为"\n"。下面两行代码是等价的。

```cpp
cin.get(ch,10,'\n');
cin.get(ch,10);
```

终止字符也可以用其他字符代替，例如：

```cpp
cin.get(ch,10,'x');
```

在遇到字符"x"时停止读取操作。

（2）getline()函数。getline()函数的作用是从输入流中读取一行字符，其用法与带 3 个参数的 get()函数类似，即

```cpp
cin.getline(字符数组(或字符指针), 字符个数 n, 终止标志字符)
```

例如，用 getline()函数读入一行字符。

```
#include <iostream>
using namespace std;
int main( )
{
    char ch[20];
    cout << "enter a sentence:" << endl;

    cin >> ch;
    cout << "The string read with cin is:" << ch << endl;

    cin.getline(ch, 20, '/');                //读 19 个字符或遇'/'结束
    cout << "The second part is:" << ch << endl;

    cin.getline(ch, 20);                     //读 19 个字符或遇'/n'结束
    cout << "The third part is:" << ch << endl;
    return 0;
}
```

运行结果为：

```
enter a sentence:
I Love You./hello world./I am from shanghai.        //输入语句
The string read with cin is:I
The second part is: Love You.
The third part is:hello world./I am f
```

请仔细分析运行结果。用"cin>>"从输入流提取数据，遇空格就终止，因此只读取第一个字符"I"，存放在字符数组元素 ch[0]中，然后在 ch[1]中存放"\0"。因此用"cout<<ch"输出时，只输出一个字符"I"。然后用"cin.getline(ch, 20, '/')"从输入流读取 19 个字符（或遇"/"结束）。请注意：此时并不是从输入流的开头读取数据。在输入流中有一个字符指针，指向当前应访问的字符。在开始时，指针指向第一个字符，在读入第一个字符"I"后，指针就移到下一个字符（"I"后面的空格），所以 getline()函数从空格读起，遇到"/"就停止，把字符串"Love You."存放到 ch[0]开始的 10 个数组元素中，然后用"cout<<ch"输出这 10 个字符。注意：遇到终止标志符"/"时停止读取并不放到数组中，再用"cin.getline(ch, 20)"读 19 个字符（或遇"/n"结束），由于未指定以"/"为结束标志，所以第 2 个"/"被当成一般字符读取，共读入 19 个字符，最后输出这 19 个字符。

有几点说明请读者思考。

① 如果第 2 个"cin.getline"函数也写成"cin. getline(ch, 20, '/')"，输出结果会如何？此时最后一行的输出为：

```
The third part is: hello world.
```

② 如果在用"cin.getline(ch, 20, '/')"从输入流读取数据时，遇到回车键（"\n"），是否结束读取？结论是此时"\n"不是结束标志"\n"，从而作为一个字符被读入。

③ 用 getline()函数从输入流读字符时，遇到终止标志符时结束，指针移到该终止标志符

之后，下一个 getline()函数将从该终止标志的下一个字符开始接着读入，如本程序运行结果所示那样。如果用 cin.get()函数从输入流读字符时，遇终止标志符时停止读取，指针不向后移动，仍然停留在原位置。下一次读取时仍从该终止标志符开始。这是 getline()函数和 get()函数不同之处。假如把程序中的两个 cin.getline()函数调用都改为以下函数调用：

```
cin.get(ch, 20, '/');
```

则运行结果为：

```
enter a sentence:
I Love You./hello world./I am from shanghai.            //输入语句
The string read with cin is:I
The second part is: Love You.
The third part is:        (没有从输入流中读取有效字符)
```

第 2 个 "cin. getline(ch, 20, '/')" 从指针当前位置起读取字符，遇到的第 1 个字符就是终止标志符，读入结束，只把 "\0" 存放到 ch[0]中，所以用 "cout<<ch" 输出时无字符输出。

因此用 get()函数时要特别注意，必要时用其他方法跳过该终止标志符（如用后面介绍的 ignore()函数），但一般来说还是用 getline()函数更方便。

④ 请比较用 "cin<<" 和用成员函数 cin.getline()读数据的区别。用 "cin<<" 读数据时以空白字符（包括空格、tab 键、回车键）作为终止标志，而用 cin.getline()读数据时连续读取一系列字符，可以包括空格。用 "cin <<" 可以读取 C++的标准类型的各类型数据（如果经过重载，还可以用于输入自定义类型的数据），而用 cin.getline()只用于输入字符型数据。

2. 输入流的错误处理

输入流提供了一些方法用于检测异常情形，大部分和输入流有关的错误条件都发生在无数据可读时。例如，可能到了流末尾（称为文件尾，即使不是文件流），查询输入流状态的最常见方法是在条件语句中访问输入流，只要 cin 保持在 "好的" 状态，下面的循环就能继续进行。

```
while(cin)
{
}
```

同时可以输入数据。

```
while (cin >> ch)
{
}
```

还可以调用 good()、bad()和 fail()方法，就像输出流那样。还有一个 eof 方法，如果到了流尾部，就返回 true。

例如，逐个读入一行字符，将其中的非空格字符输出。

```
#include <iostream>
using namespace std;
int main( )
{
    char c;
```

```
    while( !cin.eof() )                //eof()为假表示未遇到文件结束符
    {
        if( (c=cin.get()) != ' ')      //检查读入的字符是否空格字符
            cout << c;
    }

    return 0;
}
```

运行结果为：

C++ is very interesting.↙
C++isveryinteresting.
^Z(结束)

9.2.4　输入/输出格式化

在输出数据时，为简便起见，往往不指定输出的格式，由系统根据数据的类型采取默认的格式，但有时希望数据按指定的格式输出，如要求以十六进制或八进制形式输出一个整数，对输出的小数只保留两位小数等。有两种方法可以达到此目的：一种是使用控制符的方法；另一种是使用流对象的有关成员函数，分别叙述如下。

1. 使用控制符控制输出格式

当输入/输出有一些特殊的要求时，如在输出实数时规定字段宽度，只保留两位小数，数据向左或向右对齐等，C++提供了在输入/输出流中使用的控制符（也称为操纵符），如表 9-3 所示。

表 9-3　输入/输出流中使用的控制符

控　制　符	作　　　用
dec	设置数值的基数为 10
hex	设置数值的基数为 16
oct	设置数值的基数为 8
setfill(c)	设置填充字符 c，c 可以是字符常量或字符变量
setprecision(n)	设置浮点数的精度为 n 位。在以一般十进制小数形式输出时，n 代表有效数字。在以 fixed（固定小数位数）形式和 scientific（指数）形式输出时，n 为小数位数
setw(n)	设置字段宽度为 n 位
setiosflags(ios::fixed)	设置浮点数以固定的小数位数显示
setiosftags(ios::scientific)	设置浮点数以科学记数法（即指数形式）显示
setiosflags(ios::left)	输出数据左对齐
setiosflags(ios::right)	输出数据右对齐
setiosflags(ios::skipws)	忽略前导的空格
setiosflags(ios::uppercase)	数据以十六进制形式输出时字母以大写表示
setiosflags(ios::lowercase)	数据以十六进制形式输出时字母以小写表示
setiosflags(ios::showpos)	输出正数时给出"+"号

例如，下面的代码使用控制符控制输出格式。

```cpp
#include <iostream>
#include <iomanip>                              //不要忘记包含此头文件
using namespace std;
int main()
{
    int a = 34;
    cout << "dec:" << dec << a << endl;         //以十进制形式输出整数
    cout << "hex:" << hex << a << endl;         //以十六进制形式输出整数 a

    //以八进制形式输出整数 a
    cout << "oct:" << setbase(8) << a << endl;

    char *pt = "China";                         //pt 指向字符串"China"
    cout << setw(10) << pt << endl;             //指定域宽为，输出字符串

    //指定域宽,输出字符串,空白处以'*'填充
    cout << setfill('*') << setw(10) << pt << endl;

    double pi = 22.0/7.0;                       //计算 pi 值

    //按指数形式输出，8 位小数
    cout << setiosflags(ios::scientific) << setprecision(8);
    cout << "pi = " << pi << endl;              //输出 pi 值
    cout << "pi = " << setprecision(4) << pi << endl;   //改为位小数

    //改为小数形式输出
    cout << "pi = " << setiosflags(ios::fixed) << pi << endl;
    return 0;
}
```

运行结果为：

```
dec:34
hex:22
oct:42
     China
*****China
pi = 3.14285714e+000
pi = 3.1429e+000
pi = 0x1.9249p+1
```

2. 使用流对象的成员函数控制输出格式

除了可以用控制符来控制输出格式，还可以通过调用流对象 cout 中用于控制输出格式的成员函数来控制输出格式。用于控制输出格式的流成员函数如表 9-4 所示。

表9-4   用于控输出格式的流成员函数

流成员函数	与之作用相同的控制符	作　　用
precision(n)	setprecision(n)	设置实数的精度为 n 位
width(n)	setw(n)	设置字段宽度为 n 位
fill(c)	setfill(c)	设置填充字符 c
setf()	setiosflags()	设置输出格式状态，括号中应给出格式状态，内容与控制符 setiosflags 括号中的内容相同，如表 9-4 所示
unsetf()	resetioflags()	终止已设置的输出格式状态，在括号中应指定内容

流成员函数 setf 和控制符 setiosflags 括号中的参数表示格式状态，它是通过格式标志来指定的。格式标志在类 ios 中被定义为枚举值，因此在引用这些格式标志时要在前面加上类名 ios 和域运算符 "::" 格式标志，如表 9-5 所示。

表9-5   设置格式状态的格式标志

格 式 标 志	作　　用
ios::left	输出数据在本域宽范围内向左对齐
ios::right	输出数据在本域宽范围内向右对齐
ios::internal	数值的符号位在域宽内左对齐，数值右对齐，中间由填充字符填充
ios::dec	设置整数的基数为 10
ios::oct	设置整数的基数为 8
ios::hex	设置整数的基数为 16
ios::showbase	强制输出整数的基数（八进制数以 0 开始，十六进制数以 0x 开始）
ios::showpoint	强制输出浮点数的小点和尾数 0
ios::uppercase	在以科学记数法格式 E 和以十六进制输出字母时以大写表示
ios::showpos	对正数显示 "+" 号
ios::scientific	浮点数以科学记数法格式输出
ios::fixed	浮点数以定点格式（小数形式）输出
ios::unitbuf	每次输出之后刷新所有的流
ios::stdio	每次输出之后清除 stdout、stderr

例如，下面的代码使用流控制成员函数输出数据。

```
#include <iostream>
using namespace std;
int main( )
{
    int a=21;
    cout.setf(ios::showbase);              //显示基数符号（0x 或）
    cout<<"dec:"<<a<<endl;                 //默认以十进制形式输出 a
    cout.unsetf(ios::dec);                 //终止十进制的格式设置
    cout.setf(ios::hex);                   //设置以十六进制输出的状态
    cout<<"hex:"<<a<<endl;                 //以十六进制形式输出 a
```

```
    cout.unsetf(ios::hex);                //终止十六进制的格式设置
    cout.setf(ios::oct);                  //设置以八进制输出的状态
    cout<<"oct:"<<a<<endl;                //以八进制形式输出 a
    cout.unsetf(ios::oct);
    char *pt="China";                     //pt 指向字符串"China"
    cout.width(10);                       //指定域宽为
    cout<<pt<<endl;                       //输出字符串
    cout.width(10);                       //指定域宽为
    cout.fill('*');                       //指定空白处以"*"填充
    cout<<pt<<endl;                       //输出字符串
    double pi=22.0/7.0;                   //输出 pi 值
    cout.setf(ios::scientific);           //指定用科学记数法输出
    cout<<"pi=";                          //输出"pi="
    cout.width(14);                       //指定域宽为 12
    cout<<pi<<endl;                       //输出 pi 值
    cout.unsetf(ios::scientific);         //终止科学记数法状态
    cout.setf(ios::fixed);                //指定用定点形式输出
    cout.width(12);                       //指定域宽为 12
    cout.setf(ios::showpos);              //正数输出"+"号
    cout.setf(ios::internal);             //数符出现在左侧
    cout.precision(6);                    //保留位小数
    cout<<pi<<endl;                       //输出 pi，注意数符"+"的位置
    return 0;
}
```

运行结果为：

```
dec:21
hex:0x15
oct:025
      China
*****China
pi=*3.142857e+000
+***3.142857
```

对程序的几点说明：

（1）成员函数 width(n)和控制符 setw(n)只对其后的第一个输出项有效，例如：

```
cout.width(6);
cout << 20 << 3.14 << endl;
```

输出结果为：

```
    203.14
```

在输出第一个输出项 20 时，域宽为 6，因此在 20 前面有 4 个空格，在输出 3.14 时，width(6)已不起作用，此时按系统默认的域宽输出（按数据实际长度输出）。如果要求在输出数据时都按指定的同一域宽 n 输出，不能只调用一次 width(n)，必须在输出每一项前都调用一次width(n)，上面的程序中就是这样做的。

（2）输出格式标志分为 5 组，每一组中同时只能选用一种（如 dec、hex 和 oct 中只能选

一，它们是互相排斥的）。在用成员函数 setf 和控制符 setiosflags 设置输出格式状态后，如果想改设置为同组的另一状态，应当调用成员函数 unsetf（对应于成员函数 self）或 resetiosflags（对应于控制符 setiosflags），先终止原来设置的状态，再设置其他状态，大家可以从上面的程序中看到这点。程序在开始虽然没有用成员函数 self 和控制符 setiosflags 设置用 dec 输出格式状态，但系统默认指定为 dec，因此要改变为 hex 或 oct，也应当先用 unsetf 函数终止原来设置。如果删去程序中的第 7 行和第 10 行，虽然在第 8 行和第 11 行中用成员函数 setf 设置了 hex 和 oct 格式，由于未终止 dec 格式，因此 hex 和 oct 的设置均不起作用，系统依然以十进制形式输出。

同理，程序倒数第 8 行的 unsetf 函数的调用也是不可缺少的。

（3）用 setf 函数设置格式状态时，可以包含两个或多个格式标志，由于这些格式标志在 ios 类中被定义为枚举值，每一个格式标志以一个二进位代表，因此可以用位或运算符"|"组合多个格式标志。如倒数第 5、第 6 行可以用下面一行代替：

```
cout.setf(ios::internal | ios::showpos);        //包含两个状态标志，用"|"组合
```

（4）可以看到，对于输出格式的控制，既可以用控制符，也可以用 cout 流的有关成员函数，二者的作用是相同的。控制符是在头文件 iomanip 中定义的，因此用控制符时，必须包含 iomanip 头文件；cout 流的成员函数是在头文件 iostream 中定义的，因此只需包含头文件 iostream，不必包含 iomanip。许多程序员感到使用控制符方便简单，可以在一个 cout 输出语句中连续使用多种控制符。

9.3　文件输入/输出流

文件本身非常符合流的抽象，因为在读写文件时，除了数据，还涉及读写的位置。在 C++ 中，类 ofstream 和类 ifstream 提供了文件的输出和输入功能。这两个类在头文件<fstream>中定义。

由于文件设备并不像显示器与键盘那样是标准的默认设备，它在 fstream.h 头文件中并没有像 cout 那样预先定义的全局对象，所以必须自己定义一个该类的对象。

- ifstream 类：它是从 istream 类派生的，用来支持从磁盘文件的输入。
- ofstream 类：它是从 ostream 类派生的，用来支持向磁盘文件的输出。
- fstream 类：它是从 iostream 类派生的，用来支持对磁盘文件的输入/输出。

9.3.1　文件的打开与关闭

本节主要介绍如何打开和关闭磁盘上的文件，其他外设（如 U 盘、光盘等）上的文件与此相同。

1. 打开文件

所谓打开文件，是一种形象的说法，如同打开房门就可以进入房间活动一样。打开文件是指在读写之前做必要的准备工作，包括：

- 为文件流对象和指定的磁盘文件建立关联，以便使文件流流向指定的磁盘文件。
- 指定文件的工作方式，例如，该文件是作为输入文件还是输出文件，是 ASCII 文件还

是二进制文件等。

以上工作可以通过两种不同的方法实现。

（1）调用文件流的成员函数 open，例如：

```
ofstream outfile;
outfile.open("f1.dat",ios::out);
```

第 2 行是调用输出文件流的成员函数 open 打开磁盘文件 f1.dat，并指定它为输出文件，文件流对象 outfile 将向磁盘文件 f1.dat 输出数据。ios::out 是 I/O 模式的一种，表示以输出方式打开一个文件。或者简单地说，此时 f1.dat 是一个输出文件，接收从内存输出的数据。

调用成员函数 open 的一般形式为：

```
文件流对象.open(磁盘文件名, 输入输出方式);
```

磁盘文件名可以包括路径，如"c:\new\\f1.dat"，如缺少路径，则默认为当前目录下的文件。

（2）在定义文件流对象时指定参数。在声明文件流类时定义了带参数的构造函数，其中包含了打开磁盘文件的功能。因此，可以在定义文件流对象时指定参数，调用文件流类的构造函数来实现打开文件的功能，例如：

```
ostream outfile("f1.dat",ios::out);
```

一般多用此形式，比较方便，作用与 open 函数相同。

输入/输出方式是在 ios 类中定义的，它们是枚举常量，有多种选择，如表 9-6 所示。

表 9-6　文件输入/输出方式设置值

方　式	作　用
ios::in	以输入方式打开文件
ios::out	以输出方式打开文件（这是默认方式），如果已有此名字的文件，则将其原有内容全部清除
ios::app	以输出方式打开文件，写入的数据添加在文件末尾
ios::ate	打开一个已有的文件，文件指针指向文件末尾
ios::trunc	打开一个文件，如果文件已存在，则删除其中全部数据，如文件不存在，则建立新文件。如已指定了 ios::out 方式，而未指定 ios::app、ios::ate、ios::in，则同时默认此方式
ios::binary	以二进制方式打开一个文件，如不指定此方式则默认为 ASCII 方式
ios::nocreate	打开一个已有的文件，如文件不存在，则打开失败。nocreate 的意思是不建立新文件
ios::noreplace	如果文件不存在则建立新文件，如果文件已存在则操作失败，replace 的意思是不更新原有文件
ios::in l ios::out	以输入和输出方式打开文件，文件可读可写
ios::out | ios::binary	以二进制方式打开一个输出文件
ios::in l ios::binar	以二进制方式打开一个输入文件

几点说明如下。

① 新版本的 I/O 类库中不提供 ios::nocreate 和 ios::noreplace。

② 每一个打开的文件都有一个文件指针，该指针的初始位置由 I/O 方式指定，每次读写都从文件指针的当前位置开始。每读入一个字节，指针就后移一个字节。当文件指针移到最后，就会遇到文件结束 EOF（文件结束符也占一个字节，其值为-1），此时流对象的成员函

数 eof 的值为非 0 值（一般设为 1），表示文件结束了。

③ 可以用"位或"运算符"｜"对输入/输出方式进行组合，如下面的一些例子。

打开一个输入文件，若文件不存在则返回打开失败的信息。

ios::in | ios:: noreplace

打开一个输出文件，在文件尾接着写数据，若文件不存在，则返回打开失败的信息。

ios::app | ios::nocreate

打开一个新文件作为输出文件，如果文件已存在则返回打开失败的信息。

ios::out | ios::noreplace

打开一个二进制文件，可读可写。

ios::in l ios::out I ios::binary

但不能组合互相排斥的方式，如 ios::nocreate | ios::noreplace。

④ 如果打开操作失败，open 函数的返回值为 0（假），如果是用调用构造函数的方式打开文件的，则流对象的值为 0，可以据此测试打开是否成功，例如：

```
if(outfile.open("f1.bat", ios::app) ==0)
cout <<"open error";
```

或

```
if( !outfile.open("f1.bat", ios::app) )
cout <<"open error";
```

2. 关闭磁盘文件

在对已打开的磁盘文件的读写操作完成后，应关闭该文件。关闭文件用成员函数 close，例如：

```
outfile.close( );
```

所谓关闭，实际上是解除该磁盘文件与文件流的关联，原来设置的工作方式也将失效，这样就不能再通过文件流对该文件进行输入或输出。此时可以将文件流与其他磁盘文件建立关联，通过文件流对新的文件进行输入或输出，例如：

```
outfile.open("f2.dat",ios::app|ios::nocreate);
```

此时文件流 outfile 与 f2.dat 建立关联，并指定了 f2.dat 的工作方式。

9.3.2　文件的读写

1. ASCII 文件读写

如果文件的每一个字节中均以 ASCII 代码形式存放数据，即一个字节存放一个字符，这个文件就是 ASCII 文件（也称为字符文件）。程序可以从 ASCII 文件中读出若干个字符，也可以向 ASCII 文件输入一些字符。

对于 ASCII 文件，流对象的操作方式和 cout、cin 的使用方法基本相同，只是 cout、cin 是向屏幕输出数据、从键盘读取数据，而文件流对象的输入/输出对象是文件而已。

例如，写文件：

```
void writeFile()
{
    //定义一个文件流对象
    ofstream fout("text");
    if(!fout)
    {
        cout << "文件打开失败" << endl;
    }

    fout << "hello...111111111" << endl;
    fout << "hello...222222222" << endl;
    fout << "hello...333333333" << endl;
}
```

读文件：

```
void readFile()
{
    //读文件输入
    ifstream fin("text");
    char str[100];
    while (fin.getline(str, 100))
    {
        cout << str << endl;
    }
    fin.close();
}
```

2. 二进制文件的读写

二进制文件不是以 ASCII 代码存放数据的，它将内存中数据存储形式不加转换地传送到磁盘文件，因此又称为内存数据的映像文件。因为文件中的信息不是字符数据，而是字节中的二进制形式的信息，因此又称为字节文件。

对二进制文件的操作，也需要先打开文件，用完后要关闭文件。在打开时要用 ios::binary 指定为以二进制形式传送和存储。二进制文件除了可以作为输入文件或输出文件，还可以作为既能输入又能输出的文件，这是和 ASCII 文件不同的地方。

对二进制文件的读写主要用 istream 类的成员函数 read 和 write 来实现，这两个成员函数的原型为：

```
istream& read(char *buffer,int len);
ostream& write(const char * buffer,int len);
```

例如，使用二进制文件存储对象数据的代码如下。

```
void writeStudentData()
{
    Student s1(10, "小明");
    Student s2(9,"小红");
```

```
    ofstream fout("student", ios::binary);

    fout.write((char*)&s1, sizeof(s1));
    fout.write((char*)&s2, sizeof(s2));
    fout.close();
}

void readStudentData()
{
    ifstream fin("student", ios::binary);

    Student tmp;

    for (int i = 0; i < 2; i++)
    {
        fin.read((char *)&tmp, sizeof(Student));
        tmp.print();
    }

    fin.close();
}
```

9.4 字符串流的读写

C++可以通过字符串流将流语义用于字符串，通过这种方式可以得到一个内存内的流，来表示文本数据。例如，在图形界面应用程序中，可能需要用流来构建文本数据，但不是将文本输出到控制台或者文件中，而是把结果显示在图形界面的相关元素中，如消息框。又如，将一个字符串流作为参数传递给不同函数，同时维护当前的读位置，这样每个函数都可以处理流的下一部分。

字符串流的操作使用以下三个类。

- ostrstream 类：用于将数据写入字符串。
- istrstream 类：用于从字符串读取数据。
- strstream 类：用于从字符串读写数据。

ostrstream 类提供的构造函数的原型为：

```
ostrstream::ostrstream(char *buffer,int n,int mode=ios::out);
```

buffer 是指向字符数组首元素的指针；n 为指定的流缓冲区的大小（一般选与字符数组的大小相同，也可以不同）；第 3 个参数是可选的，默认为 ios::out 方式。例如，可以用以下语句建立输出字符串流对象并与字符数组建立关联。

```
ostrstream strout(ch1,20);
```

上面语句的作用是建立输出字符串流对象 strout，并使 strout 与字符数组 ch1 关联（通过字符串流将数据输出到字符数组 ch1），流缓冲区大小为 20。

istrstream 类提供了两个带参的构造函数，原型分别为：

```
istrstream::istrstream(char *buffer);
istrstream::istrstream(char *buffer,int n);
```

buffer 是指向字符数组首元素的指针，用它来初始化流对象（使流对象与字符数组建立关联）。例如，可以用以下语句建立输入字符串流对象。

```
istrstream strin(ch2);
```

其作用是建立输入字符串流对象 strin，将字符数组 ch2 中的全部数据作为输入字符串流的内容。

```
istrstream strin(ch2,20);
```

流缓冲区大小为 20，因此只将字符数组 ch2 中的 20 个字符作为输入字符串流的内容。
strstream 类提供的构造函数的原型为：

```
strstream::strstream(char *buffer,int n,int mode);
```

例如，可以用以下语句建立输入/输出字符串流对象。

```
strstream strio(ch3,sizeof(ch3),ios::in|ios::out);
```

其作用是建立输入/输出字符串流对象，以字符数组 ch3 为输入/输出对象，流缓冲区大小与数组 ch3 相同。

以上个字符串流类是在头文件 strstream 中定义的，因此程序中在用到 istrstream、ostrstream 和 strstream 类时应包含头文件 strstream（在 GCC 中，应包含头文件 strstream）。

例如，将一组数据保存在字符数组中，代码如下。

```cpp
#include <iostream>
#include <strstream>
using namespace std;
struct student
{
    int num;
    char name[20];
    float score;
};
int main( )
{
    student stud[3] = {
        {1001,"Li",78},
        {1002,"Wang",89.5},
        {1004,"Fun",90}
    };
    char c[50];
    ostrstream strout(c,30);
    for(int i=0;i<3;i++)
        strout << stud[i].num << stud[i].name << stud[i].score;
```

```
        strout<<ends;
        cout<<"array c: \n" << c << endl;

        return 0;
}
```

运行结果为：

```
array c:
1001Li781002Wang89.51004Fun90
```

以上就是字符数组 c 中的字符。可以看到：

（1）字符数组 c 中的数据全部是以 ASCII 代码形式存放的字符，而不是以二进制形式表示的数据。

（2）在建立字符串流 strout 时指定流缓冲区大小为 30 字节，与字符数组 c 的大小不同，这是允许的，这时字符串流最多可以传送 30 个字符给字符数组 c。请思考：如果将流缓冲区大小改为 10 字节，即

```
ostrstream.strout( c ,10);
```

运行情况会怎样？流缓冲区只能存放 10 个字符，将这 10 个字符写到字符数组 c 中，运行时显示的结果为：

```
1001Li7810
```

字符数组 c 中只有 10 个有效字符，一般都把流缓冲区的大小指定为与字符数组的大小相同。

（3）字符数组 c 中的数据之间没有空格，连成一片，这是由输出的方式决定的。如果以后想将这些数据读回并赋给程序中相应的变量，就会出现问题，因为程序无法分隔两个相邻的数据。为解决此问题，可在输出时人为地加入空格，例如：

```
for(int i=0;i<3;i++)
strout<<" "<<stud[i].num<<" "<<stud[i].name<<" "<<stud[i].score;
```

同时应修改流缓冲区的大小，以能容纳全部内容，现改为字节，这样运行时将输出：

```
1001 Li 78 1002 Wang 89.5 1004 Fun 90
```

再读入时就能清楚地将数据分隔开了。

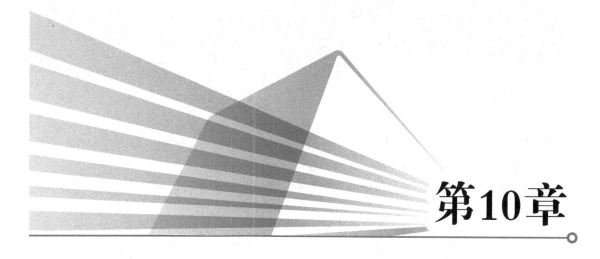

第10章

标准模板库 STL

10.1 STL 概述

10.1.1 STL 基本概念

STL 是 Standard Template Library 的简称，中文名标准模板库，它是由 Alexander Stepanov、Meng Lee 和 David R Musser 在惠普实验室工作时所开发出来的。从根本上说，STL 是一些容器的集合，这些容器有 list、vector、set、map 等，STL 也是算法和其他一些组件的集合。这里的容器和算法的集合指的是世界上很多人多年的杰作。STL 的目的是标准化组件，这样就不用重新开发，可以使用现成的组件。STL 现在是 C++的一部分，因此不用安装额外的库文件。

STL 的版本很多，常见的有 HP STL、PJ STL、SGI STL 等。

在 C++标准中，STL 被组织为 17 个头文件：<algorithm>、<deque>、<functional>、<iterator>、<array>、<vector>、<list>、<forward_list>、<map>、<unordered_map>、<memory>、<numeric>、<queue>、<set>、<unordered_set>、<stack>和<utility>。

STL 可分为容器（Container）、迭代器（Iterator）、空间配置器（Allocator）、适配器（Adapter）、算法（Algorithm）、仿函数（Functor）六大组件，关系如图 10-1 所示。

STL 包含了诸多在计算机科学领域里常用的基本数据结构和基本算法，为广大 C++程序员们提供了一个可扩展的应用框架，高度体现了软件的可复用性。从逻辑层次来看，在 STL 中体现了泛型化程序设计的思想（Generic Programming）；从实现层次看，整个 STL 是以一种类型参数化（Type Parameterized）的方式实现的。

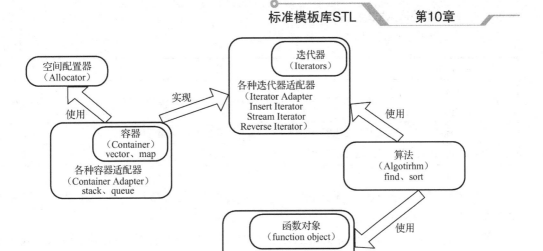

图 10-1   容器、迭代器、空间配置、适配器器、算法、仿函数的关系

10.1.2   容器

在实际的开发过程中,数据结构本身的重要性不会逊于操作于数据结构的算法的重要性,当程序中存在对时间要求很高的部分时,数据结构的选择就会显得更加重要。

经典的数据结构数量有限,但我们常常重复着一些为了实现向量、链表等结构而编写的代码,这些代码都十分相似,只是为了适应不同数据的变化而在细节上有所出入。STL 容器就为我们提供了这样的方便,它允许我们重复利用已有的实现构造自己的特定类型下的数据结构,通过设置一些模板类,STL 容器对最常用的数据结构提供了支持,这些模板的参数允许我们指定容器中元素的数据类型,可以将我们许多重复而乏味的工作简化。

通俗地讲,容器就是将各种常用的数据结构,如数组、链表、栈、队列、二叉树等封装成一个个模板类,以方便编程。

容器部分主要由头文件<vector>、<list>、<deque>、<set>、<map>、<stack>和<queue>组成。对于常用的一些容器和容器适配器(可以看成由其他容器实现的容器),表 10-1 给出了常见的数据结构和头文件的对应关系。

表 10-1   常见的数据结构和头文件的对应关系

数 据 结 构	描 述	实现头文件
向量(vector）	连续存储的元素	<vector>
列表(list）	由节点组成的双向链表,每个节点包含着一个元素	<list>
双队列(deque）	由连续存储的指向不同元素的指针所组成的数组	<deque>
集合(set）	由节点组成的红黑树,每个节点都包含着一个元素,节点之间以某种作用于元素对的谓词排列,任何两个不同的元素都不能拥有相同的次序	<set>
多重集合(multiset）	允许存在两个次序相等的元素的集合	<set>
栈(stack）	后进先出的值的排列	<stack>
队列(queue）	先进先出的值的排列	<queue>

数 据 结 构	描　　述	实现头文件
优先队列 （priority_queue）	元素次序是由作用于所存储的值对上的某种谓词决定的一种队列	\<queue\>
映射（map）	由{键，值}对组成的集合，以某种作用于键对上的谓词排列	\<map\>
多重映射（multimap）	允许键对有相同的次序的映射	\<map\>

序列式容器（Sequence Containers）：每个元素都有固定位置，这取决于插入时机和地点，和元素值无关，如图 10-2 所示。

关联式容器（Associated Containers）：元素位置取决于特定的排序准则，和插入顺序无关，如图 10-2 所示。

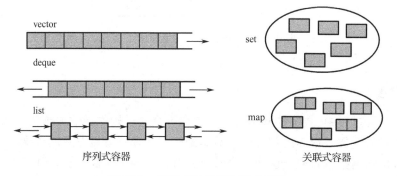

图 10-2　序列式容器和关联式容器

10.1.3　算法

大家都能取得的一个共识就是，函数库对数据类型的选择对函数的可重用性起着至关重要的作用。例如，一个求方根的函数，在使用浮点数作为参数类型的情况下的可重用性肯定比使用整型作为参数类型的要高。而 C++通过模板的机制允许"推迟"对某些类型的选择，直到真正想使用模板或者对模板进行特化时，STL 就利用了这一点提供了相当多的有用算法。STL 是在一个有效的框架中完成这些算法的，可以将所有的类型划分为少数的几类，然后在模板的参数中使用一种类型替换掉同一种类中的其他类型。

STL 提供了大约 100 个实现算法的模板函数，如算法 for_each 将为指定序列中的每一个元素调用指定的函数，stable_sort 以指定的规则对序列进行稳定性排序等。这样一来，只要熟悉了 STL，许多代码可以被大大化简，只需要通过调用一两个算法模板，就可以完成所需要的功能并大大提升效率。

算法部分主要由头文件\<algorithm\>、\<numeric\>和\<functional\>组成。\<algorithm\>是所有STL 头文件中最大的一个（尽管它很好理解），是由一大堆模板函数组成的，可以认为每个函数在很大程度上都是独立的，其中常用到的功能涉及比较、交换、查找、遍历操作、复制、修改、移除、反转、排序、合并等。头文件\<numeric\>很小，只包括几个在序列上进行简单数学运算的模板函数，如加法和乘法在序列上的一些操作。头文件\<functional\>中则定义了一些模板类，用以声明函数对象。

10.1.4　迭代器

从作用上来说，迭代器是 STL 中最基本的部分，但理解起来比前两者都要费力一些。软件设计有一个基本原则，即所有的问题都可以通过引进一个间接层来简化，这种简化在 STL 中就是用迭代器来完成的。概括来说，迭代器在 STL 中用来将算法和容器联系起来。几乎 STL 提供的所有算法都是通过迭代器存取元素序列进行工作的，每一个容器都定义了其本身所专有的迭代器，用以存取容器中的元素。

迭代器部分主要由头文件<utility>、<iterator>和<memory>组成。<utility>是一个很小的头文件，它包括了贯穿使用在 STL 中的几个模板的声明。头文件<iterator>中提供了迭代器使用的许多方法，而对头文件<memory>的描述则十分的困难，它以不同寻常的方式为容器中的元素分配存储空间，同时也为某些算法执行期间产生的临时对象提供机制，头文件<memory>中的主要部分是模板类 allocator，它负责产生所有容器中的默认分配器。

10.1.5　C++标准库

C++强大的功能来源于其丰富的类库及库函数资源。C++标准库的内容总共在 50 个标准头文件中定义。在 C++开发中，要尽可能地利用标准库完成，这样做的直接好处如下。

（1）成本：已经作为标准提供，何苦再花费时间、人力重新开发呢。

（2）质量：标准库的都是经过严格测试的，正确性有保证。

（3）效率：关于人的效率已经体现在成本中了，关于代码的执行效率要相信实现标准库的大牛们的水平。

（4）良好的编程风格：应当采用行业中普遍的做法进行开发。

10.2　常用容器

10.2.1　string

string 类不是 STL 的容器，但是它与 STL 容器有着很多相似的操作，因此，把 string 放在这里一起进行介绍。

string 封装了 char*，是由一个 char*型容器管理这个字符串的。之所以抛弃 char*的字符串而选用 C++标准程序库中的 string 类，是因为和前者比较起来，string 类不必担心内存是否足够、字符串长度等，而且作为一个类出现，它集成的操作函数足以满足大多数情况下的需要。string 类内部重载了左移运算符与右移运算符，可以把它看成 C++的基本数据类型。

string 类的使用需要包含头文件#include <string>，注意是头文件<string>，不是头文件<string.h>，带.h 的是 C 语言中的头文件。string 类位于 std 命名空间中，使用前声明如下语句。

```
using  std::string;
```

或

```
using namespace std;
```

当然，在使用时直接指明 std 命名空间也可以。

1. string 类的特性描述

```
int capacity()const;            //返回当前容量（即 string 类中不必增加内存即可存放的元素个数）
int max_size()const;            //返回 string 对象中可存放的最大字符串的长度
int size()const;                //返回当前字符串的大小
int length()const;              //返回当前字符串的长度
bool empty()const;              //当前字符串是否为空
void resize(int len,char c);    //把字符串当前大小置为 len，并用字符 c 填充不足的部分
```

2. string 类的构造函数

```
string();                       //默认构造函数
string(const string &str);      //拷贝构造函数
string(const char *s);          //用字符串 s 初始化
string(int n,char c);           //用 n 个字符 c 初始化
```

使用示例如下。

```
#include <iostream>
#include <string>

using namespace std;

int main()
{
    string s1 = "hello world";
    string s2("1234567");
    string s3 = s2;
    string s4(s3);
    string s5(10, 'a');


    cout << s1 << endl;
    cout << s2 << endl;
    cout << s3 << endl;
    cout << s4 << endl;
    cout << s5 << endl;
    return 0;
}
```

运行结果为：

```
hello world
1234567
1234567
1234567
aaaaaaaaaa
```

3. string 类的遍历

```
const char &operator[](int n)const;
const char &at(int n)const;
char &operator[](int n);
char &at(int n);
```

operator[]和 at()：string 类重载了数组下标运算符，我们可以像操作数组一样操作字符串，同时 string 类提供了一个 at()函数，用于获取字符串的第 n 个元素。operator[]和 at()均返回当前字符串中第 n 个字符的位置，但 at()函数提供范围检查，当越界时会抛出 out_of_range 异常，下标运算符[]不提供检查访问。如果希望程序可以通过"try,catch"捕获异常，建议采用 at()函数。

除了使用上述方法访问 string 的元素，还可以通过迭代器的方式遍历字符串，每一种容器都有自己的迭代器，迭代器变量定义方式为：

```
容器类型：：iterator　it;
```

每一种类型的容器都都会提供 begin()和 end()来获取一个迭代器，迭代器有点类似指针。
（1）begin()函数获取的是一个指向容器第一个元素的迭代器。
（2）end()函数获取的是一个指向容器中最后一个元素的迭代器。
使用示例如下。

```cpp
#include <iostream>
#include <string>

using namespace std;

int main()
{
    string s1 = "I Love You";
    for (int i = 0; i < (int)s1.length(); i++)
    {
        cout << s1[i];
    }
    cout << endl;

    string s2 = "hello world";
    for (string::iterator it = s2.begin(); it != s2.end(); it++)
    {
        cout << *it;
    }
    cout << endl;

    try
    {
        for (int i = 0; i < (int)s2.length()+10; i++)    //①
        {
            cout << s2.at(i);
```

```
                }
            }
            catch (exception &e)
            {
                printf ("捕获到一个异常： %s\n", e.what());
            }
            cout << endl;

            return 0;
        }
```

运行结果为：

```
I Love You
hello world
hello world 捕获到一个异常： invalid string position
```

注意：注释①处的代码，在数组访问时长度越界了，使用 at()函数会抛出异常。

4．string 类与 char *类型的转换

很多场合都会需要使用 char *类型的参数，string 提供以下函数进行 string 类到 char *类型的转换。

```
const char *data() const;              //返回一个非 null 终止的字符数组
const char *c_str() const;             //返回一个以 null 终止的字符串
int copy(char *s, int n, int pos = 0) const;
//把当前串中以 pos 开始的 n 个字符拷贝到以 s 为起始位置的字符数组中，返回实际拷贝的数目
```

使用示例如下。

```
#include <iostream>
#include <string>

using namespace std;

int main()
{
    string s1 = "hello world";
    const char *str = s1.c_str();
    cout << str << endl;
    printf ("%s\n", s1.c_str());

    char buf[100] = {0};
    s1.copy(buf, 4, 6);
    cout << buf << endl;

    return 0;
}
```

运行结果为：

hello world
hello world
worl

5. string 类的赋值与连接

```
string &operator=(const string &s);              //把字符串 s 赋给当前字符串
string &assign(const char *s);                   //用 c 类型字符串 s 赋值
string &assign(const char *s,int n);             //用 c 类型字符串 s 开始的 n 个字符赋值
string &assign(const string &s);                 //把字符串 s 赋给当前字符串
string &assign(int n,char c);                    //用 n 个字符 c 赋值给当前字符串
string &assign(const string &s,int start,int n); //把字符串 s 中从 start 开始的 n 个字符赋给当前字符串
string &assign(const_iterator first,const_itertor last);     //把 first 和 last 迭代器之间的部分赋给字符串
string &operator+=(const string &s);             //把字符串 s 连接到当前字符串的结尾
string &append(const char *s);                   //把 c 类型字符串 s 连接到当前字符串结尾
string &append(const char *s,int n);             //把 c 类型字符串 s 的前 n 个字符连接到当前字符串结尾
string &append(const string &s);                 //同 operator+=()
string &append(const string &s,int pos,int n);   //把字符串 s 中从 pos 开始的 n 个字符连接到当前字符串的结尾
string &append(int n,char c);                    //在当前字符串结尾添加 n 个字符 c
string &append(const_iterator first,const_iterator last);
//把迭代器 first 和 last 之间的部分连接到当前字符串的结尾
```

使用示例如下。

```cpp
#include <iostream>
#include <string>

using namespace std;

int main()
{
    string s1 = "I ";
    string s2 = "Love";
    string s3;
    s1 = s1 + s2;
    cout << s1 << endl;

    s3 = s1 + "You";
    cout << s3 << endl;

    s1.append(s2);
    cout << s1 << endl;

    return 0;
}
```

运行结果为：

```
I Love
I Love You
```

6. string 类的查找和替换

查找和替换函数有很多，这里仅列出几种常用的。

```
int find(char c, int pos = 0) const;            //从 pos 开始查找字符 c 在当前字符串的位置
int find(const char *s, int pos = 0) const;      //从 pos 开始查找字符串 s 在当前串中的位置
int find(const char *s, int pos, int n) const;   //从 pos 开始查找字符串 s 中前 n 个字符在当前串中的位置
int find(const string &s, int pos = 0) const;    //从 pos 开始查找字符串 s 在当前串中的位置
//查找成功时返回所在位置，失败返回 string::npos 的值
int rfind(char c, int pos = npos) const;         //从 pos 开始从后向前查找字符 c 在当前串中的位置
int rfind(const char *s, int pos = npos) const;
int rfind(const char *s, int pos = npos, int n) const;
int rfind(const string &s,int pos = npos) const;
//从 pos 开始从后向前查找字符串 s 中前 n 个字符组成的字符串在当前串中的位置,成功返回所在位置,
失败时返回 string::npos 的值
string &replace(int p0, int n0,const char *s);   //删除从 p0 开始的 n0 个字符，然后在 p0 处插入字符串 s
//删除 p0 开始的 n0 个字符，然后在 p0 处插入字符串 s 的前 n 个字符
string &replace(int p0, int n0,const char *s, int n);
string &replace(int p0, int n0,const string &s);//删除从 p0 开始的 n0 个字符，然后在 p0 处插入字符串 s
string &replace(int p0, int n0,const string &s, int pos, int n);
//删除 p0 开始的 n0 个字符，然后在 p0 处插入字符串 s 中，从 pos 开始的 n 个字符
string &replace(int p0, int n0,int n, char c);   //删除 p0 开始的 n0 个字符，然后在 p0 处插入 n 个字符 c
```

使用示例如下。

```cpp
#include <iostream>
#include <string>

using namespace std;

int main()
{
    string s1 = "123 hello 456 hello 444 hello 666 hello";
    int index = s1.find("hello", 0);

    //查找
    while(index != string::npos)
    {
        cout << index << endl;
        index = s1.find("hello", index+1);
    }

    string s2 = "111 22 33";
    s2.replace(0, 3, "aaa");
    cout << "s2 : " << s2 << endl;

    //替换
    index = s1.find("hello", 0);
    while(index != string::npos)
    {
```

```
        s1.replace(index, 5, "HELLO");
        index = s1.find("hello", index+1);
    }

    cout << "替换后的值:    " << s1 << endl;

    return 0;
}
```

运行结果为:

```
4
14
24
34
s2 : aaa 22 33
替换后的值:    123 HELLO 456 HELLO 444 HELLO 666 HELLO
```

7. string 类的删除和插入

```
string &insert(int p0, const char *s);                              //在 p0 处插入字符串 s
string &insert(int p0, const char *s, int n);                       //在 p0 处插入字符串 s 的前 n 个字符
string &insert(int p0,const string &s);                             //在 p0 处插入字符串 s
string &insert(int p0,const string &s, int pos, int n);             //在 p0 处插入字符串 s 的前 n 个字符
string &insert(int p0, int n, char c);                              //此函数在 p0 处插入 n 个字符 c
iterator insert(iterator it, char c);                               //在 it 处插入字符 c, 返回插入后迭代器的位置
void insert(iterator it, const_iterator first, const_iterator last);    //在 it 处插入[first, last) 之间的字符
void insert(iterator it, int n, char c);                            //在 it 处插入 n 个字符 c
iterator erase(iterator first, iterator last);     //删除[first, last) 之间的所有字符, 返回删除后迭代器的位置
iterator erase(iterator it);                       //删除 it 指向的字符, 返回删除后迭代器的位置
string &erase(int pos = 0, int n = npos);          //删除 pos 开始的 n 个字符, 返回修改后的字符串
```

使用示例如下。

```
#include <iostream>
#include <string>

using namespace std;

int main()
{
    string s1 = "aaaa 1111 2222 333 4445    555";
    string::iterator it = find(s1.begin(), s1.end(), '2');
    if (it != s1.end())
    {
        s1.erase(it);                   //根据迭代器位置进行删除
    }
    cout << "s1: " << s1 << endl;
    //区间删除
    int index1 = s1.find("333", 0);
```

```
        //从 index1 位置开始，删除 2 个字符
        s1.erase(index1, 2);
        cout << "s1: " << s1 << endl;

        int index2 = s1.find("555", 0);
        //这个删除是左闭右开的
        s1.erase(s1.begin()+ index1, s1.begin()+index2);
        cout << "s1: " << s1 << endl;

        //插入
        string s2 = "2222";
        s2.insert(0, "AAAA");
        s2.insert(s2.length(), "BBBB");
        cout << s2 << endl;

        return 0;
    }
```

运行结果为：

```
s1: aaaa 1111 222 333 4445   555
s1: aaaa 1111 222 3 4445   555
s1: aaaa 1111 222 555
AAAA2222BBBB
```

10.2.2 vector 容器

vector 是将元素置于一个动态数组中加以管理的容器，可以随机存取元素，支持用[]操作符或 at()方法直接存取。vector 容器可以在尾部非常快速地添加或移除元素，但是在中部或头部插入元素或移除元素比较费时。

1. vector 容器的初始化

vector 容器的初始化的操作如表 10-2 所示。

表 10-2　vector 容器的初始化的操作

操　　作	效　　果
vector<T> c	产生空的 vector
vector<T> c1(c2)	产生同类型的 c1，并复制 c2 的所有元素
vector<T> c(n)	利用类型 T 的默认构造函数和拷贝构造函数生成一个大小为 n 的 vector
vector<T> c(n,e)	产生一个大小为 n 的 vector，每个元素都是 e
vector<T> c(beg,end)	产生一个 vector，以区间[beg,end]为元素初值
~vector<T>()	销毁所有元素并释放内存

2. vector 容器的非变动性操作

vector 容器的非变动性操作如表 10-3 所示。

表 10-3　vector 容器的非变动性操作

操　作	效　　　果
c.size()	返回元素个数
c.empty()	判断容器是否为空
c.max_size()	返回元素最大可能数量（固定值）
c.capacity()	返回重新分配空间前可容纳的最大元素数量
c.reserve(n)	扩大容量为 n
c1==c2	判断 c1 是否等于 c2
c1!=c2	判断 c1 是否不等于 c2
c1<c2	判断 c1 是否小于 c2
c1>c2	判断 c1 是否大于 c2
c1<=c2	判断 c1 是否大于等于 c2
c1>=c2	判断 c1 是否小于等于 c2

3．vector 容器的赋值与存取操作

vector 容器的赋值操作如表 10-4 所示。

表 10-4　vector 容器的赋值操作

操　作	效　　　果
c1 = c2	将 c2 的全部元素赋值给 c1
c.assign(n,e)	将元素 e 的 n 个拷贝赋值给 c
c.assign(beg,end)	将区间[beg, end]的元素赋值给 c
c1.swap(c2)	将 c1 和 c2 元素互换
swap(c1,c2)	同上，全局函数

vector 容器的存取操作如表 10-5 所示。

表 10-5　vector 容器的存取操作

操　作	效　　　果
at(idx)	返回索引 idx 所标识的元素的引用，进行越界检查
operator [](idx)	返回索引 idx 所标识的元素的引用，不进行越界检查
front()	返回第一个元素的引用，不检查元素是否存在
back()	返回最后一个元素的引用，不检查元素是否存在

使用示例如下。

```cpp
#include <iostream>
#include <vector>
#include <algorithm>
using namespace std;

void printV(vector<int> &v)
```

```
{
    vector<int>::iterator it = v.begin();
    while (it != v.end())
    {
        cout << *it << " ";
        it++;
    }
    cout << endl;
}

int main()
{
    vector<int> a;
    cout << "size a: " << a.size() << endl;

    a.push_back(1);
    a.push_back(2);
    cout << "size a: " << a.size() << endl;

    //定义一个容器，一开始就分配 10 个空间
    vector<int> b(10);
    cout << "size b: " << b.size() << endl;
    b.push_back(18);
    b.push_back(20);
    cout << "size b: " << b.size() << endl;

    for (unsigned int i = 0; i < b.size()-2; i++)
    {
        b[i] = i;
    }
    printV(b);

    vector<int> c(10, 3);
    printV(c);

    vector<int> d = b;               //拷贝构造
    printV(d);

    d = c;                           //赋值运算
    printV(d);

    vector<int> e(b.begin()+3, b.end());
    printV(e);

    b.resize(20);
    cout << "size b:" << b.size() << endl;
```

```
        return 0;
}
```

运行结果为：

```
size a: 0
size a: 2
size b: 10
size b: 12
0 1 2 3 4 5 6 7 8 9 18 20
3 3 3 3 3 3 3 3 3 3
0 1 2 3 4 5 6 7 8 9 18 20
3 3 3 3 3 3 3 3 3 3
3 4 5 6 7 8 9 18 20
size b:20
```

4．vector 容器的元素插入与删除

vector 容器的元素插入操作如表 10-6 所示。

表 10-6　vector 容器的元素插入操作

操　　作	效　　果
c.insert(pos,e)	在 pos 位置插入元素 e 的副本，并返回新元素位置
c.insert(pos,n,e)	在 pos 位置插入 n 个元素 e 的副本
c.insert(pos,beg,end)	在 pos 位置插入区间[beg, end]内所有元素的副本
c.push_back(e)	在尾部添加一个元素 e 的副本

vector 容器的元素删除操作如表 10-7 所示。

表 10-7　vector 容器的元素删除操作

操　　作	效　　果
c.pop_back()	移除最后一个元素但不返回最后一个元素
c.erase(pos)	删除 pos 位置的元素，返回下一个元素的位置
c.erase(beg,end)	删除区间[beg, end]内所有元素，返回下一个元素的位置
c.clear()	移除所有元素，清空容器
c.resize(num)	将元素数量改为 num（增加的元素用 default 构造函数产生，多余的元素被删除）
c.resize(num,e)	将元素数量改为 num（增加的元素是 e 的副本）

使用示例如下。

```cpp
#include <iostream>
#include <vector>
#include <algorithm>
using namespace std;

void printV(vector<int> &v)
```

```cpp
{
    vector<int>::iterator it = v.begin();
    while (it != v.end())
    {
        cout << *it << " ";
        it++;
    }
    cout << endl;
}

int main()
{
    vector<int> a;
    a.push_back(1);
    a.push_back(2);
    a.push_back(10);
    a.push_back(5);
    a.push_back(12);
    a.push_back(19);
    a.push_back(51);

    a.erase(a.begin());
    printV(a);

    a.erase(a.begin()+3);
    printV(a);

    a.erase(a.begin()+2, a.begin()+4);
    printV(a);

    a.insert(a.begin(), 10);
    printV(a);

    a.insert(a.begin(), 2, 3);
    printV(a);

    a.insert(a.end(), 2, 3);
    printV(a);

    vector<int> b;
    b.push_back(56);
    b.push_back(23);
    b.push_back(19);
    b.push_back(33);
    b.insert(b.begin()+2, a.begin(), a.end());
    printV(b);
```

```
    return 0;
}
```

运行结果为：

```
2 10 5 12 19 51
2 10 5 19 51
2 10 51
10 2 10 51
3 3 10 2 10 51
3 3 10 2 10 51 3 3
56 23 3 3 10 2 10 51 3 3 19 33
```

10.2.3 deque 容器

deque 是 Double-Ended Queue 的缩写，和 vector 一样都是 STL 的容器，deque 是双端数组，而 vector 是单端数组。deque 在接口上和 vector 非常相似，在许多操作的地方可以直接替换。deque 可以随机存取元素，支持索引值直接存取，可用[]操作符或 at()方法。在 deque 头部和尾部添加或移除元素都非常快速，但是在中部添加元素或移除元素比较费时，使用时需要包含头文件"#include <deque>"。

1．deque 容器的构造、拷贝和析构

deque 容器的构造、拷贝和析构操作如表 10-8 所示。

表 10-8 deque 容器的构造、拷贝和析构操作

操　　作	效　　果
deque<T> c	产生空的 deque
deque<T> c1(c2)	产生同类型的 c1，并将复制 c2 的所有元素
deque<T> c(n)	利用类型 T 的默认构造函数和拷贝构造函数生成一个大小为 n 的 deque
deque<T> c(n,e)	产生一个大小为 n 的 deque ，每个元素都是 e
deque<T> c(beg,end)	产生一个 deque，以区间[beg,end]为元素初值
~deque<T>()	销毁所有元素并释放内存

2．deque 容器的非变动性操作

deque 容器的非变动性操作如表 10-9 所示。

表 10-9 deque 容器的非变动性操作

操　　作	效　　果
c.size()	返回元素个数
c.empty()	判断容器是否为空
c.max_size()	返回元素最大可能数量（固定值）
c1==c2	判断 c1 是否等于 c2
c1!=c2	判断 c1 是否不等于 c2
c1<c2	判断 c1 是否小于 c2

操 作	效 果
c1>c2	判断 c1 是否大于 c2
c1<=c2	判断 c1 是否大于等于 c2
c1>=c2	判断 c1 是否小于等于 c2

3. deque 容器的赋值操作

deque 容器的赋值操作如表 10-10 所示。

表 10-10　deque 容器的赋值操作

操 作	效 果
c1 = c2	将 c2 的全部元素赋值给 c1
c.assign(n,e)	将元素 e 的 n 个拷贝赋值给 c
c.assign(beg,end)	将区间[beg, end]的元素赋值给 c
c1.swap(c2)	将 c1 和 c2 元素互换
swap(c1,c2)	同上，全局函数

4. deque 容器的元素存取

deque 容器的元素存取操作如表 10-11 所示。

表 10-11　deque 容器的元素存取操作

操 作	效 果
at(idx)	返回索引 idx 所标识的元素的引用，进行越界检查
operator [](idx)	返回索引 idx 所标识的元素的引用，不进行越界检查
front()	返回第一个元素的引用，不检查元素是否存在
back()	返回最后一个元素的引用，不检查元素是否存在

5. deque 容器的插入与删除元素

deque 容器的插入元素操作如表 10-12 所示。

表 10-12　deque 容器的插入元素操作

操 作	效 果
c.insert(pos,e)	在 pos 位置插入元素 e 的副本，并返回新元素位置
c.insert(pos,n,e)	在 pos 位置插入 n 个元素 e 的副本
c.insert(pos,beg,end)	在 pos 位置插入区间[beg, end]内所有元素的副本
c.push_back(e)	在尾部添加一个元素 e 的副本
c.push_front(e)	在头部添加一个元素 e 的副本

deque 容器的删除元素操作如表 10-13 所示。

表 10-13　deque 容器的删除元素操作

操　作	效　果
c.pop_back()	移除最后一个元素但不返回最后一个元素
c.pop_front()	移除第一个元素但不返回第一个元素
c.erase(pos)	删除 pos 位置的元素，返回下一个元素的位置
c.erase(beg,end)	删除区间[beg, end]内所有元素，返回下一个元素的位置
c.clear()	移除所有元素，清空容器
c.resize(num)	将元素数量改为 num（增加的元素用 default 构造函数产生，多余的元素被删除）
c.resize(num,e)	将元素数量改为 num（增加的元素是 e 的副本）

使用示例如下。

```cpp
#include <iostream>
#include <deque>
#include <algorithm>

using namespace std;

void printD(deque<int> &d)
{
    deque<int>::iterator it = d.begin();
    while(it != d.end())
    {
        cout << *it << " ";
        it++;
    }
    cout << endl;
}

int main()
{
    deque<int> a;
    a.push_back(1);
    a.push_back(2);
    a.push_back(3);

    a.push_front(-1);
    a.push_front(-2);
    a.push_front(-3);
    printD(a);

    while (!a.empty())
    {
        cout << a.front() << endl;
        a.pop_front();
```

```
    }
    return 0;
}
```

运行结果为:

```
-3 -2 -1 1 2 3
-3
-2
-1
1
2
3
```

10.2.4 list 容器

list 是一个双向链表容器,可高效地进行插入删除元素。list 不可以随机存取元素,所以不支持 at.(pos)函数与[]操作符,也不支持迭代器的随机访问。

1. list 容器的构造、拷贝和析构

list 容器的构造、拷贝和析构操作如表 10-14 所示。

表 10-14 list 容器的构造、拷贝和析构操作

操　作	效　果
list<T> c	产生空的 list
list<T> c1(c2)	产生同类型的 c1,并将复制 c2 的所有元素
list<T> c(n)	利用类型 T 的默认构造函数和拷贝构造函数生成一个大小为 n 的 list
list<T> c(n,e)	产生一个大小为 n 的 list,每个元素都是 e
list<T> c(beg,end)	产生一个 list,以区间[beg,end]为元素初值
~list<T>()	销毁所有元素并释放内存

2. list 容器的非变动操作

list 容器的非变动操作如表 10-15 所示。

表 10-15 list 容器的非变动操作

操　作	效　果
c.size()	返回元素个数
c.empty()	判断容器是否为空
c.max_size()	返回元素最大可能数量
c1==c2	判断 c1 是否等于 c2
c1!=c2	判断 c1 是否不等于 c2
c1<c2	判断 c1 是否小于 c2
c1>c2	判断 c1 是否大于 c2
c1<=c2	判断 c1 是否大于等于 c2
c1>=c2	判断 c1 是否小于等于 c2

3. list 容器的非赋值操作

list 容器的非赋值操作如表 10-16 所示。

表 10-16　list 容器的非赋值操作

操　　作	效　　果
c1 = c2	将 c2 的全部元素赋值给 c1
c.assign(n,e)	将 e 的 n 个拷贝赋值给 c
c.assign(beg,end)	将区间[beg, end]的元素赋值给 c
c1.swap(c2)	将 c1 和 c2 的元素互换
swap(c1,c2)	同上，全局函数

4. list 容器的元素存取

list 容器的元素存取操作如表 10-17 所示。

表 10-17　list 容器的元素存取操作

操　　作	效　　果
front()	返回第一个元素的引用，不检查元素是否存在
back()	返回最后一个元素的引用，不检查元素是否存在

5. list 容器的插入与删除元素

list 容器的插入元素操作如表 10-18 所示。

表 10-18　list 容器的插入元素操作

操　　作	效　　果
c.insert(pos,e)	在 pos 位置插入 e 的副本，并返回新元素位置
c.insert(pos,n,e)	在 pos 位置插入 n 个 e 的副本
c.insert(pos,beg,end)	在 pos 位置插入区间[beg, end]内所有元素的副本
c.push_back(e)	在尾部添加一个 e 的副本
c.push_front(e)	在头部添加一个 e 的副本

list 容器的删除元素操作如表 10-19 所示。

表 10-19　list 容器的删除元素操作

操　　作	效　　果
c.pop_back()	移除最后一个元素但不返回
c.pop_front()	移除第一个元素但不返回
c.erase(pos)	删除 pos 位置的元素，返回下一个元素的位置
c.remove(val)	移除所有值为 val 的元素
c.remove_if(op)	移除所有 "op(val)==true" 的元素
c.erase(beg,end)	删除区间[beg, end]内所有元素，返回下一个元素的位置
c.clear()	移除所有元素，清空容器
c.resize(num)	将元素数量改为 num（增加的元素用 default 构造函数产生）

操　作	效　果
c.resize(num,e)	将元素数量改为 num（增加的元素是 e 的副本）

6. list 容器的特殊变动性操作

list 容器的特殊变动性操作如表 10-20 所示。

表 10-20　list 容器的特殊变动性操作

操　作	效　果
c.sort()	以 operator <为准则对所有元素排序
c.sort(op)	以 op 为准则对所有元素排序
c1.merge(c2)	假设 c1 和 c2 都已排序，将 c2 全部元素转移到 c1 并保证合并后 list 仍为已排序
c.reverse()	将所有元素反序

使用示例如下。

```cpp
#include <iostream>
#include <list>
using namespace std;

void printL(list<int> &l)
{
    list<int>::iterator it = l.begin();
    while (it != l.end())
    {
        cout << *it << " ";
        it++;
    }
    cout << endl;

}

int main()
{
    list<int> l;
    for (int i = 0; i < 10; i++)
    {
        l.push_back(i);
    }

    l.push_front(2);
    l.push_front(2);
    l.push_front(2);
    printL(l);

    cout << "list 元素个数：  " << l.size() << endl;
```

```
        printL(l);

        list<int>::iterator it = l.begin();
        it++;
        it++;
        it++;
        l.erase(it);

        int a = 2;
        l.remove(a);

        printL(l);

        l.reverse();
        printL(l);
        return 0;
}
```

运行结果为：

```
2 2 2 0 1 2 3 4 5 6 7 8 9
list 元素个数：13
2 2 2 0 1 2 3 4 5 6 7 8 9
1 3 4 5 6 7 8 9
9 8 7 6 5 4 3 1
```

10.2.5　map 容器

map 是标准的关联式容器，一个 map 就是一个键值对序列，即(key,value)对，它提供了基于 key 的快速检索能力。

map 中 key 值是唯一的，集合中的元素按一定的顺序排列。元素插入过程是按排序规则插入，所以不能指定插入位置。

map 的具体实现采用红黑树变体的平衡二叉树的数据结构，在插入操作和删除操作上比 vector 容器快。

map 可以直接存取 key 所对应的 value，支持[]操作符，如 map[key]=value。

multimap 与 map 的区别是：map 支持唯一键值，每个键只能出现一次；而 multimap 中相同键可以出现多次；multimap 不支持[]操作符。

map 内部存储模型如图 10-3 所示。

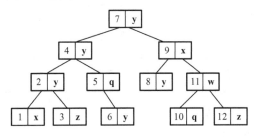

图 10-3　map 内部存储模型

1. map 容器的构造、拷贝和析构

map 容器的构造、拷贝和析构操作如表 10-21 所示。

表 10-21　map 容器的构造、拷贝和析构操作

操　作	效　果
map c	产生空的 map
map c1(c2)	产生同类型的 c1，并复制 c2 的所有元素
map c(op)	以 op 为排序准则产生一个空的 ma
map c(beg,end)	以区间[beg,end]内的元素产生一个 map
map c(beg,end,op)	以 op 为排序准则，以区间[beg,end]内的元素产生一个 map
~ map()	销毁所有元素并释放内存

其中，map 可以是下列形式：

map<key,value>：一个以 less（<）为排序准则的 map。

map<key,value,op>：一个以 op 为排序准则的 map。

2. map 容器非变动性操作

map 容器的非变动性操作如表 10-22 所示。

表 10-22　map 容器的非变动性操作

操　作	效　果
c.size()	返回元素个数
c.empty()	判断容器是否为空
c.max_size()	返回元素最大可能数量
c1= =c2	判断 c1 是否等于 c2
c1!=c2	判断 c1 是否不等于 c2
c1<c2	判断 c1 是否小于 c2
c1>c2	判断 c1 是否大于 c2
c1<=c2	判断 c1 是否大于等于 c2
c1>=c2	判断 c1 是否小于等于 c2

3. map 容器的赋值操作

map 容器的赋值操作如表 10-23 所示。

表 10-23　map 容器的赋值操作

操　作	效　果
c1 = c2	将 c2 的全部元素赋值给 c1
c1.swap(c2)	将 c1 和 c2 的元素互换
swap(c1,c2)	同上，全局函数

4. map 容器插入元素的方法

● 用 insert 插入 pair 数据；

- 用 insert 插入 make_pair 数据；
- 用 insert 函数插入 value_type 类型数据；
- 用数组方式插入数据。

使用示例如下。

```
#include <iostream>
#include <string>
#include <map>
using namespace std;

int main()
{
    map<int, string> m;
    m.insert(pair<int, string>(10, "小明"));
    m.insert(pair<int, string>(6, "小张"));

    m.insert(make_pair(2,   "小王"));
    m.insert(make_pair(15, "小李"));

    m.insert(map<int, string>::value_type(4, "小赵"));
    m.insert(map<int, string>::value_type(8, "小吴"));

    m[17] = "小郑";
    m[16] = "小杨";

    map<int, string>::iterator it = m.begin();
    while (it != m.end())
    {
        cout << it->first << '\t' << it->second << endl;
        it ++;
    }

    return 0;
}
```

运行结果为：

```
2       小王
4       小赵
6       小张
8       小吴
10      小明
15      小李
16      小杨
17      小郑
```

5. map 容器数据查找与删除

map 容器的数据查找操作如表 10-24 所示。

表 10-24　map 容器的数据查找操作

操　作	效　果
count(key)	返回键值等于 key 的元素个数
find(key)	返回键值等于 key 的第一个元素，找不到返回 end
lower_bound (key)	返回键值大于等于 key 的第一个元素
upper_bound(key)	返回键值大于 key 的第一个元素
equal_range(key)	返回键值等于 key 的元素区间

map 容器的数据删除操作如表 10-25 所示。

表 10-25　map 容器的数据删除操作

操　作	效　果
c.erase(pos)	删除迭代器 pos 所指位置的元素，无返回值
c.erase(val)	移除所有值为 val 的元素，返回移除元素个数
c.erase(beg,end)	删除区间[beg, end]内所有元素，无返回值
c.clear()	移除所有元素，清空容器

使用示例如下。

```cpp
#include <iostream>
#include <string>
#include <map>
using namespace std;

int main()
{
    map<string, int> m;
    m.insert(pair<string, int>("小明", 1));
    m.insert(make_pair("小王", 2));
    m.insert(map<string, int>::value_type("小赵", 4));
    m["小郑"] = 17;

    map<string, int>::iterator    it = m.find("小明");
    if (it != m.end())
        cout << "找到 " << it->first << "，他的 id： " << it->second << endl;


    pair<map<string, int>::iterator, map<string, int>::iterator> ret = m.equal_range("小明");
    if (ret.first != m.end())
        cout << "找到 " << ret.first->first << "，他的 id： " << ret.first->second << endl;

    if (ret.second != m.end())
        cout << "找到 " << ret.second->first << "，他的 id： " << ret.second->second << endl;

    m.erase("小明");
```

```
        it = m.begin();
        while (it != m.end())
        {
            cout << it->first << '\t' << it->second << endl;
            it ++;
        }
        return 0;
    }
```

运行结果为：

```
找到  小明，他的 id：1
找到  小明，他的 id：1
找到  小王，他的 id：2
小王      2
小赵      4
小郑      17
```

10.2.6　set 容器

set 是关联式容器，作为一个容器也是用来存储同一数据类型的。在 set 中每个元素的值都是唯一的，而且系统能根据元素的值进行自动排序。set 容器内部采用的是一种非常高效的平衡检索二叉树——红黑树，也称为 RB 树（Red-Black Tree）。

10.3　常用算法

10.3.1　算法概述

算法部分主要由头文件<algorithm>、<numeric>和<functional>组成。

<algorithm>是所有 STL 头文件中最大的一个，常用到的功能涉及比较、交换、查找、遍历操作、复制、修改、反转、排序、合并等。

<numeric>很小，只包括几个在序列上进行简单数学运算的模板函数，如加法和乘法在序列上的一些操作。

<functional>则定义了一些模板类，用以声明函数对象。

STL 提供了大量实现算法的模板函数，熟悉 STL 之后，许多代码可以被大大地化简，只需要通过调用一两个算法模板，就可以完成所需要的功能，从而大大提升效率。

10.3.2　算法分类

1．非变动性算法

非变动性算法如表 10-26 所示。

表 10-26　非变动性算法

函　　数	功　　能
for_each()	对每个元素执行某操作
count()	返回元素个数
count_if()	返回满足某一条件的元素个数
min_element()	返回最小值元素
max_element()	返回最大值元素
find()	搜索等于某个值的第一个元素
find_if()	搜索满足某个条件的第一个元素
search_n()	搜索具有某种特性的第一段 n 个连续元素
search()	搜寻某个子区间第一次出现的位置
find_end()	搜寻某个子区间组后一次出现的位置
find_first_of	给定几个值，返回等于其中某个值的第一个元素
adjacent_find	搜索连续的两个相等的元素
equal	判断两个区间是否相等
mismatch	返回两个序列的各组对应元素中，第一对不相等的元素
lexicographical_compare	判断某一序列在字典顺序下是否小于另一序列序列

2. 变动性算法

变动性算法如表 10-27 所示。

表 10-27　变动性算法

函　　数	功　　能
for_each()	对每个元素执行某操作
copy()	从第一个元素开始，复制某段区间
copy_backward()	从最后一个元素开始，复制某段区间
transform()	变动（并复制）元素，将两个区间的元素合并
merge()	合并两个区间
swap_ranges()	交换两区间内的元素
fill()	以给定值替换每一个元素
fill_n()	以给定值替换 n 个元素
generate()	以某项操作的结果替换每一个元素
generate_n()	以某项操作的结果替换 n 个元素
replace()	将具有某特定值得元素替换为另一个值
replace_if()	将符合某准则的元素替换为另一个值
replace_copy()	复制整个区间，同时并将具有某特定值的元素替换为另一个值
replace_copy_if()	复制整个区间，同时并将符合某准则的元素替换为另一个值

3. 移除性算法

移除性算法如表 10-28 所示。

表 10-28　移除性算法

函　　数	功　　能
remove()	将等于某特定值得元素全部移除
remove_if()	将满足某准则的元素全部移除
remove_copy()	将不等于某特定值的元素全部复制到它处
remove_copy_if()	将不满足某准则的元素全部复制到它处
unique()	移除毗邻的重复元素
unique_copy()	移除毗邻的重复元素，并复制到它处

4. 变序性算法

变序性算法如表 10-29 所示。

表 10-29　变序性算法

函　　数	功　　能
reverse()	将元素的次序逆转
reverse_copy()	复制的同时，逆转元素顺序
rotate()	旋转元素次序
rotate_copy()	赋值的同时，旋转元素次序
next_permutation()	得到元素的下一个排列次序
prev_permutation()	得到元素的上一个排列次序
random_shuffle()	将元素的次序随机打乱
partition()	改变元素次序，将符合某准则元素移到前面
stable_partition()	与 partition()相似，但保持符合准则与不符合准则之各个元素之间的相对位置

5. 排序性算法

排序性算法如表 10-30 所示。

表 10-30　排序性算法

函　　数	功　　能
sort()	对所有元素排序
stable_sort()	对所有元素排序，并保持相等元素间的相对次序
partial_sort()	排序，直到前 n 个元素就位
partial_sort_copy()	排序，直到前 n 个元素就位，结果复制于它处
nth_element()	根据第 n 个位置进行排序
partition()	改变元素次序，使符合某准则的元素放在前面
stable_partition()	与 partition()相同，但保持符合准则和不符合准则的各个元素之间的相对位置
make_heap()	将一个区间转换成一个 heap
push_heap()	将元素加入一个 heap

函　　数	功　　能
pop_heap()	从 heap 移除一个元素
sort_heap()	对 heap 进行排序（执行后就不再是个 heap）

6. 已序区间算法

已序区间算法如表 10-31 所示。

表 10-31　已序区间算法

函　　数	功　　能
binary_search()	判断某个区间内是否包含某个元素
includes()	判断某个区间内的每一个元素是否都涵盖于另一区间中
lower_bound()	搜寻第一个大于等于给定值的元素
upper_bound()	搜寻第一个大于给定值的元素
equal_range()	返回等于给定值的所有元素构成的区间
merge()	将两个区间的元素合并
set_union()	求两个区间的并集
set_intersection()	求两个区间的交集
set_difference()	求位于第一区间但不位于第二区间的所有元素，形成一个已序区间
set_symmetric_difference()	找出只出现于两区间之一的所有元素，形成一个已序区间
inplace_merge()	将两个连续的已序区间合并

7. 数值算法

数值算法如表 10-32 所示。

表 10-32　数值算法

函　　数	功　　能
accumulate()	组合所有元素（如求总和、求乘积等）
inner_product()	组合两区间内的所有元素
adjacent_difference()	将每个元素和其前一个元素组合
partial_sum()	将每个元素和其先前的所有元素组合

10.3.3　算法中函数对象和谓词

1. 函数对象和谓词的概念

重载函数调用操作符的类，其对象常称为函数对象（Function Object），即它们是行为类似函数的对象。通过"对象名+(参数列表)"的方式使用一个类对象时，类对象就可以表现出一个函数的特征。如果没有上下文，完全可以把它看成一个函数对待，这是通过重载类的 operator() 来实现的。

在标准库中，函数对象被广泛地使用以获得弹性，标准库中的很多算法都可以使用函数对象或者函数来作为指定的回调行为。函数对象可分为一元函数对象和二元函数对象，只有一个参数的函数对象称为一元函数对象；有两个参数的函数对象称为二元函数对象。

返回值为bool类型的函数对象或者函数称为谓词，可以作为一个判断式来使用。只有一个参数的谓词称为一元谓词；有两个参数的谓词称为二元谓词。

2. 一元函数对象的使用

```cpp
#include <iostream>
#include <algorithm>
#include <string>
#include <vector>
#include <set>
using namespace std;

//普通函数
void printA(int a)
{
    cout << a << " ";
}

//函数模板
template <typename T>
void printB(T a)
{
    cout << a << " ";
}

class Show
{
public:
    Show()
    {
        count = 0;
    }
    void operator()(int a)
    {
        count++;
        cout << a << " ";
    }
    void print()
    {
        cout << "count  =  " << count << endl;
    }
private:
    int count;
};

int main()
{
```

```
vector<int> v;
for (int i = 0; i < 10; i++)
{
    v.push_back(i);
}

//遍历算法
for_each(v.begin(), v.end(), printA);        //普通函数
cout << endl;

for_each(v.begin(), v.end(), printB<int>);   //函数模板
cout << endl;

for_each(v.begin(), v.end(), Show());        //函数对象
cout << endl;

Show s;
s = for_each(v.begin(), v.end(), s);
cout << endl;

s.print();
return 0;
}
```

运行结果为：

```
0 1 2 3 4 5 6 7 8 9
0 1 2 3 4 5 6 7 8 9
0 1 2 3 4 5 6 7 8 9
0 1 2 3 4 5 6 7 8 9
count  =  10
```

for_each 是一个遍历算法，可以遍历容器中的元素，算法中需要的回调函数可以是普通函数、函数模板或者函数对象。

函数对象和普通函数的区别在于函数对象是一个类的对象，自身带有类的一些成员变量，可以对算法的过程状态进行保存，例如上例中保存了遍历的次数。

需要注意的是，函数对象传递是一个值传递，不是引用，所以在算法内部无法修改原函数对象的值，但是算法会返回一个函数对象，通过接收返回的函数对象可以获取算法的操作状态。

3. 二元函数对象的使用

```
#include <iostream>
#include <algorithm>
#include <vector>

using namespace std;

//普通函数
```

```
void printA(int a)
{
    cout << a << " ";
}

class MyAdd
{
public:
    int operator()(int a, int b)
    {
        return a+b;
    }
};


int main()
{
    vector<int> v1;
    v1.push_back(1);
    v1.push_back(3);
    v1.push_back(5);

    vector<int> v2;
    v2.push_back(7);
    v2.push_back(11);
    v2.push_back(16);

    vector<int> v3(3);
    transform(v1.begin(), v1.end(), v2.begin(), v3.begin(), MyAdd());
    for_each(v3.begin(), v3.end(), printA);
    cout << endl;

    return 0;
}
```

运行结果为：

8 14 21

transform 是转换函数，将 v1 和 v2 的值相加后放入 v3 中，注意这里 v2 的元素个数不能低于 v1，必须事先分配好 v3 的空间，否则会出现访问越界的问题。

4．一元谓词的使用

```
#include <iostream>
#include <algorithm>
#include <vector>
using namespace std;

class MyDiv
```

```
{
public:
    MyDiv(int n)
    {
        num = n;
    }
    bool operator()(int a)
    {
        return a%num==0;
    }

private:
    int num;
};

bool isDiv(int a)
{
    return a%2==0;
}

int main()
{
    vector<int> v;
    for (int i = 0; i < 10; i++)
    {
        v.push_back(i);
    }

    vector<int>::iterator it = find_if(v.begin(), v.end(), isDiv);
    cout << *it << endl;

    it = find_if(v.begin()+1, v.end(), MyDiv(5));
    cout << *it << endl;
    return 0;
}
```

运行结果为：

```
0
5
```

find_if 是有条件的进行查询，这里返回找到的元素迭代器。第一次查询是想找到一个可以被 2 整除的数，第二次查询是想找到一个被 5 整除的数。谓词可以是函数，也可以是函数对象，但是返回值必须是 bool 类型。

5. 二元谓词的使用

```
#include <iostream>
#include <algorithm>
#include <vector>
```

```
using namespace std;

void printA(int a)
{
    cout << a << " ";
}

class MyCompare
{
public:
    bool operator()(int left, int right)
    {
        return left>right;
    }
};

int main()
{
    vector<int> v1;
    v1.push_back(1);
    v1.push_back(31);
    v1.push_back(15);
    v1.push_back(7);
    v1.push_back(4);

    sort(v1.begin(), v1.end(), MyCompare());
    for_each(v1.begin(), v1.end(), printA);
    cout << endl;
    return 0;
}
```

运行结果为：

31 15 7 4 1

　　sort 是排序算法，排序中有一个很重要的步骤是比较两个数的大小，sort 算法本身并不知道如何比较两个数的大小，需要外部提供回调函数供其调用。比较涉及两个数，左边大于右边则从大到小排序，反之则从小到大排序。

10.3.4　预定义函数对象和谓词

　　标准模板库 STL 提前定义了很多预定义函数对象，我们把这些函数对象称为预定义函数对象。

1. 算数函数对象

● 加法：plus<Types>。
● 减法：minus<Types>。
● 乘法：multiplies<Types>。

- 除法 divides<Tpye>。
- 求余：modulus<Tpye>。
- 取反：negate<Type>。

2. 关系函数对象

- 等于：equal_to<Tpye>。
- 不等于：not_equal_to<Type>。
- 大于：greater<Type>。
- 大于等于：greater_equal<Type>。
- 小于：less<Type>。
- 小于等于：less_equal<Type>。

3. 逻辑函数对象

- 逻辑与：logical_and<Type>。
- 逻辑或：logical_or<Type>。
- 逻辑非：logical_not<Type>。

4. 使用示例

```
#include <iostream>
#include <algorithm>
#include <functional>
#include <string>
#include <vector>
using namespace std;

int main()
{
    plus<int> add;                    //add 是一个对象
    cout << add(2, 3) << endl;

    equal_to<string> eq;
    cout << eq("aaa", "aaa") << endl;

    return 0;
}
```

运行结果为：

```
5
1
```

10.3.5　函数适配器

STL 中定义了大量的函数对象，但是时需要对函数返回值进行进一步的简单计算，或者填上多余的参数，不能直接带入算法。函数适配器可实现这一功能，将一种函数对象转化为另一种符合要求的函数对象。函数适配器可以分为 4 大类：绑定适配器、组合适配器、指针函数适配器和成员函数适配器。

　　STL 标准库提供一组函数适配器，用来特殊化或者扩展一元和二元函数对象。常用适配器如下。

　　（1）绑定器（binder）：binder 通过把二元函数对象的一个实参绑定到一个特殊的值上，将其转换成一元函数对象。C++标准库提供两种预定义的 binder 适配器：bind1st 和 bind2nd，前者把值绑定到二元函数对象的第一个实参上，后者则绑定在第二个实参上。

　　（2）取反器（negator）：negator 是一个将函数对象的值翻转的函数适配器。STL 标准库提供了两个预定义的 negator 适配器：not1 翻转一元谓词函数的真值，而 not2 翻转二元谓词函数的真值。

　　常用函数适配器有 bind1st(op, value)、bind2nd(op, value)、not1(op)和 not2(op)。

　　使用示例如下。

```cpp
#include <iostream>
#include <algorithm>
#include <functional>
#include <vector>
using namespace std;

int main()
{
    vector<int> v;
    v.push_back(3);
    v.push_back(9);
    v.push_back(4);
    v.push_back(2);
    v.push_back(8);

    int num = count_if(v.begin(), v.end(), bind2nd(greater<int>(), 2));
    cout << "大于 2 的个数: " << num << endl;

    num = count_if(v.begin(), v.end(), bind2nd(modulus<int>(), 2));
    cout << "奇数的个数: " << num << endl;

    num = count_if(v.begin(), v.end(), not1(bind2nd(modulus<int>(), 2)));
    cout << "偶数的个数: " << num << endl;

    return 0;
}
```

　　运行结果为：

```
大于 2 的个数: 4
奇数的个数: 2
偶数的个数: 3
```

　　greater<int>是比较大小的函数，需要 2 个操作数，左操作数和右操作数。但 count_if 统计只能提供一个参数，这里需要统计多于 2 个操作数，于是通过 bind2nd 函数将 2 绑定到 greater<int>的第二个参数上，让 greater<int>函数一直都是 2，count_if 提供的参数放到第一个参数上，这就可以将 greater<int>当成一元函数对象来使用。

modulus<int>是取余函数对象，可以被整除时值为 0，这在判断式中被判断为假，所以如果是判断偶数，则要对结果进行取反操作。modulus<int>本身是二元函数对象，但是经过 bind2nd 转换后变成了一元函数对象，所以这时要用 not1 取反而不是 not2。

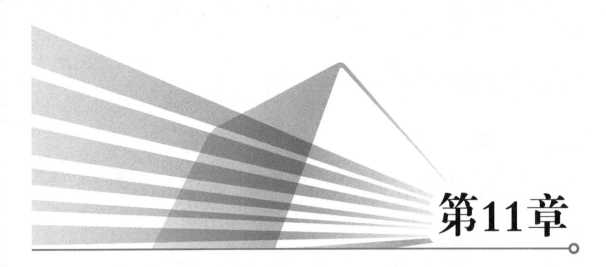

第11章

C++11/14 新标准

11.1 概述

在学习 C++1x 之前，我们先了解一下从 C++11 开始被弃用的主要特性：

注意：弃用不等于废弃，只是暗示程序员这些特性将在未来的标准中消失，应该尽量避免使用。但是，已弃用的特性依然是标准库的一部分，并且出于兼容性的考虑，这些特性其实会"永久"保留。

● 如果一个类有析构函数，为其生成拷贝构造函数和拷贝赋值运算符的特性被弃用了。

● 不再允许将字符串字面值常量赋值给一个 char *。如果需要用字符串字面值常量赋值和初始化一个 char *，应该使用 const char *或者 auto，例如：

```
char *str = "hello world!";            //将出现弃用警告
```

● C++98 异常说明、unexpected_handler、set_unexpected()等相关特性被弃用，应该使用 noexcept。

● auto_ptr 被弃用，应使用 unique_ptr。

● 关键字 register 被弃用。

● bool 类型的++操作被弃用。

● C 语言风格的类型转换被弃用，应该使用 static_cast、reinterpret_cast、const_cast 来进行类型转换。

还有一些其他诸如参数绑定（C++11 提供了 std::bind 和 std::function）、export 等特性也被弃用。

前面提到的这些特性如果你从未使用或者听说过，也请不要尝试去了解它们，应该向新标准靠拢，直接学习新特性。

11.2 实用性加强

11.2.1 新类型

C++11 新增了类型 long long 和 unsigned long long，用于以支持 64 位（或更宽）的整型数据；新增了类型 char16_t 和 char32_t，用于支持 16 位和 32 位的字符表示。

11.2.2 统一初始化

C++11 扩大了使用大括号括起的列表（初始化列表）的使用范围，使其可用于所有内置类型和用户自定义的类型（即类对象）。使用初始化列表时，可添加等号（=），也可不添加：

```
int x = {5};
double y{2.3};
short arr[5]{1,2,3,4,5,};
```

另外，列表初始化语法也适用于 new 表达式中：

```
int *par = new int[4]{2,4,5,6};
```

创建对象时，也可使用大括号（而不是圆括号）括起的列表来调用构造函数：

```
class Student
{
public:
    Student(int id, char *name):_id(id), _name(name)
    {
    }
private:
    int _id;
    char *_name;
};
Student s1(20, "wang");         // 原有的格式
Student s2{21, "zhang"};        // C++11
Student s3={20, "li"};          // C++11
```

C++11 还提供了模板类 initializer_list，可将其用作构造函数的参数。如果类有接受 initializer_list 作为参数的构造函数，则初始化列表语法就只能用于该构造函数。列表中的元素必须是同一种类型或可转换为同一种类型。STL 容器提供了将 initializer_list 作为参数的构造函数：

```
vector<int> a1(10);             // 10 个元素没有初始化
vector<int> a2{10};             // 第一个元素初始化为 10
vector<int> a3{4,6,1};          // 前三个元素初始化为 4,6,1
```

头文件 initializer_list 提供了对模板 initializer_list 的支持。这个类包含成员函数 begin() 和 end()，可用于熟悉列表的范围。除了用于构造函数外，还可将 initializer_list 用作常规函数的参数：

```cpp
#include <iostream>
#include <initializer_list>
double sum(std::initializer_list<double> nums)
{
    double tmp = 0;
    for (auto p = nums.begin(); p != nums.end(); p++)
        tmp += *p;
    return tmp;
}

int main(int argc, char *argv[])
{
    double total = sum({1.2,3.4,5.6});
    std::cout << "total = " << total << std::endl;

    return 0;
}
```

11.2.3　nullptr 与 constexpr

1. nullptr

nullptr 出现的目的是为了替代 NULL。在某种意义上来说，传统 C++会把 NULL、0 视为同一种东西，这取决于编译器如何定义 NULL，有些编译器会将 NULL 定义为((void*)0)，有些则会直接将其定义为 0。

C++不允许直接将 void*隐式地转换到其他类型，但如果 NULL 被定义为((void*)0)，那么当编译 "char *ch = NULL;" 时，NULL 只好被定义为 0。而这依然会产生问题，将导致 C++中重载特性会发生混乱，考虑：

```cpp
1.    void foo(char *);
2.    void foo(int);
```

对于这两个函数来说，如果 NULL 被定义为 0，那么 "foo(NULL);" 这个语句将会去调用 foo(int)，从而导致代码违反直观性。

为了解决这个问题，C++11 引入了 nullptr 关键字，用来专门区分空指针、0。nullptr 的类型为 nullptr_t，能够隐式地转换为任何指针或成员指针的类型，也能和它们进行相等或者不等的比较。例如：

```cpp
1.    #include <iostream>
2.
3.    using namespace std;
4.
5.    void fun(int* pi)
6.    {
```

```
7.          cout << "fun(int* pi)\n";
8.      }
9.
10.  void fun(int i)
11.  {
12.          cout << "fun(int i)\n";
13.  }
14.
15.  int main()
16.  {
17.      if (NULL == (void*)0)
18.      {
19.          cout << "NULL == (void* )0\n";
20.      }
21.
22.      int* p = NULL;
23.      fun(p); //fun(NULL)
24.
25.      fun(nullptr);
26.
27.      return 0;
28.  }
```

输出如下：

```
NULL == (void* )0
fun(int* pi)
fun(int* pi)
```

总结来说，传统 C++中的 NULL 不明确，而我们不喜欢不确定的东西，计算机更不喜欢，所以在以后编写代码书时，用 nullptr 代替 NULL 是一个好习惯。

2. constexpr

constexpr 用于指定变量或函数的值能出现在常量表达式中。constexpr 指定符声明可以在编译时求得函数或变量的值，用于对象的 constexpr 指定符隐含了 const，用于函数的 constexpr 指定符隐含了 inline。

（1）constexpr 变量。所有的 constexpr 变量均为常量，因此必须使用常量表达式初始化，constexpr 变量必须在编译时进行初始化。

一般来说，如果认定变量是一个常量表达式，那就把它声明成 constexpr 类型。

（2）constexpr 函数。constexpr 指定符声明可以在编译时求得函数或变量的值，这些变量和函数（若给定了合适的函数参数）可用于仅允许编译时的常量表达式之处，用于对象的 constexpr 指定符隐含了 const，用于函数的 constexpr 指定符或 static 成员变量隐含了 inline。

constexpr 函数必须满足下列要求：

● 它必须非虚；

● 至少存在一组参数值，令函数可以调用一个已求值的核心常量表达式的子表达式；对于构造函数，在常量初始化器中使用就够了，C++14 后不再要求对此行为进行诊断。

constexpr 构造函数必须满足下列要求：

● 该类不能有虚基类；

● 该构造函数不可有函数 try 块。

例如

```
1.   #include <iostream>
2.   #include <stdexcept>
3.
4.   using namespace std;
5.   //C++11 constexpr 函数使用递归而非迭代
6.   //C++14 constexpr 函数可使用局部变量和循环
7.   //factorial(int a)递归计算阶乘
8.   constexpr int factorial(int a)
9.   {
10.      return a <= 1 ? 1 : a * factorial(a - 1);
11.  }
12.
13.  //自定义字符串类
14.  class ConstStr
15.  {
16.  public:
17.      template<size_t N>
18.      constexpr ConstStr(const char (&a)[N])
19.          : p(a), size(N - 1)
20.      {
21.      }
22.      //constexpr 函数通过抛异常来提示错误
23.      //C++11 中，它们必须用条件运算符?:
24.      constexpr char operator[](size_t index) const
25.      {
26.          return 0 <= index < size ? p[index] : throw out_of_range("");
27.      }
28.
29.      constexpr size_t getSize() const
30.      {
31.          return size;
32.      }
33.
34.  private:
35.      const char* p;
36.      size_t size;
37.  };
38.
39.  //C++11 constexpr 函数必须把一切放在单条 return 语句中
40.  //C++14 无该要求
41.  constexpr int countLower(ConstStr s, size_t n = 0, size_t c = 0)
42.  {
```

```
43.        return n == s.getSize() ? c : 'a' <= s[n] && s[n] <= 'z' ? countLower(s, n + 1, c + 1) : countLower(s,
   n + 1, c);
44.    }
45.
46.    //输出函数要求编译时常量已测试
47.    template<int n>
48.    struct constN
49.    {
50.        constN()
51.        {
52.            cout << n << endl;
53.        }
54.    };
55.
56.    int main()
57.    {
58.        cout << "4!   = \n";
59.        constN<factorial(4)> out1;                    //编译时计算
60.
61.        volatile int k = 8;
62.        cout << k << "! = " << factorial(k) << endl;
63.
64.        cout << "the number of lowercase letters in \"Hello, world!\" is ";
65.        constN<countLower("Hello, world!")> out2;        //隐式构造
66.
67.        return 0;
68.    }
```

输出如下：

```
4!   = 24
8! = 40320
the number of lowercase letters in "Hello, world!" is 9
```

11.2.4 类型推导

在面对一大堆复杂的模板类时，必须明确地指出变量的类型才能进行后续的编程，这不仅会降低开发效率，还会让代码又臭又长。因此 C++11 通过引入关键字 auto 和 decltype 实现了类型推导，让编译器来操心变量的类型。

1. auto 类型推导

auto 在很早以前就已经进入了 C++，但它始终是作为一个存储类型的指示符存在的，与 register 并存。在传统 C++中，如果一个变量没有声明为 register 变量，将自动被视为一个 auto 变量。

在没有 auto 类型推导时，想要遍历容器中的内容时，通常是这样操作的：

```
for (vector<int>::iterator it = vc.begin(); it != vc.end(); ++it)
```

在有了 auto 类型推导时，我们可以改为：

```
for (auto it = vc.begin(); it != vc.end(); ++it)
```

一些其他的常见用法如下。

```
1.    auto i = 10;            //i 被推导成 int
2.    auto ch = 'c'          //ch 被推导成 char
```

注意：auto 不能用于函数传参，考虑到重载的问题，我们应该使用模板；auto 不能用于推导数组类型。

2. decltype

关键字 decltype 是为了解决关键字 auto 只能对变量进行类型推导的缺陷而提出的，其用法和 sizeof 很相似。

```
decltype(expression)
```

我们可以按以下方式来计算某个表达式的类型，例如：

```
1.    auto i = 5;
2.    auto j = 9;
3.    decltype(i + j) k;
```

3. 追踪返回类型

C++11 还引入了一个称为尾返回类型（Trailing Return Type），利用关键字 auto 将返回类型后置。

```
1.    #include <iostream>
2.
3.    template<typename A, typename B>
4.    auto add(A a, B b) -> decltype(a + b)
5.    {
6.        return a + b;
7.    }
8.
9.    int main()
10.   {
11.       auto value = add(1.3, 3.4);
12.
13.       std::cout << value << std::endl;
14.
15.       return 0;
16.   }
```

在 C++14 中允许如下做法。

```
1.    template<typename A, typename B>
2.    auto add(A a, B b)
3.    {
4.        return a + b;
5.    }
```

11.2.5　基于范围的 for 循环

C++11 以前的版本对容器或者数组的内容进行遍历的方法如下。

```
1.    //c++11 before
2.    for (vector<int>::const_iterator it = vi.begin(); it != vi.end(); ++it)
3.    {
4.        cout << *it << endl;
5.    }
```

而 C++11 提供了更加简便的方法，例如：

```
1.    //c++11 after
2.    for (auto it : vi)
3.    {
4.        cout << it << endl;
5.    }
```

11.2.6　强类型枚举

在传统 C++中，枚举类型并非类型安全的，枚举类型会被视为整数，可以让两种完全不同的枚举类型直接进行比较。不同枚举类型的枚举值也不能相同，这都不是我们希望看到的结果。

C++11 引入了枚举类（Enumaration Class），并使用 enum class 的语法进行声明。

```
1.    enum struct|class name { enumerator = constexpr , enumerator = constexpr , ... };
2.    enum struct|class name : type { enumerator = constexpr , enumerator = constexpr , ... };
3.    enum struct|class name ;
4.    enum struct|class name : type ;
```

下面这个例子可以更好地理解枚举类带来的好处。

```
1.    #include <iostream>
2.    using namespace std;
3.
4.    //无作用域的 enum，无底层类型，默认为 int，省略枚举名
5.    //a = 0, b = 0, c = 5
6.    enum
7.    {
8.        a,
9.        b,
10.       c = 5
11.   };
12.
13.   //无作用域 enum，底层类型为 char
14.   enum Direction : char
15.   {
16.       east = 'e',
```

```
17.         west = 'w',
18.         south = 's',
19.         north = 'n'
20.    };
21.
22.    //强类型 enum，有作用域，底层类型默认为 int
23.    enum class Color : unsigned int
24.    {
25.         black = 0x000000,
26.         white = 0xFFFFFF,
27.         red = 0xFF0000,
28.         blue = 0x0000FF,
29.         green = 0x00FF00,      //C++11 中最后可以以逗号结束
30.    };
31.
32.    //枚举类型可以拥有重载运算符
33.    ostream& operator<<(ostream& out, const Direction dir)
34.    {
35.         switch(dir)
36.         {
37.              case 'e': out << 'e'; break;
38.              case 'w': out << 'w'; break;
39.              case 's': out << 's'; break;
40.              case 'n': out << 'n'; break;
41.              default:
42.                    out.setstate(std::ios_base::failbit);
43.         }
44.         return out;
45.    }
46.
47.    ostream& operator<<(ostream& out, const Color c)
48.    {
49.         //可以将强类型 enum 强制转换为底层类型
50.         unsigned int cc = static_cast<unsigned int>(c);
51.
52.         switch(cc)
53.         {
54.              case 0x000000: out << "black"; break;
55.              case 0x0000FF: out << "blue"; break;
56.              case 0x00FF00: out << "green"; break;
57.              case 0xFF0000: out << "red"; break;
58.              default: out << "other color";
59.         }
60.
61.         return out;
62.    }
63.
64.    int main()
```

```
65.    {
66.        //无作用域枚举
67.        Direction dir = west;
68.        cout << dir << endl;
69.
70.        //全局枚举
71.        cout << a << endl;
72.
73.        //强类型枚举
74.        Color c = Color::black;
75.        cout << c << endl;
76.
77.        return 0;
78.    }
```

11.2.7　智能指针

引用计数是为了防止内存泄漏而设计的，其基本思想是：对动态分配的对象进行引用计数，每当增加一次对同一个对象的引用，引用计数就会加 1，每删除一次引用，引用计数就会减 1，当一个对象的引用计数减为 0 时，就自动删除对象指向的堆内存。

在传统 C++中，手动释放资源并不是最佳方案，因为我们有可能忘记释放资源而导致内存泄漏。通常的做法是：对一个对象而言，在构造函数时申请空间，而在析构函数（在离开作用域时调用）时释放空间，也就是我们常说的 RAII 资源获取，即初始化技术。

凡事都有例外，我们有时会有给对象自由分配存储空间的需求，在传统 C++里我们只好使用 new 和 delete 去对资源进行分配和释放。而 C++11 引入了智能指针的概念，使用了引用计数的想法，让程序员无须再去手动释放内存。这些智能指针包括 std::shared_ptr、std::unique_ptr、std::weak_ptr，使用它们需要包含头文件<memory>。

1. std::shared_ptr

std::shared_ptr 是一种智能指针，它能够记录多少个 std::shared_ptr 共同指向一个对象，当引用计数变为 0 时就会将对象自动删除，从而不用显示地调用 delete。

但这还不够，因为使用 std::shared_ptr 仍然需要调用 new，这使得代码在某种程度上出现了不对称。

std::make_shared 就能够消除显示地调用 new，它会分配创建传入参数中的对象，并返回这个对象类型的 std::shared_ptr 指针。例如：

```
1.    #include <iostream>
2.    #include <memory>
3.    using namespace std;
4.    //该类什么都不做
5.    class Nothing
6.    {
7.    public:
8.        Nothing()
9.        {
```

```
10.            cout << "Nothing() constructor\n";
11.        }
12.        ~Nothing()
13.        {
14.            cout << "~Nothing() destructor\n";
15.        }
16.    };
17.
18.    int main()
19.    {
20.        auto pi = make_shared<Nothing>();
21.        cout << "pi 的引用计数: " << pi.use_count() << endl;
22.        {
23.            auto pi1 = pi;
24.            cout << "pi 的引用计数: " << pi.use_count() << endl;
25.
26.            auto pi2 = pi1;
27.            cout << "pi 的引用计数: " << pi.use_count() << endl;
28.        }
29.
30.        {
31.            auto pi2 = pi;
32.            cout << "pi 的引用计数: " << pi.use_count() << endl;
33.        }
34.        cout << "pi 的引用计数: " << pi.use_count() << endl;
35.
36.        return 0;
37.    }
```

输出结果为:

```
Nothing() constructor
pi 的引用计数: 1
pi 的引用计数: 2
pi 的引用计数: 3
pi 的引用计数: 2
pi 的引用计数: 1
~Nothing() destructor
```

std::shared_ptr 可以通过 get()方法来获取原始指针，但不会增加引用计数；可通过 reset() 来减少一个引用计数，并通过 use_count()来查看一个对象的引用计数。例如：

```
1.    int main()
2.    {
3.        auto pi = make_shared<Nothing>();
4.        auto pi1 = pi;
5.        auto pi2 = pi;
6.        Nothing* pointer = pi.get(); //不会增加 pi 的引用计数
7.
```

```
8.        cout << "pi 的引用计数: " << pi.use_count() << endl;
9.        cout << "pi1 的引用计数: " << pi.use_count() << endl;
10.       cout << "pi2 的引用计数: " << pi.use_count() << endl;
11.
12.       pi1.reset();
13.       cout << "pi 的引用计数: " << pi.use_count() << endl;
14.       cout << "pi1 的引用计数: " << pi.use_count() << endl;
15.       cout << "pi2 的引用计数: " << pi.use_count() << endl;
16.
17.       pi2.reset();
18.       cout << "pi 的引用计数: " << pi.use_count() << endl;
19.       cout << "pi1 的引用计数: " << pi.use_count() << endl;
20.       cout << "pi2 的引用计数: " << pi.use_count() << endl;
21.
22.       pi.reset();
23.       cout << "pi 的引用计数: " << pi.use_count() << endl;
24.       cout << "pi1 的引用计数: " << pi.use_count() << endl;
25.       cout << "pi2 的引用计数: " << pi.use_count() << endl;
26.
27.       return 0;
28.   }
```

输出结果为:

```
Nothing() constructor
pi 的引用计数: 3
pi1 的引用计数: 3
pi2 的引用计数: 3
pi 的引用计数: 2
pi1 的引用计数: 2
pi2 的引用计数: 2
pi 的引用计数: 1
pi1 的引用计数: 1
pi2 的引用计数: 1
~Nothing() destructor
pi 的引用计数: 0
pi1 的引用计数: 0
pi2 的引用计数: 0
```

2. std::unique_ptr

std::unique_ptr 是一种独占的智能指针，它禁止其他智能指针与其共享同一个对象，从而保证了代码的安全。

```
1.    auto pn = unique_ptr<Nothing>(new Nothing);
2.        //auto pn = make_unique<Nothing>();   //c++14 中引入
3.        //auto pn1 = pn;   //error
```

C++11 中并没有引入 make_unique，可以自行实现。

```
1.    template<typename T, typename ...Args>
2.    std::unique_ptr<T> make_unique( Args&& ...args ) {
3.        return std::unique_ptr<T>( new T( std::forward<Args>(args)... ) );
4.    }
```

我们可以使用 std::move()方法将 make_unigue 转移给其他 std::unique_ptr 指针。

```
1.    #include <iostream>
2.    #include <memory>
3.    using namespace std;
4.
5.    class Foo
6.    {
7.    public:
8.        Foo()
9.        {
10.           cout << "Foo::Foo()\n";
11.       }
12.       ~Foo()
13.       {
14.           cout << "Foo::~Foo()\n";
15.       }
16.       void foo()
17.       {
18.           cout << "Foo::foo()\n";
19.       }
20.   };
21.
22.   template<typename T, typename ...Args>
23.   unique_ptr<T> make_unique(Args&& ...args)
24.   {
25.       return unique_ptr<T>(new T(forward<Args>(args) ...));
26.   }
27.
28.   void f(const Foo& f)
29.   {
30.       cout << "f(const Foo& f)\n";
31.   }
32.
33.   int main()
34.   {
35.       unique_ptr<Foo> p1(make_unique<Foo>());
36.       if (p1 != nullptr)
37.           p1->foo();
38.       //局部作用域
39.       {
40.           unique_ptr<Foo> p2(move(p1)); //p2 拿到 p1 的所有权
41.
42.           f(*p2);
```

```
43.
44.          cout << "p2 拿到 p1 所有权后\n";
45.          if (p2 != nullptr)
46.            p2->foo();
47.          if (p1 != nullptr)
48.            p1->foo();
49.          else
50.            cout << "p1 == nullptr\n";
51. #if 1 //可以测试如果不把 p1 的所有权归还会怎么样
52.          p1 = move(p2);
53.          cout << "p1 重新拿回所有权\n";
54.          if (p2 != nullptr)
55.            p2->foo();
56.          else
57.            cout << "p2 == nullptr";
58. #endif
59.          cout << "p2 被销毁\n";
60.        }
61.
62.      if (p1 != nullptr)
63.        p1->foo();
64.
65.      return 0;
66. }
```

3. std::weak_ptr

std::weak_ptr 是 std::shared_ptr 的观察者，它不会干扰 std::shared_ptr 所共享对象的所有权，当一个 std::weak_ptr 所观察的 std::shared_ptr 要释放它的资源时，会把相关的 std::weak_ptr 的指针设置为空，防止 std::weak_ptr 持有悬空的指针。

为什么需要 std::weak_ptr 呢？

在很多情况下需要旁观或者使用一个共享资源，但不接手所有权，如为了防止递归的依赖关系，p 就要旁观一个资源而不能拥有所有权，或者为了避免悬空指针（悬空指针和野指针的概念经常不加区分，都是指那些指向已释放的或者访问受限制的内存的指针），可以从一个 std::weak_ptr 构造一个 std::shared_ptr 以取得共享资源的所有权。

请看下面的例子。

```
1.  #include <iostream>
2.  #include <memory>
3.  using namespace std;
4.
5.  class A;
6.  class B;
7.
8.  class A
9.  {
10. public:
11.     shared_ptr<B> p;
```

```
12.        A()
13.        {
14.            cout << "A is constructed\n";
15.        }
16.        ~A()
17.        {
18.            cout << "A is destructed\n";
19.        }
20.    };
21.
22.    class B
23.    {
24.    public:
25.        shared_ptr<A> p;
26.        B()
27.        {
28.            cout << "B is constructed\n";
29.        }
30.        ~B()
31.        {
32.            cout << "B is destructed\n";
33.        }
34.    };
35.
36.    int main()
37.    {
38.        {
39.            auto a = make_shared<A>();
40.            auto b = make_shared<B>();
41.
42.            a->p = b;
43.            b->p = a;
44.
45.            cout << "a.use_count() = " << a.use_count() << endl;
46.            cout << "b.use_count() = " << b.use_count() << endl;
47.        }
48.
49.        return 0;
50.    }
```

输出结果为：

```
A is constructed
B is constructed
a.use_count() = 2
b.use_count() = 2
```

从输出结果可以看出，A 和 B 的对象并没有被析构，下面分析一下原因。这是因为 a、b 内部的 p 同时又引用了 a、b，这使得 a、b 的引用计数均变为了 2，而离开作用域时，a、b

智能指针被析构，却只能造成这块区域的引用计数减 1，这样就导致了 a、b 对象指向的内存区域引用计数不为 0，因而 std::shared_ptr 不会调用其析构函数，这块内存区域也无法找到，从而造成了内存泄漏。

解决这个问题的办法就是使用弱引用指针 std::weak_ptr，它是一种弱引用（相比较而言，std::shared_ptr 就是一种强引用），弱引用不会引起引用计数的增加。

```cpp
1.   #include <iostream>
2.   #include <memory>
3.   using namespace std;
4.
5.   class A;
6.   class B;
7.
8.   class A
9.   {
10.  public:
11.      //A 和 B 至少有一个是 std::weak_ptr
12.      weak_ptr<B> p;
13.      A()
14.      {
15.          cout << "A is constructed\n";
16.      }
17.      ~A()
18.      {
19.          cout << "A is destructed\n";
20.      }
21.  };
22.
23.  class B
24.  {
25.  public:
26.      shared_ptr<A> p;
27.      B()
28.      {
29.          cout << "B is constructed\n";
30.      }
31.      ~B()
32.      {
33.          cout << "B is destructed\n";
34.      }
35.  };
36.
37.  int main()
38.  {
39.      auto a = make_shared<A>();
40.      auto b = make_shared<B>();
41.
```

```
42.        a->p = b;
43.        b->p = a;
44.
45.        cout << "a.use_count() = " << a.use_count() << endl;
46.        cout << "b.use_count() = " << b.use_count() << endl;
47.
48.        return 0;
49.    }
```

std::weak_ptr 没有 "*" 运算符和 "->" 运算符，所以不能够对资源进行操作。

std::weak_ptr 的一些重要的方法如下。

constexpr weak_ptr() noexcept;

默认构造函数，不旁观任何资源。

template <class U> weak_ptr (const weak_ptr<U>& x) noexcept;

复制构造函数，让 std::weak_ptr 旁观 x 所指向的资源 std::weak_ptr 的引用计数不会变化。

template <class U> weak_ptr (const shared_ptr<U>& x) noexcept;

从一个 std::shared_ptr 构造一个 std::weak_ptr，新的 std::weak_ptr 被配置为旁观 x 所引用的资源，x 引用的资源计数不会改变，这意味着资源在析构时不会关心是否有 std::weak_ptr 在关注它。

~weak_ptr();

不改变引用计数，如果需要，析构函数会把*this 与共享资源脱离开。

bool expired() const noexcept;

如果所观察的资源已经过期，即资源已经释放，则返回 true；如果保存的指针为非空，则返回 false。

shared_ptr<element_type> lock() const noexcept;

返回一个指向 std::weak_ptr 所观察的资源的 std::shared_ptr，如果没有这样的指针（即 std::weak_ptr 引向的是空指针），std::shared_ptr 引用的也是空指针，否则 std::shared_ptr 所引用的资源的引用计数将正常递增。

11.2.8　右值引用：移动语义和完美转发

C++中的右值界定方法为：可以对某个值取地址，那么这个值可被认为右值。

```
int &func();              //存在这样的函数
func() = 3;               //赋值正确，func()是一个左值

int func2();
int a = func2();          //func2()是一个右值
```

例如：

```
//具体是什么引用还要看上下文，在大部分情况下：
int&&                       //右值引用
int&                        //左值引用
```

标准规则如下。

● 非 const 左值引用只能绑定到非 const 左值；

● const 左值引用可绑定到 const 左值、非 const 左值、const 右值、非 const 右值；

● 非 const 右值引用只能绑定到非 const 右值；

● const 右值引用可绑定到 const 右值和非 const 右值。

1. 移动语义

● 移动赋值函数（参考下面）；

● 标准库中的 std::move，用于将左值转换成右值。

2. 完美转发

函数模板在向其他函数传递参数时，应该如何保留该参数的左右值属性呢？也就是说，如果相应的实参是左值，那么函数模板在向其他函数传递自身参数时，也应该转发左值；如果实参是右值，转发的也应该是右值。

这样做是为了让其他函数能针对转发而来的参数的左右值进行不同的处理（如参数为左值时，实施 copy 语义；参数为右值时，实施移动语义），例如

```cpp
#include <iostream>

using namespace std;

void func(int &t) { cout << "lvalue" << endl; }
void func(int &&t) { cout << "rvalue" << endl; }
void func(const int &t) { cout << "const lvalue" << endl; }
void func(const int &&t) { cout << "const rvalue" << endl; }

template<typename T>
void Perfect(T &&t) { func(std::forward<T>(t)); }

int _tmain(int argc, _TCHAR* argv[])
{
    Perfect(1);                     //rvalue

    int a;
    Perfect(a);                     //lvalue
    Perfect(std::move(a));          //rvalue

    const int b = 1;
    Perfect(b);                     //const lvalue
    Perfect(std::move(b));          //const rvalue

    system("pause");
    return 0;
}
```

11.3　类的加强

11.3.1　特殊成员函数

移动构造函数：

MyClass(MyClass&&);

移动赋值运算符：

MyClass& operator=(MyClass&&);

与 copy 类似，移动也使用一个对象的值去设置另一个对象的值；但与 copy 不同的是，移动实现的是对象值真实的转移，即源对象将丢失，其内容将被目标对象占有。移动操作发生的条件是移动值的对象是未命名的对象。

```cpp
#include <iostream>

class Test {
public :

    Test() {
        std::cout << "Test::Test()" << std::endl;
    }

    Test(Test&& t) {                    //移动构造
        std::cout << "Test::&&" << std::endl;
    }

    Test& operator=(Test&& t) {         //移动赋值
        std::cout << "Test::&&==" << std::endl;
    }
};

Test Func() {
    Test _t;
    return _t;
}

int main()
{
    Test t = Func();                    //发生移动构造函数
    Test t2;
    t = t + t2;                         //移动赋值

    return 0;
}
```

11.3.2 委托构造

构造函数可以调用另一个同类的构造函数，也就是委托构造，从而达到简化代码的目的。例如：

```cpp
class Base {
public :
    Base() {
        value = 1;
    }

    Base(int v) :Base() {                //委托构造
        cout << "Base::int" << endl;
    }

private:
    int value;
};
```

11.3.3 继承构造

构造函数如果需要继承，则会将参数一一传递下去的，这会导致效率的下降。

```cpp
class Derived : public Base {
public :
    using Base::Base;                //继承构造
};

//接上面的类
int main()
{
    Derived s(2);                    //打印: Base::int

    return 0;
}
```

11.3.4 虚方法管理：override 和 final

使用关键字 override，可以告诉编译器进行重写，编译器会检查基类是否有此虚函数。

```cpp
class Base {
public :
    virtual void func() { }
};

class Derived : public Base {
public :
```

```
    void func() override{ }          //重写成功
    void func(int) override { }      //重写失败，因为基类没有
};
```

使用关键字 final 可以阻止函数继续重写。

```
    class Object {
    virtual void func() { }
};

class Base : public Object{
public :
    void func() final{ }             //重写成功
};

class Derived : public Base {
public :
    void func() { }                  //重写失败，因为被 final
};
```

如果一个基类的虚函数直接被关键字 final 修饰，那么它将无法被重写，也就失去了虚函数的意义。

11.3.5 显示禁用默认函数

```
class Base {
public :
    Base() = default;                //显示声明使用编译器生成的默认构造函数
    Base(const Base&) = delete;      //显示声明不使用编译器生成的拷贝构造函数
};
```

11.4 对模板的加强

11.4.1 外部模板

在定义模板前使用关键字 extern，例如：

```
extern template<typename T> void Func(T) { }
```

使用说明：模板是在编译器才被实例化的，考虑以下几种情况。

（1）在 demo.h 中有如下模板定义：

```
template<typename T> void Func(T) { }
```

（2）在 demo1.cpp 中引用这个模板函数：

```
#include "demo.h"
void Func1() { Func(1); }
```

（3）在 demo2.cpp 中引用这个模板函数：

```
#include "demo.h"
void Func1() { Func(2); }
```

在编译 demo1.cpp 时，编译器会实例化一个模板函数 Func<int>(int)，在编译 demo2.cpp 时编译器会实例化相同的模板函数 Func，在链接时，发现重复实例化会删除，仅保留一个实例化，很明显做了冗余的操作。因此 C++提出了新特性，加入了 extern 后，模板不会在该编译文件中实例化。例如：

（1）在 demo.h 中有如下模板定义：

```
template<typename T> void Func(T) { }
```

（2）在 demo1.cpp 中引用这个模板函数：

```
#include "demo.h"
template<int> void Func(int) { }          //显示实例化
void Func1() { Func(1); }
```

（3）在 demo2.cpp 中引用这个模板函数：

```
#include "demo.h"
extern template<int> void Func(int) { }    //外部模板声明，模板不会在该编译文件中实例化
void Func1() { Func(2); }
```

这时编译器只会对 Func<int>(int)进行一次实例化。

11.4.2　尖括号<>

考虑以下模板嵌套情况：

```
std::list<std::vector<int>> L;
```

对于这种情况，以往的编译器将不通过编译，因为编译器将"">>""看成右移符号，只能在"">>""符号中间加空格：

```
std::list<std::vector<int> > L;           //注意细微的区别
```

C++11 中开始支持第一种定义方式。

11.4.3　模板别名 using=

using= 是增强版的 typedef。typedef 存在以下两点缺陷：
（1）无法重命名模板类型。

```
template< typename T >
class Test {
    T _t;
};
typedef Test<int> Test_t;                 //不合法
```

（2）对函数指针等别名的定义不直观。

```
typedef void (*ptr)(int,int);
```

若使用 using=则可弥补这两个缺陷，例如：

```
using Test_t = Test<int>;                    //合法
using ptr = void(*)(int, int);               //直观
```

11.4.4 默认模板参数

```
template< typename T = int >                 //在默认情况下为 int
void Func(T) { }
```

11.4.5 可变参数模板

```
template< typename... T >
void Func(T... t) {
    std::cout << sizeof...(t) << std::endl;  //输出个数
}
调用：
Func();                                      //输出 0;
Func(1);                                     //输出 1
Func(1, "");                                 //输出 2
```

如何解包？

1. 递归解包

```
#include <iostream>

template< typename T>                        //当形参数量大于 1 时调用
void Func(T value) {
    std::cout << value << std::endl;
}

template< typename T , typename... Ts>       //当形参数量大于等于 1 时，调用
void Func(T t, Ts... ts) {
    std::cout << t << std::endl;
    Func(ts...);
}

int main()
{
    Func(1, "he",2,3,4);
    return 0;
}
```

2. 初始化列表展开

```
template< typename T , typename... Ts>
auto Func(T t, Ts... ts) {
    std::cout << t << std::endl;
    return std::initializer_list<T>{ ( [&](){
        std::cout << ts << std::endl;
    }, t)...};
}
```

返回值是一个初始化列表，参数为"（lambda 表达式,value）..."，因为 lambda 表达式在前，所以会先执行，将 ts 输出。

11.5 lambda 函数

1. 匿名函数

语法为：

```
[捕获列表]（函数形参） mutable(可选) 异常属性 -> 返回类型{
    //函数体
}
```

一般使用方法为：

```
[捕获列表]（函数形参）{
    //函数体
}
```

例如：

```
[](const string &a){
    cout << a << endl;
}
```

2. 使用捕获

```
int main()
{
    string s = "Hello world";
    auto f = [](){ cout << s << endl; };
    f();
    return 0;
}
```

打印失败，因为在 lambda 表达式中无法访问 s，修改如下：

```
auto f = [s](){ cout << s << endl; };
```

捕获 s 后，可以正确打印。当然我们也可以用传参的形式，例如：

```
auto f = [](const string &s) { cout << s << endl; };
f(s);
```

捕获的分类（以下的 value 均在 lambda 表达式外定义）：

（1）值捕获：[value]。

（2）引用捕获: [&value]。

（3）隐式捕获。

● []：空捕获，不捕获。

● [name1, name2, name3 …]：捕获一系列变量。

● [&]：引用捕获，具体捕获哪个变量，用编译器根据函数体内容自行推断。

● [=]：值捕获，具体捕获哪个变量，由编译器根据函数体内容自行推断。

● 组合：[&,=]和[=, &]。

（4）表达式捕获（C++14 版本），例如：

```
[value = func(1)]( ){    }                    //func 函数已经定义
```

11.6　对标准库的加强

11.6.1　新增容器

1. std::array

这是数组的另外一种形式，保存在栈中，大小固定（定义时大小必须为常量）。与 vector 相比，std::array 不能保存大量的数据，但访问速度更快；与传统数组相比，std::array 封装了一些函数，且支持常用标准算法注意：

（1）array 不能被隐式地转换成指针。例如：

```
std::array<int , 2> a = {1, 2};
int *p = array;                    //错误
```

（2）std::array 在编译时就会创建固定大小，且在定义时长度必须为常量。例如：

```
int len = 2;
std::array<int , len> a = {1, 2};            //错误
```

2. std::forward_list

std::forward_list 是一个列表容器，操作与 list 相似，区别是 list 为双向循环列表，std::forward_list 为单向链表。

3. std::unordered_set

std::unordered_set 是一个无序容器，操作与 set 相似，其内部是通过 Hash 表（哈希表）实现的，在不关心容器内部顺序时，std::unordered_set 能够显著提升性能。

4. std::unordered_map

std::unordered_map 是一个无序容器，操作与 map 相似，其内部是通过 Hash 表实现的，在不关心容器内部顺序时，std::unordered_map 能够显著提升性能。

5. std::tuple

std::tuple 是元组，与 Python 中元组概念一致，有以下三个函数。

（1）std::make_tuple：构造元组，例如：

```
auto data = std::make_tuple(1, "zhangsan");
```

（2）std::get：获得元组某个位置的值，例如：

```
cout << std::get<0>(data) << "," << std::get<1>(data) << endl;        //输出:1,zhangsan
```

（3）std::tie：元组拆包，例如：

```
int num;
string name;
std::tie(num, name) = data;                      //之后，num = 1, name = "zhangsan"
```

11.6.2 包装器

（1）如果 Lambda 表达式的捕获为空，那么该表达式可以作为一个函数指针来进行传递。

```
using func = void(*)(const string &);

void Function(func f) {
    f("Hello");
}

int main()
{
    auto f = [](const string &s) {
        cout << s << endl;
    };

    Function(f);                                      //输出 "Hello"
    return 0;
}
```

这里 Function 就起到包装的作用，C++在新特性中直接加入了一个包装器 std::function，例如：

```
int main()
{
    std::function<void(const string &)> f = [](const string &s) {
        cout << s << endl;
    };
    f("Hello");                                       //打印 Hello
    return 0;
}
```

std::function 包装了一个返回值为 void、形参为 const string&的函数（即<>中的内容）。注意，在使用给包装器时，需要包含头文件<function>

（2）std::bind 和 std::placeholder：用来给函数绑定形参。

```
void Func(int a1, int a2, int a3) {
    cout << a1 << " " << a2 << " " << a3 << endl;
```

```
}

int main()
{
    //std::placeholders::_1 对第一个参数进行占位，2，3 分别绑定给 Func 的 a2 和 a3
    auto f = std::bind(Func, std::placeholders::_1, 2, 3);
    f(1);        //输出 1 2 3
    return 0;
}
```

11.6.3　正则表达式

正则表达式（Regular Expression）描述了一种字符串匹配的模式（Pattern），可以用来检查一个串是否含有某种子串、将匹配的子串替换或者从某个串中取出符合某个条件的子串等。特殊字符如表 11-1 所示，限定字符如表 11-2 所示。

表 11-1　特殊字符

特殊字符	描　　　述
$	匹配输入字符串的结尾位置
(,)	标记一个子表达式的开始和结束位置。子表达式可以获取供以后使用
*	匹配前面的子表达式 0 次或多次
+	匹配前面的子表达式 1 次或多次
.	匹配除换行符 \n 之外的任何单字符
[	标记一个中括号表达式的开始
?	匹配前面的子表达式 1 次或 1 次，或指明一个非贪婪限定符
\	将下一个字符标记为特殊字符、原义字符、向后引用或八进制转义符。例如，n 匹配字符'n'. \n 匹配换行符，序列\\匹配'\', \(则匹配'('
^	匹配输入字符串的开始位置，除非在方括号表达式中使用，此时它表示不接受该字符集合
{	标记限定符表达式的开始。
|	指明两项之间的一个选择

表 11-2　限定字符

限定字符	描　　　述
*	匹配前面的子表达式零次或多次。例如，foo*能匹配 fo 及 foooo，*等价于{0,}
+	匹配前面的子表达式一次或多次。例如，foo+能匹配 foo 及 foooo，但不能匹配 fo，+等价于{1,}
?	匹配前面的子表达式零次或一次。例如，Your(s)?可以匹配 Your 或 Yours 中的 Your，?等价于{0,1}
{n}	n 是一个非负整数，匹配确定的 n 次。例如，f{2}不能匹配 for 中的 o，但是能匹配 foo 中的 oo
{n,}	n 是一个非负整数，至少匹配 n 次。例如，，f{2,}不能匹配 for 中的 o，但能匹配 foooooo 中的所有 o，o{1,}等价于 o+，o{0,}则等价于 o*
{n,m}	m 和 n 均为非负整数，其中 n≤m。最少匹配 n 次且最多匹配 m 次。例如，o{1,3}将匹配 foooooo 中的前三个 o，o{0,1}等价于 o?。注意，在逗号和两个数之间不能有空格

正则表达式解读举例：

[1 , 3, 5]　　　包含 1 或 3 或 5 数字

在 C++中使用正则表达式：

```
int main()
{
    std::regex test_regex("[1,2,3]");                    //构建正则表达式对象
    std::string test_name[] = { "123","he" };
    for (auto &fname : test_name) {
        std::cout << fname << ":" << std::regex_match(fname, test_name) << endl;
    }   //regex_match 执行成功为 true,失败为 false
    //输出：
    //     123:1
    //     he:0

    return 0;
}
```

11.6.4　并发编程

在使用并发编程前，需要在编译中加入 "-pthread"，即

```
g++ main.cpp -std=c++14 -pthread
```

1. std::thread

std::thread 用于创建一个执行的线程，在使用时需要包含头文件<thread>，该头文件中还包含很多基本的线程操作，如 join()。

```
#include <iostream>
#include <string>
#include <thread>

using namespace std;

void Func() { }

int main()
{
    std::thread t(Func);
    t.join();

    return 0;
}
```

2. std::mutex 和 std::unique_lock

std::mutex 为互斥量类，可以通过其成员函数 lock 来上锁；std::unique_lock 为智能上锁，可用于智能解锁操作（解锁操作在堆栈回退时自动完成）。

```
void Func() {
    std::mutex m;
    std::unique_lock<std::mutex> lock(m);
    //临界区，执行操作

} //堆栈回退时，自动解锁

int main()
{
    std::thread t(Func);
    t.join();

    return 0;
}
```

3. std::future 和 std::packaged_task

std::future 提供了一个访问异步操作结果的方法。例如，主线程 A 开辟线程 B 去执行任务，并且返回一个结果，这时 A 可能正在忙其他的事情，无暇顾及 B 的结果，但我们通常希望能够在某个特定的时间获得线程 B 的结果。

一般的解决思路：创建一个线程 A，在线程 A 中启动线程 B，当准备完毕后发送一个事件，并将结果保存在全局变量中；对于主线程 A，需要结果时可以调用一个线程等待函数来获得执行结果。

C++11 提供的 std::future 可以简化操作，使用 std::future 来获取异步任务的结果，可以把它作为一种简单的线程同步手段。

```
int main()
{
    //将一个 lambda 表达式封装在 task 中
    std::packaged_task<int()> task([]() { return 1; });

    //获得 task 的 future
    std::future<int> re = task.get_future();        //在一个线程中执行 task
    std::thread(std::move(task)).detach();
    re.wait();

    return 0;
}
```

4. std::condition_variable

引入 std::condition_variable 的目的是为了解决死锁，常用于唤醒等待线程，避免死锁。std::condition_variable 中的 notify_one()用于唤醒一个线程，notify_all()则用于通知所有线程，例如：

```
#include <condition_variable>
#include <mutex>
#include <thread>
#include <iostream>
```

```cpp
#include <queue>
#include <chrono>

std::mutex MyMutex;
queue<int> MyQueue;
std::condition_variable MyCond;

void Push(void *msg)
{
    std::unique_lock<std::mutex> lock(MyMutex);
    MyQueue.push(msg);
    lock.unlock();
    MyCond.notify_one();

    return;
}

void * Func()
{
    void *ptr = nullptr;

    while (true)
    {
        std::unique_lock<std::mutex> lock(MyMutex);
        if (!m_queue.empty())
        {
            ptr = MyQueue.front();
            MyQueue.pop();
            return ptr;
        }

        while (MyQueue.empty()) MyCond.wait(lock);
    }
}
```

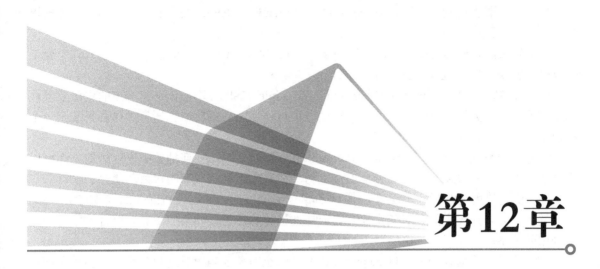

第12章

常用设计模式

12.1 概述

设计模式是指一套被反复使用、多数人知晓的、经过分类编目的代码设计经验的总结。使用设计模式是为了可重用代码，让代码更容易被他人理解，保证代码的可靠性。毫无疑问，对于自己、他人系统而言，设计模式都是多赢的，设计模式使代码编写真正实现工程化。

设计模式是软件工程的基石、脉络，如同大厦的结构一样，学习设计模式可以提高职业素养，帮助我们更好地理解软件结构。

设计模式可归纳为三大类型，共 23 种。

- 创建型模式：通常和对象的创建有关，涉及对象实例化的方式（共 5 种模式）。
- 结构型模式：描述的是如何组合类和对象，以获得更大的结构（共 7 种模式）。
- 行为型模式：用来描述类或对象怎样交互，以及怎样分配职责（共 11 种模式）。

本章只简单介绍几种常用的设计模式。

12.2 设计模式的基本原则

设计模式体现的是软件设计的思想，而不是软件技术，它重在使用多态与抽象类来解决各种问题，最终目的是实现代码的高内聚、低耦合。设计模式中有以下几项基本原则。

（1）开放封闭原则（Open for extension，Closed for Modification Principle，OCP）：类的改动是通过增加代码进行的，而不是直接修改源代码。

（2）单一职责原则（Single Responsibility Principle，SRP）：类的职责要单一，对外只提供一种功能，而引起类变化的原因都应该只有一个。

（3）依赖倒置原则（Dependence Inversion Principle，DIP）：依赖于抽象（接口），不要依赖具体的实现（类），也就是针对接口编程。

（4）接口隔离原则（Interface Segregation Principle，ISP）：不应该强迫客户的程序依赖他们不需要的接口方法，一个接口应该只提供一种对外功能，不应该把所有操作都封装到一个接口中。

（5）里氏替换原则（Liskov Substitution Principle，LSP）：任何抽象类出现的地方都可以用它的实现类进行替换，实际上就是虚拟机制，在语言级别实现面向对象功能。

（6）优先使用组合而不是继承原则（Composite/Aggregate Reuse Principle，CARP）：如果使用继承，会导致父类的任何变换都可能影响到子类的行为；如果使用对象组合，则会降低这种依赖关系。

（7）迪米特法则（Law of Demeter，LOD）：一个对象应当对其他对象尽可能少地了解，从而降低各个对象之间的耦合，提高系统的可维护性。例如，在一个程序中，当各个模块之间相互调用时，通常会提供一个统一的接口来实现，这样其他模块就不需要了解另外一个模块的内部实现细节，当一个模块内部的实现发生改变时，就不会影响其他模块的使用（黑盒原理）。

12.3　常用设计模式

12.3.1　单例模式

单例（Singleton）模式是一种对象创建型模式，使用单例模式可以保证为一个类只生成唯一的实例对象。也就是说，在整个程序空间中，该类只存在一个实例对象。

GoF 设计模式对单例模式的定义是：保证一个类只有一个实例存在，同时提供访问该实例的全局访问方法。

在应用系统开发中，我们常常有以下需求：在多个线程之间，如 Servlet 环境，需要共享同一个资源或者操作同一个对象；在整个程序空间使用全局变量，以共享资源；在大规模系统中，出于性能的考虑，需要节省对象的创建时间等。

因为单例模式可以保证为一个类只生成唯一的实例对象，所以在这些情况下，单例模式就能派上用场了。

单例模式的设计步骤如下。

● 构造函数私有化；
● 提供一个全局的静态方法（全局访问点）；
● 在类中定义一个静态指针，指向本类变量的静态变量指针；

单例的实现可分为懒汉式和饿汉式，主要区别在于对象的创建时机不同。懒汉式是在第一次使用对象时创建对象的，而饿汉式则在程序启动时就将对象创建好，无论是否对象。下面是两种方式的示例代码。

（1）懒汉式示例代码。

```cpp
#include <iostream>
using namespace std;

//懒汉式单例
class UserManage
{
private:
    UserManage(){}

public:
    static UserManage* GetInstanc()
    {
        if (m_instance == NULL)
        {
            m_instance = new UserManage;
        }
        handle_count++;
        return m_instance;
    }

    static void Release()                    //释放句柄
    {
        handle_count--;
        if(m_instance != NULL && handle_count == 0)
        {
            delete m_instance;
            m_instance = NULL;
        }
    }

private:
    static UserManage *m_instance;           //对象指针，对象句柄
    static int handle_count;                 //引用计数
};

//静态变量在类的外部进行初始化
UserManage *UserManage::m_instance = NULL;
int UserManage::handle_count = 0;

int main()
{
    //获取对象指针
    UserManage *um1 = UserManage::GetInstanc();
    UserManage *um2 = UserManage::GetInstanc();
    if(um1 == um2)
    {
```

```
            cout << "是同一个对象" << endl;
    }
    else
    {
            cout << "不是同一个对象" << endl;
    }

    um1->Release();
    um2->Release();

    return 0;
}
```

运行结果为：

是同一个对象

（2）饿汉式示例代码。

```
#include <iostream>
using namespace std;

//饿汉式单例
class UserManage
{
private:
    UserManage(){}

public:
    static UserManage* GetInstanc()
    {
        handle_count++;
        return m_instance;
    }

    static void Release()                   //释放句柄
    {
        handle_count--;
        if(m_instance != NULL && handle_count == 0)
        {
            delete m_instance;
            m_instance = NULL;
        }
    }

private:
    static UserManage *m_instance;          //对象指针，对象句柄
    static int handle_count;                //引用计数
};
```

```
//静态变量在类的外部进行初始化
UserManage *UserManage::m_instance = new UserManage;
int UserManage::handle_count = 0;

int main()
{
    //获取对象指针
    UserManage *um1 = UserManage::GetInstanc();
    UserManage *um2 = UserManage::GetInstanc();
    if(um1 == um2)
    {
        cout << "是同一个对象" << endl;
    }
    else
    {
        cout << "不是同一个对象" << endl;
    }

    um1->Release();                          //释放
    um2->Release();                          //释放

    return 0;
}
```

运行结果为：

是同一个对象

从上述代码可以看出，饿汉式在初始化对象指针时就创建了一个对象，而懒汉式则每次使用对象前都要判断该对象是否存在，不存在的话再创建对象。

由于懒汉式在每次获取对象指针时都要进行判断，多线程下可能会导致对象被多次创建，例如（Linux 环境下运行）：

```
#include <iostream>
#include <pthread.h>


using namespace std;

//懒汉式单例
class UserManage
{
private:
    UserManage()
    {
        printf("构造函数被调用\n");

        sleep(5);
```

```
        }
public:
    static UserManage* GetInstance()
    {
        if (m_instance == NULL)
        {
            m_instance = new UserManage;
        }
        handle_count++;
        return m_instance;
    }

    static void Release()                        //释放句柄
    {
        handle_count--;
        if(m_instance != NULL && handle_count == 0)
        {
            delete m_instance;
            m_instance = NULL;
        }
    }
private:
    static UserManage *m_instance;               //对象指针，对象句柄
    static int handle_count;                     //引用计数
};

//静态变量在类的外部进行初始化
UserManage *UserManage::m_instance = NULL;
int UserManage::handle_count = 0;

void* func(void *v)
{
    UserManage* um = UserManage::GetInstance();
}

int main()
{
    pthread_t id;
    for (int i = 0; i < 10; i++)
    {
        pthread_create(&id, NULL, func, NULL);
        pthread_detach(id);                      //线程分离
    }

    pthread_exit(NULL);                          //主线程退出，不影响其他线程运行
```

```
        return 0;
}
```

运行结果为：

```
构造函数被调用
构造函数被调用
构造函数被调用
构造函数被调用
构造函数被调用
构造函数被调用
构造函数被调用
构造函数被调用
构造函数被调用
构造函数被调用
```

在上例中，创建了 10 个线程后，10 个线程同时去获取对象指针，这时对象还没有创建，而构造函数又是一个很费时的操作，导致 10 个线程都去调用构造函数进行对象创建。

为了能够在多线程情况下正常运行，我们需要使用一些线程同步机制来控制对象的创建，如互斥锁。下面是修改后的代码。

```
class UserManage
{
private:
    UserManage()
    {
        printf ("构造函数被调用\n");

        sleep(5);
    }

public:
    static UserManage* GetInstance()
    {
        pthread_mutex_lock(&mutex);             //上锁

        if (m_instance == NULL)
        {
            m_instance = new UserManage;
        }

        pthread_mutex_unlock(&mutex);           //解锁

        handle_count++;

        return m_instance;
    }

    static void Release()                       //释放句柄
```

```
    {
        pthread_mutex_lock(&mutex);                //上锁

        handle_count--;
        if(m_instance != NULL && handle_count == 0)
        {
            delete m_instance;
            m_instance = NULL;
        }

        pthread_mutex_unlock(&mutex);              //解锁
    }
private:
    static pthread_mutex_t   mutex;                //对象指针锁
    static UserManage *m_instance;                 //对象指针，对象句柄

    static int handle_count;                       //引用计数
};

//静态变量在类的外部进行初始化
UserManage *UserManage::m_instance = NULL;
int UserManage::handle_count = 0;
pthread_mutex_t   UserManage::mutex = PTHREAD_MUTEX_INITIALIZER;
```

这样修改之后，可以保证单例模式能够在多线程下正常使用。但是这里有一个不好的地方就是，在每次获取对象时都要进行上锁与解锁的操作，这会带来很大的开销。实际上，当对象创建出来后进行调用时已经不需要上锁与解锁的操作，我们可以进一步优化上述代码，将 GetInstance 函数修改如下。

```
static UserManage* GetInstance()
{
    if (m_instance == NULL)                        //增加一次判断，避免频繁地上锁与解锁
    {
        pthread_mutex_lock(&mutex);                //上锁

        if (m_instance == NULL)
        {
            m_instance = new UserManage;
        }

        pthread_mutex_unlock(&mutex);              //解锁
    }

    handle_count++;

    return m_instance;
}
```

完整的单例代码如下。

```cpp
#include <iostream>
#include <pthread.h>


using namespace std;

//懒汉式单例
class UserManage
{
private:
    UserManage()
    {
        printf ("构造函数被调用\n");

        sleep(5);
    }

public:
    static UserManage* GetInstance()
    {
        if (m_instance == NULL)
        {
            pthread_mutex_lock(&mutex);          //上锁

            if (m_instance == NULL)
            {
                m_instance = new UserManage;
            }

            pthread_mutex_unlock(&mutex);        //解锁
        }

        handle_count++;
        return m_instance;
    }

    static void Release()                        //释放句柄
    {
        pthread_mutex_lock(&mutex);              //上锁

        handle_count--;
        if(m_instance != NULL && handle_count == 0)
        {
            delete m_instance;
            m_instance = NULL;
        }
```

```
            pthread_mutex_unlock(&mutex);              //解锁
      }
private:
      static pthread_mutex_t    mutex;                  //对象指针锁
      static UserManage *m_instance;                    //对象指针，对象句柄

      static int handle_count;                          //引用计数
};

//静态变量在类的外部进行初始化
UserManage *UserManage::m_instance = NULL;
int UserManage::handle_count = 0;

pthread_mutex_t   UserManage::mutex = PTHREAD_MUTEX_INITIALIZER;
```

12.3.2 简单工厂模式

简单工厂模式是属于创建型模式，又称为静态工厂方法（Static Factory Method）模式，但不属于前文提到的 23 种设计模式之一。简单工厂模式是由一个工厂对象决定创建出哪一种产品类的实例，是工厂模式家族中最简单实用的模式，可以理解为不同工厂模式的一个特殊实现。

简单工厂模式中的各个角色如下。

（1）工厂（Creator）角色：它是简单工厂模式的核心，负责创建所有实例的内部逻辑，工厂类可以被外界直接调用创建所需的产品对象。

（2）抽象（Product）角色：它是简单工厂模式所创建的所有对象的父类，负责描述所有实例共有的接口。

（3）具体产品（Concrete Product）角色：它是简单工厂模式所创建的具体实例对象。

示例代码如下。

```
#include <iostream>
#include <string>
using namespace std;

class Operator
{
public:
      virtual int getResult(int a , int b) = 0;
};

class Add : public Operator
{
      int getResult(int a, int b)
      {
            return a+b;
      }
```

```
};

class Sub : public Operator
{
    int getResult(int a, int b)
    {
        return a-b;
    }
};

class Factory
{
public:
    Operator* CreateOperator(string name)
    {
        Operator* opt = NULL;
        if (name == "加法")
            opt = new Add;
        else if (name == "减法")
            opt = new Sub;

        return opt;
    }
};

int main()
{
    Factory *ft = new Factory;                  //创建一个生产运算工厂
    Operator *opt = ft->CreateOperator("加法");  //创建一个加法运算对象
    cout << opt->getResult(10,4) << endl;
    delete opt;

    opt = ft->CreateOperator("减法");
    cout << opt->getResult(10,4) << endl;
    delete opt;
    delete ft;

    return 0;
}
```

运行结果为：

```
14
6
```

　　在上面的代码中，有一个抽象的运算符抽象类 Operator，分别定义了一个加法运算符和减法运算符类；有一个工厂类 Factory，专门负责生产各种各样的运算符。
　　简单工厂模式的优缺点如下。

优点：简单工厂模式能够根据外界给定的信息，创建具体类的对象，明确区分了各自的职责和权力，有利于整个软件体系结构的优化。

缺点：由于工厂类集中了所有实例的创建逻辑，所以在"高内聚"方面做得并不好；另外，当系统中的具体产品类不断增多时，可能会要求工厂类也要做相应的修改，扩展性并不是很好。例如，我们在上例中增加一个乘法运算，则需要修改工厂类的逻辑，增加创建乘法类的分支。

12.3.3　工厂方法模式

工厂方法（Factory Method）模式又称多态性工厂模式。在工厂方法模式中，核心的工厂类不再负责所有的产品的创建，而是将具体的创建工作交给子类去完成，工厂类成为一个抽象工厂角色，仅负责给出具体工厂子类必须实现的接口，而不负责哪一个产品类应当被实例化这种细节。

工厂方法模式是简单工厂模式的衍生，解决了许多简单工厂模式的问题：首先，完全实现"开放-封闭"原则，实现了可扩展；其次，具有更复杂的层次结构，可以应用于产品结果较为复杂的场合。

工厂方法模式中的各个角色如下。

（1）抽象工厂（Creator）角色：它是工厂方法模式的核心，任何工厂类都必须实现这个接口。

（2）具体工厂（Concrete Creator）角色：是抽象工厂的一个实现，负责实例化产品对象。

（3）抽象（Product）角色：它是工厂方法模式所创建的所有对象的父类，负责描述所有实例所共有的接口。

（4）具体产品（Concrete Product）角色：它是工厂方法模式所创建的具体实例对象。

示例代码如下。

```cpp
#include <iostream>
#include <string>
using namespace std;

class Operator
{
public:
    virtual int getResult(int a , int b) = 0;
};

class Add : public Operator
{
    int getResult(int a, int b)
    {
        return a+b;
    }
};

class Sub : public Operator
```

```cpp
{
    int getResult(int a, int b)
    {
        return a-b;
    }
};

class ObsFactory
{
public:
    virtual Operator* CreateOperator() = 0;
};

class AddFactory:public ObsFactory
{
public:
    Operator* CreateOperator()
    {
        Operator* opt = new Add;
        return opt;
    }
};
class SubFactory:public ObsFactory
{
public:
    Operator* CreateOperator()
    {
        Operator* opt = new Sub;
        return opt;
    }
};

int main()
{
    ObsFactory *oft = new AddFactory;
    Operator *opt = oft->CreateOperator();
    cout << "加法结果： " << opt->getResult(10,4) << endl;

    delete oft;
    delete opt;


    oft = new SubFactory;
    opt = oft->CreateOperator();
    cout << "减法结果： " << opt->getResult(10,4) << endl;

    delete oft;
    delete opt;
```

```
    return 0;
}
```

运行结果为：

```
加法结果： 14
减法结果： 6
```

在使用工厂方法模式时，用到什么运算符，先定义一个该运算符的工厂，然后由具体的工厂生产相应的运算符。

工厂方法模式与简单工厂模式相比，二者在结构上的区别不是很明显，工厂方法模式的核心是一个抽象工厂类，而简单工厂模式把核心是一个具体类。

工厂方法模式之所以也称为多态性工厂模式，是因为具体工厂类都有共同的接口，或者有共同的抽象父类。

当系统扩展需要添加新的产品对象时，工厂方法模式仅仅需要添加一个具体对象，以及一个具体工厂对象即可，原的有工厂对象不需要进行任何修改，也不需要修改客户端，很好地遵循了"开放-封闭"原则；而简单工厂模式在添加新产品对象后不得不修改工厂方法，扩展性不好。工厂方法模式退化后可以演变成简单工厂模式。

12.3.4　抽象工厂模式

抽象工厂模式是所有形态的工厂模式中最为抽象和最具一般性的一种形态，它是在有多个抽象角色时使用的一种工厂模式。抽象工厂模式可以向客户端提供一个接口，使客户端可以在不必指定产品的具体的情况下，创建多个产品族中的产品对象。根据里氏替换原则（LSP），任何接收父类型的地方，都应当能够接收子类型。因此，实际上系统所需要的，仅仅是类型与这些抽象产品角色相同的一些实例，而不是这些抽象产品的实例。换言之，也就是这些抽象产品的具体子类的实例，工厂类负责创建抽象产品的具体子类的实例。

抽象工厂模式中的角色如下。

（1）抽象工厂（Creator）角色：它是抽象工厂模式的核心，包含对多个产品结构的声明，任何工厂类都必须实现这个接口。

（2）具体工厂（Concrete Creator）角色：具体工厂类是抽象工厂的一个实现，负责实例化某个产品族中的产品对象。

（3）抽象（Product）角色：它是抽象工厂模式所创建的所有对象的父类，负责描述所有实例所共有的接口。

（4）具体产品（Concrete Product）角色：它是抽象工厂模式所创建的具体实例对象。

示例代码如下。

```cpp
#include <iostream>
#include <string>
using namespace std;

class Clothes
{
public:
```

```
        virtual void show() = 0;
};

class S_Jacket:public Clothes
{
public:
    void show()
    {
        cout << "森马的夹克" << endl;
    }
};

class S_Jeans:public Clothes
{
public:
    void show()
    {
        cout << "森马的牛仔裤" << endl;
    }
};

class H_Jacket:public Clothes
{
public:
    void show()
    {
        cout << "海澜之家的夹克" << endl;
    }
};

class H_Jeans:public Clothes
{
public:
    void show()
    {
        cout << "海澜之家的牛仔裤" << endl;
    }
};

class AbsFactory
{
public:
    virtual Clothes *CreateJacket() = 0;
    virtual Clothes *CreateJeans() = 0;
};

//森马工厂
class S_Factory:public AbsFactory
```

```
{
public:
    Clothes *CreateJacket()
    {
        Clothes *p = new S_Jacket;
        return p;
    }
    Clothes *CreateJeans()
    {
        Clothes *p = new S_Jeans;
        return p;
    }
};

//海澜之家工厂
class H_Factory:public AbsFactory
{
public:
    Clothes *CreateJacket()
    {
        Clothes *p = new H_Jacket;
        return p;
    }
    Clothes *CreateJeans()
    {
        Clothes *p = new H_Jeans;
        return p;
    }
};

void func(AbsFactory *abs)
{
    Clothes* pJacket = abs->CreateJacket();
    Clothes* pJeans = abs->CreateJeans();

    pJacket->show();
    pJeans->show();

    delete pJacket;
    delete pJeans;
}

int main()
{
    AbsFactory *abs = new S_Factory;
    func(abs);
    delete abs;
```

```
        abs = new H_Factory;
        func(abs);
        delete abs;


        return 0;
}
```

运行结果为：

```
森马的夹克
森马的牛仔裤
海澜之家的夹克
海澜之家的牛仔裤
```

抽象工厂模式的优点是：抽象工厂模式隔离了具体类的生产，使客户端并不需要知道什么被创建；当一个产品族中的多个对象被设计成一起工作时，它能保证客户端始终只使用同一个产品族中的对象；可以很方便地增加新的具体工厂和产品族，无须修改已有系统，符合"开放-封闭"原则，如增加一个品牌的服装。其缺点是：增加新的产品等级结构时很复杂，例如在衣服的产品系列中增加西装，则需要修改抽象工厂和所有的具体工厂类，对"开放-封闭"原则的支持呈现倾斜性。

12.3.5 建造者模式

建造者模式也称为 Builder 模式或者生成器模式，是前文提出的 23 种设计模式中的一种。建造者模式是一种对象创建型模式，用来隐藏复合对象的创建过程，它把复合对象的创建过程加以抽象，可以通过子类继承和重载的方式动态地创建具有复合属性的对象。

建造者模式的作用是将一个复杂对象的构建与它的表示分离，使得同样的构建过程可以创建不同的表示。

建造者模式通常包括下面几个角色。

（1）Builder：给出一个抽象接口，以规范产品对象的各个组成成分的建造。这个接口规定了要实现复杂对象的哪些部分的创建，并不涉及具体的对象部件的创建。

（2）ConcreteBuilder：实现 Builder 接口，针对不同的商业逻辑，具体创建复杂对象的各部分；在完成建造过程后，提供产品的实例。

（3）Director：调用具体的建造者（Builder）来创建复杂对象的各个部分，在指导者（Director）中不涉及具体产品的信息，只负责保证完整创建或按某种顺序创建对象各部分。

（4）Product：要创建的复杂对象。

示例代码如下。

```
#include <iostream>
#include <vector>
#include <string>


using namespace std;
//Product 类
class Product
```

```
{
public:
    void Add(const string part)
    {
        parts.push_back(part);
    }
    void Show()const
    {
        for(int i = 0 ; i < parts.size() ; i++)
        {
            cout << parts[i] << endl;
        }
    }
private:
    vector<string> parts;
};
//抽象 Builder 类
class Builder
{
public:
    virtual void BuildHead() = 0;
    virtual void BuildBody() = 0;
    virtual void BuildHand() = 0;
    virtual void BuildFeet() = 0;
    virtual Product GetResult() = 0;
};
//具体胖人创建（Fat Person Builder）类
class FatPersonBuilder :public Builder
{
public:
    virtual void BuildHead()
    {
        product.Add("胖人头");              //创建胖人的头
    }
    virtual void BuildBody()
    {
        product.Add("胖人身体");            //创建胖人的身体
    }
    virtual void BuildHand()
    {
        product.Add("胖人手");              //创建胖人的手
    }
    virtual void BuildFeet()
    {
        product.Add("胖人脚");              //创建胖人的脚
    }
    virtual Product GetResult()
    {
```

```
            return product;
        }
private:
    Product product;
};
//具体瘦人创建（Thin Person Builder）类
class ThinPersonBuilder:public Builder
{
public:
    virtual void BuildHead()
    {
        product.Add("瘦人人头");              //创建瘦人的头
    }
    virtual void BuildBody()
    {
        product.Add("瘦人身体");              //创建瘦人的身体
    }
    virtual void BuildHand()
    {
        product.Add("瘦人手");               //创建瘦人的手
    }
    virtual void BuildFeet()
    {
        product.Add("瘦人脚");               //创建瘦人的脚
    }
    virtual Product GetResult()
    {
        return product;
    }
private:
    Product product;
};
//Director 类
class Director
{
public:
    void Construct(Builder &builder)
    {
        builder.BuildHead();
        builder.BuildBody();
        builder.BuildHand();
        builder.BuildFeet();
    }
};

int main()
{
    Director *director = new Director();
```

```
        Builder *b1 = new FatPersonBuilder();
        director->Construct(*b1);                    //建造过程
        Product p1 = b1->GetResult();                //获取成品
        p1.Show();

        Builder *b2 = new ThinPersonBuilder();
        director->Construct(*b2);                    //建造过程
        Product p2 = b2->GetResult();                //获取成品
        p2.Show();

        delete director;
        delete b1;
        delete b2;

        return 0;
}
```

运行结果为：

```
胖人头
胖人身体
胖人手
胖人脚
瘦人人头
瘦人身体
瘦人手
瘦人脚
```

同样是创建对象，工厂模式和建造者模式的区别在于工厂模式不考虑对象的组装过程，直接生成一个想要的对象。例如，创建人，不会关心头、身体、手和脚的创建过程，而是直接获取一个人；建造者模式先一个个地创建对象的每一个部件，再统一组装成一个对象。

工厂模式所解决的问题是工厂生产产品，而建造者模式所解决的问题是工厂控制产品生成器组装各个部件的过程，然后从产品生成器中得到产品。

12.3.6　代理模式

代理模式也称为 Proxy 模式，是构造型的设计模式之一，它可以为其他对象提供一种代理（Proxy），以控制对这个对象的访问。

所谓代理，是指具有与代理元（被代理的对象）具有相同的接口的类，客户端必须通过代理与被代理的目标类交互，而代理一般在交互的过程中（交互前后）完成某些特别的处理。例如，明星的经纪人，经纪人代替明星去接项目、谈合同等；又如租房的中介，中介代替个人去找房、与房东签合同等。

代理模式一般会有以下三个角色。

（1）抽象角色（Subject）：指代理角色（经纪人）和真实角色（明星）对外提供的公共方法，一般为一个接口。

（2）真实角色（Real Subject）：需要实现抽象角色接口，定义了真实角色所要实现的业务逻辑，以便供代理角色调用，也就是真正的业务逻辑。

（3）代理角色（Proxy）：需要实现抽象角色接口，是真实角色的代理，通过真实角色的业务逻辑方法来实现抽象方法，并可以附加自己的操作，将统一的流程控制都放到代理角色中处理。

示例代码如下。

```cpp
#include <iostream>
using namespace std;

//抽象的人：要完成找房、与房东签合同、入住、交房租方法
class Person
{
public:
    virtual void findHome() = 0;            //找房
    virtual void signContract() = 0;        //签合同
    virtual void live() = 0;                //入住
    virtual void payRent() = 0;             //交房租
};

//真实的个人
class RealPerson : public Person
{
public:
    virtual void findHome()
    {
        cout << "自己 找房" << endl;
    }
    virtual void signContract()
    {
        cout << "自己 和房东签合同" << endl;
    }
    virtual void live()
    {
        cout << "自己 入住" << endl;
    }
    virtual void payRent()
    {
        cout << "自己 付房租" << endl;
    }
};

//中介：代理租房
class ProxyPerson:public Person
{
public:
    ProxyPerson(Person *person)
```

```
        {
                this->person = person;
        }
        virtual void findHome()
        {
                cout << "中介  找房" << endl;
        }
        virtual void signContract()
        {
                cout << "中介  和房东签合同" << endl;
        }
        virtual void live()
        {
                person->live();
        }
        virtual void payRent()
        {
                person->payRent();
        }

private:
    Person *person;                        //真实对象的引用
};

int main()
{
    Person *p      = new RealPerson;        //真实找房的人
    Person *proxy = new ProxyPerson(p);     //中介帮找房

    proxy->findHome();
    proxy->signContract();
    proxy->live();
    proxy->payRent();
    return 0;
}
```

运行结果为：

```
中介  找房
中介  和房东签合同
自己  入住
自己  付房租
```

12.3.7 装饰模式

装饰（Decorator）模式又称为包装模式，可以通过一种对客户端透明的方式来扩展对象的功能，是继承关系的一个替换方案。

装饰模式把要添加的附加功能分别放在单独的类中，并让这个类包含它要装饰的对象，当需要使用对象时，客户端就可以有选择地、按顺序地使用装饰功能包装对象，动态地给一个对象添加一些额外的功能。就增加功能来说，装饰模式比生成子类的方式更为灵活，在不改变接口的前提下，可以增强类的性能。

使用场合如下。

（1）需要扩展一个类的功能，或给一个类增加附加功能时。

（2）需要动态地给一个对象增加功能，这些功能也可以动态地撤销。

（3）需要增加一些基本功能的排列组合以产生更多的功能，使用继承变得不现实。

装饰者模式的角色组成如下。

（1）抽象构件角色（Component）：给出一个抽象接口，以规范准备增加附加功能的对象。

（2）具体构件角色（Concrete Component）：定义一个将要增加附加功能的类。

（3）装饰角色（Decorator）：拥有一个构件（Component）对象的实例，并定义一个与抽象构件接口一致的接口。

（4）具体装饰角色（Concrete Decorator）：负责给构件对象增加附加的功能。

示例代码如下。

```cpp
#include <iostream>
#include <string>
using namespace std;

//饼的基类
class Cake
{
public:
    virtual string GetName() = 0;
    virtual double GetPrice() = 0;

protected:
    string name;
};

//手抓饼
class ShreddedCake : public Cake
{
public:
    ShreddedCake()
    {
        name = "手抓饼";
    }
    string GetName()
    {
        return name;
    }
    double GetPrice()
    {
        return 5;
```

```
        }
};

//配料的基类
class Condiment:public Cake
{
protected:
        Cake *cake;
};

//加鸡蛋的饼
class Egg : public Condiment
{
public:
        Egg(Cake *cake)
        {
                this->cake = cake;
        }
        string GetName()
        {
                return cake->GetName()+" + 鸡蛋";
        }
        double GetPrice()
        {
                return cake->GetPrice() + 1.5;
        }
};

//加里脊的饼
class Tenderloin : public Condiment
{
public:
        Tenderloin(Cake *cake)
        {
                this->cake = cake;
        }
        string GetName()
        {
                return cake->GetName()+" + 里脊";
        }
        double GetPrice()
        {
                return cake->GetPrice()+2;
        }
};

int main()
{
```

```
ShreddedCake *pc = new ShreddedCake;
cout << pc->GetName() << " " << pc->GetPrice() << "元" << endl;

Tenderloin *pst = new Tenderloin(pc);
cout << pst->GetName() << " " << pst->GetPrice() << "元" << endl;

Egg *pse = new Egg(pst);
cout << pse->GetName() << " " << pse->GetPrice() << "元" << endl;

delete pse;
delete pst;
delete pc;

return 0;
}
```

运行结果为：

```
手抓饼 5 元
手抓饼 + 里脊 7 元
手抓饼 + 里脊 + 鸡蛋 8.5 元
```

12.3.8　策略模式

策略模式也称为 Strategy 模式，是行为模式之一，它对一系列的算法加以封装，为所有算法定义一个抽象的算法接口，并通过继承该抽象算法接口对所有的算法加以封装和实现，具体的算法选择交由客户端决定（策略）。策略模式主要用来平滑地处理算法的切换。

策略模式中的角色组成如下。

（1）环境（Context）角色：持有一个策略的引用。

（2）抽象策略（Strategy）角色：这是一个抽象角色，通常由一个接口或抽象类实现，该角色给出了所有的具体策略类所需的接口。

（3）具体策略（Concrete Strategy）角色：包装了相关的算法或行为。

现在要设计一个贩卖各类书籍的电子商务网站的购物车系统，一个最简单的情况就是把所有货品的单价乘上数量，但是实际情况肯定比这要复杂，例如，本网站可能对所有的高级会员提供每本 20%的促销折扣，对中级会员提供每本 10%的促销折扣，对初级会员没有折扣。

根据描述，折扣是根据以下的几个算法中的一个进行的。

算法一：对初级会员没有折扣。

算法二：对中级会员提供 10%的促销折扣。

算法三：对高级会员提供 20%的促销折扣。

示例代码如下。

```
#include <iostream>

using namespace std;

//抽象会员
```

```cpp
class VipStrategy
{
public:
    virtual double calcPrice(double booksPrice) = 0;
};

//初级会员
class PrimaryVipStrategy : public VipStrategy
{
public:
    double calcPrice(double booksPrice)
    {
        cout << "对初级会员没有折扣" << endl;
        return booksPrice;
    }
};

//中级会员
class IntermediateVipStrategy : public VipStrategy
{
public:
    double calcPrice(double booksPrice)
    {
        cout << "对中级会员的折扣为10%" << endl;
        return booksPrice*0.9;
    }
};

//高级会员
class AdvancedVipStrategy : public VipStrategy
{
public:
    double calcPrice(double booksPrice)
    {
        cout << "对高级会员的折扣为20%" << endl;
        return booksPrice*0.8;
    }
};

//具体价格类
class Price
{
public:
    Price(VipStrategy* strategy)
    {
        this->strategy = strategy;
    }
```

```
        double quote(double booksPrice)
        {
            return strategy->calcPrice(booksPrice);
        }

        //持有一个具体的策略对象
private:
        VipStrategy* strategy;
};

int main()
{
        //选择并创建需要使用的策略对象
        VipStrategy *strategy = new AdvancedVipStrategy();
        Price *price = new Price(strategy);                  //创建环境
        double quote = price->quote(300);                    //计算价格
        cout << "图书的最终价格为： " << quote << endl;
        return 0;
}
```

运行结果为：

对于高级会员的折扣为 20%
图书的最终价格为：240

12.3.9　观察者模式

观察者（Observer）模式有时也称为发布（Publish）-订阅（Subscribe）模式、模型-视图模式、源-收听者模式或从属者模式，是行为模式之一，其作用是当一个对象的状态发生变化时，能够自动通知其他关联对象，自动刷新对象状态。

观察者模式为关联对象提供了一种同步通信的手段，使某个对象与依赖它的其他对象之间保持状态同步。

观察者模式完美地将观察者和被观察的对象分离开。例如，用户界面可以作为一个观察者，业务数据可以作为被观察者，用户界面观察业务数据的变化，发现数据变化后，就显示在用户界面上。面向对象设计的一个原则是：系统中的每个类将重点放在某一个功能上，而不是在其他方面，一个对象只做一件事情，并且将它做好。观察者模式在模块之间划定了清晰的界限，提高了应用程序的可维护性和重用性。

观察者设计模式定义了对象间的一种一对多的依赖关系，当一个对象的状态发生变化时，所有依赖于它的对象都能得到通知并自动刷新。

观察者模式中的角色组成如下。

（1）Subject（被观察者类）：它是被观察的对象，当被观察对象的状态发生变化时，需要通知队列中所有观察者对象，Subject 需要维持（添加、删除、通知）一个观察者对象的队列列表。

（2）Concrete Subject（具体的被观察者对象）：被观察者的具体实现，包含一些基本的属性状态及其他操作。

315

（3）Observer（观察者类）：接口或抽象类，当 Subject 的状态发生变化时，Observer 将通过一个 callback 函数得到通知。

（4）Concrete Observer（具体观察者对象）：观察者的具体实现，得到通知后将完成一些具体的业务逻辑处理。

例如，在公司上班的时候，有的员工在看电影、聊天或者玩游戏，这时他们希望有个人能帮他们查看老板的状态。如果老板来了，就通知他们老板过来了，他们就好好工作；如果老板走了也告诉他们，他们就可以继续干自己的事情。

这里我们可以让老板的秘书作为观察者，当她发现老板的状态变化时就通知员工，但秘书需要知道哪些员工需要接收消息，这步操作可以通过注册来完成，员工向秘书注册，则秘书将拥有一份通知名单。对应地，注册当然有取消注册，这就像邮件上的订阅与取消订阅、微博上的关注与取消关注一样。

示例代码如下。

```cpp
#include <iostream>
#include <list>
#include <string>
using namespace std;

class Observer;

//抽象的通知者
class Subject
{
public:
    virtual void notify(string info) = 0;        //将消息发送给所有观察者
    virtual void add(Observer *) = 0;            //添加观察者
    virtual void remover(Observer *) = 0;        //移除观察者

protected:
    list<Observer *> m_list;
};

//抽象的观察者
class Observer
{
public:
    virtual void upadate(string info) = 0;       //根据提供的消息进行自我更新
    virtual void subscribe(Subject *) = 0;       //关注、注册、找个对象通知自己消息
    virtual void disScribe(Subject *) = 0;       //取消关注
};

//通知者：秘书
class Secretary: public Subject
{
public:
    virtual void add(Observer *o)
```

```
        {
            m_list.push_back(o);
        }

        virtual void remover(Observer *o)
        {
            m_list.remove(o);
        }

        virtual void notify(string info)
        {
            //挨个通知
            for (list<Observer*>::iterator it = m_list.begin(); it != m_list.end(); it++)
            {
                (*it)->upadate(info);
            }
        }
};

//玩游戏
class PlayGame:public Observer
{
public:
        virtual void subscribe(Subject *s)
        {
            s->add(this);
        }

        virtual void disScribe(Subject *s)
        {
            s->remover(this);
        }

        virtual void upadate(string info)
        {
            if (info == "老板来了")
            {
                cout << "把游戏收起来，假装好好工作" << endl;
            }
            else if (info == "老板走了")
            {
                cout << "很开心，继续玩游戏" << endl;
            }
        }
};

//看电影
class SeeMovie:public Observer
```

面向对象的嵌入式软件开发

```cpp
{
public:
    virtual void subscribe(Subject *s)
    {
        s->add(this);
    }

    virtual void disScribe(Subject *s)
    {
        s->remover(this);
    }

    virtual void upadate(string info)
    {
        if (info == "老板来了")
        {
            cout << "把电影起来，假装好好工作" << endl;
        }
        else if (info == "老板走了")
        {
            cout << "很开心，继续看电影" << endl;
        }
    }
};

//聊天
class Chat:public Observer
{
public:
    virtual void subscribe(Subject *s)
    {
        s->add(this);
    }

    virtual void disScribe(Subject *s)
    {
        s->remover(this);
    }

    virtual void upadate(string info)
    {
        if (info == "老板来了")
        {
            cout << "把 QQ 关了，假装好好工作" << endl;
        }
        else if (info == "老板走了")
        {
            cout << "很开心，继续聊天" << endl;
```

318

```
        }
    }
};

int main()
{
    Subject *s = new Secretary;

    Observer *w1 = new PlayGame;
    Observer *w2 = new SeeMovie;
    Observer *w3 = new Chat;

    w1->subscribe(s);          //告诉秘书，老板来了通知一声
    w2->subscribe(s);          //告诉秘书，老板来了通知一声
    w3->subscribe(s);          //告诉秘书，老板来了通知一声


    cout << "老板来了"<< endl;
    s->notify("老板来了");

    w3->disScribe(s);          //要好好工作了

    cout << "---------------" << endl;
    cout << "老板走了"<< endl;
    s->notify("老板走了");

    return 0;
}
```

运行结果为：

```
老板来了
把游戏收起来，假装好好工作
把电影起来，假装好好工作
把 QQ 关了，假装好好工作
---------------
老板走了
很开心，继续玩游戏
很开心，继续看电影
```

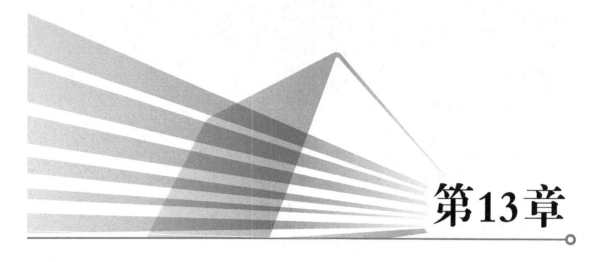

第13章

数据库基础

13.1 数据库简介

13.1.1 MySQL 简介

MySQL 是目前世界上最流行的开源关系型数据库之一。在国内，MySQL 大量应用于互联网行业，例如大家所熟知的百度、阿里、腾讯、京东等公司。搜索引擎、社交网站、电商平台、游戏后端的核心存储往往都使用 MySQL，有的甚至有几千台 MySQL 数据库主机。可以说，支撑互联网公司日常运转的主要数据库就是 MySQL。近年来，随着业务的发展，互联网公司产生了很多成熟的架构和技术，这也促使 MySQL 不断变得更加成熟和稳健。但 MySQL 的应用并没有局限于互联网，许多软件开发商也把 MySQL 集成到自己的产品中来，例如在嵌入式开发中，也经常用到 MySQL。传统行业也在大量使用 MySQL 来存储数据。

（1）MySQL 是一种数据库管理系统。数据库是数据的结构化集合，要想将数据添加到数据库，或访问、处理计算机数据库中保存的数据，需要使用数据库管理系统，如 MySQL。计算机是处理大量数据的理想工具，因此，数据库管理系统扮演着关键的角色，或作为独立的实用工具，或作为其他应用程序的组成部分。

（2）MySQL 是一种关系型数据库管理系统。关系型数据库将数据保存在不同的表中，而不是将所有数据放在一个大的仓库内，这样就提高了速度并增加了灵活性。MySQL 中的 SQL 是指结构化查询语言，是用于访问数据库的最常用的标准化语言，它是由 ANSI/ISO SQL 标准定义的。SQL 标准自 1986 年发布以来不断演化发展，有数种版本。

（3）MySQL 软件是一种开放源码的软件。开放源码意味着任何人都能使用和改变软件，都可以从 Internet 下载 MySQL 软件，无须支付任何费用。如果愿意，你可以研究源码并进行恰当的修改，以满足自己的需求。MySQL 软件采用了 GPL（GNU 通用公共许可证），定义了在不同情况下可以用软件做的事和不可做的事。

（4）MySQL 具有快速、可靠和易于使用的特点，还有一套实用的特性集合，这些特性是通过与用户的密切合作而开发的。

MySQL 最初是为处理大型数据库而开发的，与已有的解决方案相比，其速度更快，已成功用于众多要求很高的生产环境。MySQL 具有良好的连通性、速度和安全性，这使得它十分适合访问 Internet 的数据库

（5）MySQL 可工作在客户端/服务器模式下，也可应用在嵌入式系统中。MySQL 是一种客户端/服务器系统，由支持不同后端的一个多线程 SQL 服务器、数种不同的客户端程序和库、众多管理工具，以及广泛应用的编程接口 API 组成。

另外，MySQL 还能以嵌入式多线程库的形式提供服务，可以将 MySQL 连接到应用程序，从而获得更小、更快和更易管理的产品。

13.1.2　关系型数据库

关系型数据库是建立在关系模型基础上的，借助于集合代数等数学概念和方法来处理数据库中的数据。现实世界中的各种实体，以及实体之间的各种联系均用关系模型来表示。关系模型是由埃德加·科德于 1970 年首先提出的，并配合"科德十二定律"，虽然对此模型有一些批评意见，但它仍然是数据存储的传统标准。标准数据查询语言（SQL）就是一种基于关系型数据库的语言，这种语言可对关系型数据库中数据进行检索和操作。 关系模型由关系数据结构、关系操作集合、关系完整性约束三部分组成。

简单来说，关系模型指的就是二维表格模型，而关系型数据库就是由二维表及其之间的联系所组成的一个数据组织。

关系型数据库的最大特点就是事务的一致性，传统关系型数据库的读写操作都是基于事务的，具有 ACID 的特点，这个特性使得关系型数据库可以用于几乎所有对一致性有要求的系统中，如典型的银行系统。

MySQL 是一种关系型数据库（Relational Database Management System），这种所谓的"关系型"可以理解为表格的概念，一个关系型数据库由一个或数个表格组成，如图 13-1 所示。

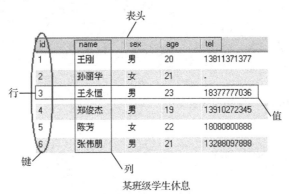

图 13-1　关系型数据库中的表格

- 表头（header）：每一列的名称。
- 列（row）：具有相同数据类型的数据的集合。
- 行（col）：每一行用来描述某个人或物的具体信息。
- 值（value）：行的具体信息，每个值必须与该列的数据类型相同。
- 键（key）：表中用来识别某个特定的人或物的方法，键的值在当前列中具有唯一性。

关系型数据库的优势非常明显，它可以保持数据的一致性。由于以标准化为前提，所以数据的更新开销很小，相同的字段基本上只有一处，因此还能进行插入等复杂操作。

关系型数据库不适用于处理大量数据的写入、为有数据更新的表做索引、表结构变更、字段不固定，以及要求快速返回查询结果等场合。

13.2　MySQL 安装

如果是 Ubuntu 版的 Linux 操作系统，可以用系统自带的包管理工具进行 MySQL 的安装，命令如下：

```
apt-get install mysql-server mysql-client libmysqlclient-dev
```

安装过程中会提示设置密码。

下面以 MySQL 5.1 二进制版本的安装为例进行详解。为避免冲突，可以先卸载 Linux 自带的 MySQL 安装包。

首先登录官网，下载二进制版本的 MySQL 5.1，步骤为：进入 www.mysql.com，选择 download（GA），单击 Download from MySQL Developer Zone，单击 MySQL Community Server，选择相应的平台、版本，如选择 64 位 Linux 平台下的安装包"Linux - Generic（glibc2.5）（x86，64-bit），Compressed"（已和官方严重不符，建议删除。）。

下面开始二进制包的安装。

1. 在 root 用户下面安装 MySQL

这种安装方式是默认的安装方式，这里以"mysql-5.1.45-linux-x86_64-icc-glibc23.tar.gz"为例进行讲解。

以 root 身份登录，运行如下命令安装 MySQL。

```
useradd mysql
cd /usr/local
tar zcf /tmp/mysql-5.1.45-linux-x86_64-icc-glibc23.tar.gz
ln -s mysql-5.1.45-linux-x86_64-icc-glibc23 mysql
cd mysql
cp support-files/my-large.cnf /etc/my.cnf
chown -R mysql .
chgrp -R mysql .
Scripts/mysql_install_db --user=mysql
chown -R root .
chown -R mysql data
mv data /home/mysql
ln -s /home/mysql/data .
```

上面的命令中移动 data 目录到其他分区（/home/mysql），是因为/usr/local 下的磁盘空间可能不足，而且数据一般不会和操作系统保存在同一个分区或者磁盘中。

将 MySQL 设置为开机自启动服务。

```
cp support-files/mysql.server /etc/init.d/mysqid
chkconfig mysqld on
/etc/init.d/mysqid start
```

运行下面的命令设置 MySQL 的 root 密码。

```
/usr/local/mysql/bin/mysqladmin -u root password 'your password'
```

然后，使用 MySQL 自带的脚本或者手动执行命令强化安全，删除匿名用户。

```
./bin/mysql_secure_installation
```

接着按照提示操作，删除匿名账户和空密码用户。操作如下：

```
shell>mysql -u root
mysql>DELETE FROM mysql.user WHERE User = '';
mysql>FLUSH PRIVILEGES
```

建议使用/usr/bin/mysql_secure_installtion 脚本进行安全配置，它会删除匿名账户。安装完成后，注意要把执行命令的路径添加到系统的 PATH 环境变量里。

```
Vim ~/.bash_profile
Export PATH=/usr/local/mysql/bin:$PATH
```

2. 安装在特定的用户下面

首先，编写一个配置文件，指定 PORT、SOCKET 等参数变量，在安装和启动时需要指定这个配置文件，其他操作和默认安装类似。例如，要安装到"$HOME/app"下，命令为：

```
cd $HOME/app
tar zxvf mysql-5.1.45-linux-x86_64-icc-glibc23.tar.gz
ln -s mysql-5.1.45-linux-x86_64-icc-glibc23 mysql
cd mysql
scripts/mysql_install_db   --defaults-file=/home/garychen/app/mysql/my.cnf --user=garychen
```

如果配置文件中没有指定数据目录的话，则默认为"/home/garychen/app/mysql/data"，启动方式为：

```
./bin/mysqld_safe   --defaults-file=/home/garychen/app/mysql/my.cnf --user=garychen &（后面是否缺少内容）
```

13.2.1　MySQL 安装测试

成功安装 MySQL 后，一些基础表会被初始化，启动服务器后，可以通过简单的测试来验证 MySQL 是否可以工作正常。

使用 mysqladmin 命令来检查服务器的版本，在 Linux 上该二进制文件位于"/usr/bin"。

```
mysqladmin --version
```

该命令输出的结果取决于系统信息，不同的操作系统、不同的 MySQL 版本，显示的结果会不一样。

上面的方法只是简单地测试 MySQL 是否安装成功，其他的操作将在下面为大家详细介绍。

13.2.2　MySQL 服务开启与使用

1．开启 MySQL 服务

```
service mysql start
```

或者

```
/etc/init.d/mysql start
```

通过上面的启动脚本可以启动 MySQL。

2．检测服务是否开启

```
netstat -tap | grep mysql
```

通过上述命令检查之后，如果看到有 MySQL 的 SOCKET 处于 listen 状态，则表示 MySQL 启动成功。

客户端连接并登录 MySQL 服务器涉及的命令很多，这里简要介绍一下。

（1）通过 IP 地址、端口远程连接的命令，例如：

```
mysql -h IP 地址 -P 端口号 -u 用户名 -p
```

（2）通过 TCP/IP 协议进行本地连接的命令，例如：

```
mysql -u 用户名 -h 127.0.0.1 -P 端口号
```

（3）通过 SOCKET 文件进行本地连接的命令，例如：

```
mysql -u 用户名 -S /path/to/mysql.sock
```

如果服务器安装在本地，经常使用的登录命令就是：

```
mysql -u 用户名 -p密码
```

以上命令执行后会输出"mysql>"提示符，这说明已经成功连接到 MySQL 服务器，这时可以在"mysql>"提示符执行 SQL 命令，例如：

```
mysql>show databases;
```

将显示当前的数据库。

13.3　MySQL 管理

13.3.1　MySQL 用户设置

1．创建用户

```
mysql>CREATE USER 'username'@'host' IDENTIFIED BY 'password';
```

username 是要将创建的用户名；host 指定该用户在哪个主机上可以登录，如果是本地用户可使用 localhost，如果用户从任意远程主机登录，可以使用通配符%；password 为登录密码，密码可以为空，如果为空则不需要密码就可以登录服务器。

例如：

```
mysql>CREATE USER 'dog'@'localhost' IDENTIFIED BY '123456';
mysql>CREATE USER 'pig'@'192.168.1.101_' IDENDIFIED BY '123456';
mysql>CREATE USER 'pig'@'%' IDENTIFIED BY '123456';
mysql>CREATE USER 'pig'@'%' IDENTIFIED BY '';
mysql>CREATE USER 'pig'@'%';
```

2. 授权

```
mysql>GRANT privileges ON databasename.tablename TO 'username'@'host' ;
```

privileges 为用户的操作权限，如 SELECT、INSERT、UPDATE 等。如果要授予所有的权限则使用 ALL；databasename 是数据库名；tablename 是表名。如果要授予用户对所有数据库和表的相应操作权限则可用*表示，如*.*。

例如：

```
mysql>GRANT SELECT, INSERT ON test.user TO 'pig'@'%';
mysql>GRANT ALL ON *.* TO 'pig'@'%';
```

注意：用以上命令授权的用户不能给其他用户授权，如果想让该用户也可以授权，可以用以下命令。

```
mysql>GRANT privileges ON databasename.tablename TO 'username'@'host' WITH GRANT OPTION;
```

3. 设置与更改用户密码

```
mysql>SET PASSWORD FOR 'username'@'host' = PASSWORD('newpassword');
```

如果是当前登录用户，可以使用

```
SET PASSWORD = PASSWORD("newpassword");
```

例如：

```
SET PASSWORD FOR 'pig'@'%' = PASSWORD("123456");
```

4. 撤销用户权限

```
mysql>REVOKE privilege ON databasename.tablename FROM 'username'@'host';
```

privilege、databasename、tablename 三个参数的含义和授权部分一样。

例如：

```
REVOKE SELECT ON *.* FROM 'pig'@'%';
```

注意：假如在给用户"'pig'@'%'"授权时是这样的（或类似的）。

```
GRANT SELECT ON test.user TO 'pig'@'%';
```

则使用

> REVOKE SELECT ON *.* FROM 'pig'@'%';

命令并不能撤销该用户对 test 数据库中 user 表的 SELECT 操作；如果授权使用的是

> GRANT SELECT ON *.* TO 'pig'@'%';

则

> REVOKE SELECT ON test.user FROM 'pig'@'%';

命令也不能撤销该用户对 test 数据库中 user 表的 SELECT 权限。具体信息可以用命令

> SHOW GRANTS FOR 'pig'@'%';

查看。

MySQL 官网的权限管理如表 13-1 所示。

表 13-1　MySQL 官网的权限管理

权　限	对　象	权限说明
CREATE	数据库、表或索引	创建数据库、表或索引权限
DROP	数据库或表	删除数据库或表权限
GRANT OPTION	数据库、表或保存的程序	赋予权限选项
REFERENCES	数据库或表	—
ALTER	表	更改表，如添加字段、索引等
DELETE	表	删除数据权限
INDEX	表	索引权限
INSERT	表	插入权限
SELECT	表	选择权限
UPDATE	表	更新权限
CREATE VIEW	视图	创建视图权限
SHOW VIEW	视图	查看视图权限
ALTER ROUTINE	存储过程	更改存储过程权限
CREATE ROUTINE	存储过程	创建存储过程权限
EXECUTE	存储过程	执行存储过程权限
FILE	服务器主机上的文件访问	文件访问权限
CREATE TEMPORARY TABLES	服务器管理	创建临时表权限
LOCK TABLES	服务器管理	锁表权限
CREATE USER	服务器管理	创建用户权限
PROCESS	服务器管理	查看进程权限
RELOAD	服务器管理	执行 flush-hosts、flush-logs、flush-privileges、flush-status、flush-tables、flush-threads、refresh、reload 等命令的权限
REPLICATION CLIENT	客户端管理	复制权限
REPLICATION SLAVE	服务器管理	复制权限

权　　限	对　　象	权限说明
SHOW DATABASES	服务器管理	查看数据库权限
SHUTDOWN	服务器管理	关闭数据库权限
SUPER	服务器管理	执行 kill 线程权限

13.3.2　管理 MySQL 的命令

1. use

使用格式为：

use <数据库名>

含义：MySQL 可以使用 use 来切换数据库，选择要操作的 MySQL 数据库，使用该命令后所有 MySQL 命令都只针对该数据库进行操作。需要注意的是，这条命令的写法，可以不带分号。

2. show databases

使用格式为：

show databases;

含义：列出 MySQL 数据库管理系统的数据库列表。

3. show tables

使用格式为：

show tables;

含义：显示指定数据库的所有表，使用该命令前需要使用 use 命令来选择要操作的数据库。

13.4　MySQL 数据类型

MySQL 中定义数据字段的类型对数据库的优化是非常重要的。

MySQL 支持所有标准 SQL 中的数据类型，其中包括严格数据类型（INTEGER、SMALLINT、DECIMAL、NUMBERIC），以及近似数值数据类型（FLOAT、REAL、DOUBLE PRESISION），并在此基础上进行扩展。扩展后增加了 TINYINT、MEDIUMINT、BIGINT 三种长度不同的整型，并增加了 BIT 类型用来存放数据位。

我们大致可以把 MySQL 数据类型分为三类：数值、日期/时间和字符串（字符）类型，下面逐个来学习每一种类型。

13.4.1　整型

整型包括 TINYINT、SMALLINT、MEDIUMINT、INT、BIGINT，表 13-2 列出了各种整型的空间占用以及表示的范围。

表 13-2　各种整型的空间占用以及表示的范围

MySQL 数据类型	范围（有符号）
TINYINT	1 个字节（−128～127）
SMALLINT	2 个字节（−32768～32767）
MEDIUMINT	3 个字节（−8388608～8388607）
INT	4 个字节（−2147483648～2147483647）
BIGINT	8 个字节（−9 233 372 036 854 775 808～9 223 372 036 854 775 807）

MySQL 支持的 5 个主要整型类型是 TINYINT、SMALLINT、MEDIUMINT、INT 和 BIGINT，这些类型在很大程度上是相同的，只是它们存储的值的大小是不相同的。

MySQL 以一个可选的显示宽度指示器的形式对 SQL 标准进行扩展，这样当从数据库检索一个值时，可以把这个值加长到指定的长度。例如，指定一个字段的类型为 INT(6)，就可以保证当所包含数字少于 6 个的值从数据库中检索出来时能够自动地用空格填充。需要注意的是，使用一个显示宽度指示器不会影响字段的大小，以及它可以存储的值的范围。

如果一个字段需要存储一个超出许可范围的数字，MySQL 会根据允许范围最接近它的一端截断后再进行存储；还有一个比较特别的地方是，MySQL 会在不符合规定的值插入表前自动修改为 0。

取值范围如果加了 UNSIGNED，则最大值翻倍，如 TINYINT UNSIGNED 的取值范围为（0～256）。

13.4.2　浮点型

浮点型数据类型及其含义如表 13-3 所示。

表 13-3　浮点型数据类型及其含义

MySQL 数据类型	含　义
FLOAT(m,d)	单精度浮点型，8 位精度（4 字节），m 表示总个数，d 表示小数位
DOUBLE(m,d)	双精度浮点型，16 位精度（8 字节），m 表示总个数，d 表示小数位

MySQL 支持的浮点类型有 FLOAT 和 DOUBLE 两种类型，FLOAT 数值类型用于表示单精度浮点数值，DOUBLE 数值类型用于表示双精度浮点数值。

与整型一样，这些类型也带有附加参数：一个是显示宽度指示器，另一个是小数点指示器。比如语句 FLOAT(7,3)规定显示的值不会超过 7 位数字，小数点后面有 3 位数字。如果现在插入一个数 123.45678，实际在数据库里存放的是 123.457，小数部分保留 3 位，但总位数还是以实际为准，即 6 位。

对于小数点后面的位数超过允许范围的值，MySQL 会自动将它四舍五入为最接近它的值，再插入它。

UNSIGNED 修饰符也可以被 FLOAT 和 DOUBLE 数据类型使用，并且效果与 INT 数据类型相同。

13.4.3　定点数

定点数也就是 DECIMAL 型，指的是数据的小数点的位置固定不变，也就是说小数点后面的位数是固定的。

DECIMAL 和 NUMERIC 在 MySQL 中被视为相同的类型，DECIMAL 数据类型用于精度要求非常高的计算中，这种类型允许指定数值的精度和计数方法作为选择参数。当声明该类型的列时，可以指定进度和标度，例如，在 DECIMAL(m,d)中，m 是精度，表示数据的总长度，也就是十进制数字的位数，不包括小数点；d 是标度，表示小数点后面的数字的位数。在 MySQL 5.1 中，m 的范围是 1～65，d 的范围是 0～30 且不能大于 m。

对于数值 123456789.12345，可以这样定义，m 为 14，d 为 5。

忽略 DECIMAL 数据类型的精度和计数方法修饰符将会让 MySQL 数据库把所有标识为这个数据类型的字段精度都设置为 10，计算方法设置为 0。

13.4.4　字符串

MySQL 提供了 8 个基本的字符串类型，分别是 CHAR、VARCHAR、BINARY、VARBINARY、BLOB、TEXT、ENUM 和 SET，如表 13-4 所示。

表 13-4　常见的字符串数据类型及其含义

MySQL 数据类型	含　　义
CHAR(n)	固定长度，最多 255 个字符
VARCHAR(n)	固定长度，最多 65535 个字符
TINYTEXT	可变长度，最多 255 个字符
TEXT	可变长度，最多 65535 个字符
MEDIUMTEXT	可变长度，最多 2^{24}-1 个字符
LONGTEXT	可变长度，最多 2^{32}-1 个字符

1．CHAR 和 VARCHAR

（1）若存入字符数小于 n，CHAR(n)将会用空格补于其后，查询之时再将空格去掉，所以 CHAR 类型存储的字符串末尾不能有空格，VARCHAR 在此则没有限制。

（2）若固定长度，例如，CAHR(4)不管存入几个字符，都将占用 4 个字节；VARCHAR 占用的字节数是存入的实际字符数+1 个字节（n≤255）或 2 个字节（n>255）。例如，VARCHAR(4)，存入 3 个字符时将占用 4 个字节。

（3）CHAR 类型的字符串检索速度要比 VARCHAR 类型快。

2．VARCHAR 和 TEXT

（1）VARCHAR 可指定 n，TEXT 不能指定，内部存储时 VARCHAR 占用的字节数是存入的实际字符数+1 个字节（n≤255）或 2 个字节（n>255），TEXT 占用的字节数是实际字符数+2 个字节。

（2）TEXT 类型不能有默认值。

（3）VARCHAR 可直接创建索引，TEXT 创建索引要指定前多少个字符；VARCHAR 查询速度快于 TEXT，在都创建索引的情况下，TEXT 的索引似乎不起作用。

13.4.5 二进制数据

常见的二进制数据类型及其含义如表 13-5 所示。

表 13-5 常见的二进制数据类型及其含义

MySQL 数据类型	含 义
TINYBLOB	不超过 255 个字符的二进制字符串
BLOB	二进制形式的长文本数据
MEDIUMBLOB	二进制形式的中等长度文本数据
LONGBLOB	二进制形式的极大文本数据

对于字段长度要求超过 255 个的情况，MySQL 提供了 TEXT 和 BLOB 两种类型。根据存储数据的大小，它们都有不同的子类型，可用于存储文本块或图像、声音文件等二进制数据类型。

TEXT 和 BLOB 类型在分类和比较上存在区别：BLOB 类型区分大小写，而 TEXT 不区分大小写；大小修饰符不用于 BLOB 和 TEXT 的子类型；比指定类型支持的最大范围大的值将被自动截断。

13.4.6 日期和时间类型

在处理日期和时间类型的值时，MySQL 带有 5 个不同的数据类型可供选择，它们可以被分成简单的日期和时间类型和混合日期时间类型，如表 13-6 所示。

表 13-6 常见的日期和时间类型及其含义

MySQL 数据类型	含 义
DATE	日期 2008-12-2
TIME	时间 12:25:36
YEAR	年份值
DATETIME	日期时间 2008-12-2 22:06:44
TIMESTAMP	自动存储记录修改时间

根据要求的精度，子类型在每个分类型中都可以使用，并且 MySQL 内置的功能可以把多样化的输入格式变为一个标准格式。

1．DATE、TIME 和 YEAR 类型

MySQL 使用 DATE 和 YEAR 类型存储简单的日期值，使用 TIME 类型存储时间值。这些类型可以描述为字符串或不带分隔符的整数序列，如果描述为字符串，DATE 类型的值应该使用连字号作为分隔符分开，而 TIME 类型的值应该使用冒号作为分隔符分开。

需要注意的是，没有冒号分隔符的 TIME 类型值，将会被 MySQL 理解为持续的时间，而不是时间戳。

MySQL 还对日期的年份中的两个数字的值，或者在 SQL 语句中为 YEAR 类型输入的两

个数字进行最大限度的通译，因为所有 YEAR 类型的值必须用 4 个数字存储。例如，MySQL 试图将两个数字的年份转换为 4 个数字的值，会把在 00~69 范围内的值转换为 2000~2069；把 70~99 范围内的值转换到 1970~1979。

如果 MySQL 自动转换后的值并不符合实际的需要，请输入 4 个数字表示的年份。

2．DATETIME 和 TIMESTAMP 类型

除了日期和时间数据类型，MySQL 还支持 DATETIME 和 TIMESTAMP 这两种混合类型，它们可以把日期和时间作为一个值进行存储。

这两种类型通常用于自动存储包含当前日期和时间的时间戳，并可在需要执行大量数据库事务，以及需要建立一个调试和审查用途的审计跟踪的应用程序中发挥良好作用。

如果我们对 TIMESTAMP 类型的字段没有明确赋值，或者赋予了 NULL 值，MySQL 会自动使用系统当前的日期和时间来填充它。

13.4.7　数据类型的属性

前面几节简要介绍了 MySQL 中常用的数据类型，下面将介绍一些常用的属性。

1．auto_increment

auto_increment 可为新插入的行赋予一个唯一的整数标识符。为列赋此属性后将为每个新插入的行赋值为上一次插入的 ID+1。

MySQL 要求将 auto_increment 属性用于作为主键的列，每个表只允许有一个 auto_increment 列。例如：

```
id smallint not null auto_increment primary key
```

2．binary

binary 属性只可用于 CHAR 和 VARCHAR 类型，当为列指定了该属性时，将以区分大小写的方式排序；反之，忽略 binary 属性时，将使用不区分大小写的方式排序。例如：

```
hostname char(25) binary not null
```

3．default

default 属性可确保在没有任何值可用的情况下，赋予某个常量值，这个值必须是常量，因为 MySQL 不允许插入函数或表达式值。此外，此属性无法用于 BLOB 或 TEXT 列。如果已经指定了 NULL 属性，没有指定默认值时默认值将为 NULL，否则默认值将依赖于字段的数据类型。例如：

```
subscribed enum('0', '1') not null default '0'
```

4．index

如果其他所有的因素都相同，要加速数据库查询，使用索引通常是最重要的一个方法。索引一个列时会为该列创建一个有序的键数组，每个键都指向其相应的表行，以后针对输入条件可以搜索这个有序的键数组，与搜索整个未索引的表相比，将在性能方面得到极大的提升。

```
create table employees
(
    id varchar(9) not null,
    firstname varchar(15) not null,
```

```
        lastname varchar(25) not null,
        email varchar(45) not null,
        phone varchar(10) not null,
        index lastname(lastname),
        primary key(id)
);
```

5. not null

如果将一个列定义为 not null，将不允许向该列插入 null 值。建议在重要情况下始终使用 not null 属性，因为它可以确保已经向查询传递了所有必要的值。

6. null

为列指定 null 属性时，不论行中其他列是否已经被填充，该列可以保持为空。注意，null 的准确说法是"无"，而不是空字符串或 0。

7. primary key

primary key 属性可用于确保指定行的唯一性。在指定为主键的列中，值不能重复，也不能为空。为指定为主键的列赋予 auto_increment 属性是很常见的，因为此列不必与行的数据有任何关系，而只是作为一个唯一标识符。主键又分为以下两种。

（1）单字段主键：如果输入数据库中的每行都有不可修改的唯一标识符，一般会使用单字段主键。注意，此主键一旦设置就不能再修改了。

（2）多字段主键：如果记录中任何一个字段都不能保证唯一性，则可以使用多字段主键，这时可将多个字段联合起来确保唯一性。如果出现这种情况，更好的方法是指定一个 auto_increment 整数作为主键。

8. unique

被赋予 unique 属性的列将确保所有值都是不同的，只是 null 值可以重复。一般会指定一个列为 unique，以确保该列的所有值都不同。例如：

```
email varchar(45) unique
```

9. zerofill

zerofill 属性可用于任何数值类型，其作用是用 0 填充所有剩余字段空间。例如，无符号 int 的默认宽度是 10，因此，当 int 值为 4 时，将表示为 0000000004。例如：

```
orderid int unsigned zerofill not null
```

13.5 MySQL 使用

13.5.1 登录 MySQL

使用命令行登录的方法为：

```
mysql -u 用户名 [-h 主机名或者 IP 地址] -p 密码
```

说明：用户名是要登录的用户；主机名或者 IP 地址为可选项，如果是本地连接则不需要，远程连接需要填写；密码是对应用户的密码。

注意:
- 该命令是在 Windows 命令行窗口下执行的，而不是 MySQL 的命令行;
- 输入 "-p" 后可以直接跟上密码，也可以按回车键，系统会提示输入密码，二者的效果相同;
- "-p 密码" 选项不一定要在最后;
- "-u" "-h" "-p" 后无空格。

例如，本地连接的命令如下，其界面如图 13-2 所示。

```
mysql  – uroot -p
```

远程连接的命令如下:

```
mysql  – uwgb  – hXXX.XXX.XXX.XXX  – p
```

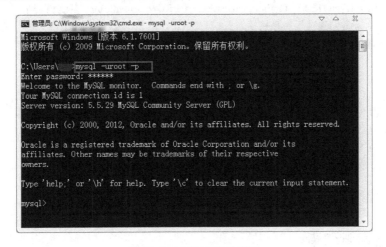

图 13-2　本地连接的界面

13.5.2　建库建表

1. 创建数据库

```
CREATE DATABASE IF NOT EXISTS database_name CHARACTER SET character_name; //创建数据库
```

例如:

```
CREATE DATABASE database_name CHARACTER SET gbk;
show databases;                    //显示所有数据库
use database_name;                 //进入数据库
show tables;                       //显示当前数据库下所有表格
```

2. 创建数据库表

```
CREATE TABLE IF NOTEXISTS tb_name(
    id int(5)
    UNSIGNED                       //无符号
    ZEROFILL                       //填满 0
    NOT NULL                       //不允许为空
```

```
    AUTO_INCREMENT                    //主键自动增长
    COMMENT '注释',
    PRIMARY KEY (field1, field2),    //定义主键
                INDEX key_name USING BTREE (field3)          //定义索引
                --UNIQUE INDEX | FULLTEXT INDEX  唯一  与   全文
                --BTREE | HASH  索引方式
    //定义外键
    CONSTRAINT key_name FOREIGN KEY (field1) REFERENCES db.tb(field2)
    ON DELETE SET NULL              //删除时的事件
    ON UPDATE RESTRICT              //更新时的事件
);
```

另外，还可以按下面的方法新建一个数据库表：

```
CREATE TABLE IF NOTEXISTS tb_new(SELECT * FROM db.table1); --复制另一张表的内容,填充到新
表, 若新表重名, 则省略创建过程, 直接插入数据
CREATE TABLE IF NOTEXISTS tb_new(LIKE db.table1); --复制另一表的结构
```

例如：

```
mysql> CREATE TABLE IF NOTEXISTS    productinfo (
    -> id INT,
    -> proname VARCHAR(20),
    -> proprice FLOAT(5,2),
    -> prodate DATETIME
    -> );
Query OK, 0 rows affected (0.06 sec)
```

13.5.3 数据增删改查

1. 数据插入

insert value 形式为：

```
insert into table_name value(1, '小明');
```

insert set 形式为：

```
insert into table_name set id = 2, name = '小红';
```

insert select 形式（复制其他表数据）为：

```
create table table_name1(id int, name VARCHAR(30));
insert into table_name1 value(10, '老王');
insert into table_name select * from table_name1;
```

例如，添加多条数据：

```
insert into table_name value(3, '小张'), (4, '小李');
```

2. 数据查询

查询表中的全部数据的方法为：

```
select * from table_name;
```

查询指定字段的数据的方法为：

```
select id, name from table_name;
```

在查询中使用别名的方法为：

```
select id as '编号', name as '姓名' from table_name;
```

根据单一条件查询数据的方法为：

```
select * from table_name where id = 1;
```

带 like 条件的查询的方法为：

```
select * from table_name where name like '%老%';
```

根据多个条件查询数据的方法为：

```
select * from table_name where id = 1 and(or) name = '小明';
```

对查询结果进行排序的方法为：

```
select * from table_name ORDER BY id desc(asc);
```

限制查询结果行数的方法为：

```
select * from table_name LIMIT 2;
```

3．数据更新

根据条件修改表中数据的方法为：

```
update table_name set name = '小韩' where id = 1;
```

根据顺序修改表中数据的方法为：

```
update table_name set   ORDER BY id desc/asc;(降序/升序)
```

限制行数修改的方法为：

```
update table_name set name = 'Naic' where id >= 10 LIMIT 2;
```

4．数据删除

删除表中所有数据的方法为：

```
delete from table_name;
truncate table table_name;
```

根据条件删除数据的方法为：

```
delete from table_name where id = 1;
```

按指定顺序删除数据的方法为：

```
delete from table_name order by id desc;
```

限制行数删除的方法为：

```
delete from table_name order by id desc LIMIT 1;
```

13.5.4　删除整个数据库

1. 数据库表的修改

```
alter table table_name ADD column_name | MODIFY column_name | DROP COLUMN column_name;
//修改表的操作
alter table productinfo ADD proquantity int;                    //添加列
alter table productinfo MODIFY proname VARCHAR(30);             //修改列宽
alter table productinfo CHANGE proname pronamenew VARCHAR(30);
//修改列名
alter table productinfo DROP COLUMN proquantity;               //删除列
```

2. 删除整个数据库

```
drop database database_name;
```

例如：

```
mysql> drop database test;
```

13.6　MySQL 接口使用

13.6.1　MySQL 中文完全参考手册

MySQL 中文参考手册的下载链接为：

http://www.yesky.com/imagesnew/software/mysql/manual_Introduction.html

该手册详细地介绍了如何使用可定制的 MySQL 数据库管理系统支持健壮的、可靠的、任务关键的应用程序，分别从 MySQL 的安装与配置，创建与使用数据库和表，数据的查询与运算，事务处理，MySQL 的管理与配置，备份与恢复，性能优化，MySQL 与 C、Perl、PHP 语言的开发接口等不同角度阐述了 MySQL 的特点，其内容比较全面，几乎涉及了与 MySQL 相关的所有主题。

MySQL 中文参考手册适合于准备用 MySQL 进行系统开发的设计人员和编程人员学习、参考，在学习本章的内容时可以参考该手册。该手册从最基本的 SQL 概念讲起，介绍如何在 Linux、UNIX 和 Windows 平台上安装、配置和测试 MySQL 数据库，如何使用 MySQL 的数据类型、语句、运算符和函数，如何利用数据定义语言（DDL）管理数据库和表，如何利用数据操纵语言（DML）添加、删除和查询记录，如何利用事务支持，如何实现 MySQL 的五层访问控制和权限系统，如何进行数据库优化、备份、恢复和复制，以及用 C、C++、Perl、Java、PHP 语言创建应用程序。

MySQL 中文参考手册可以帮助读者在自己的系统上学习如何更好地配置和使用 MySQL，无论是 MySQL 数据库的初学者，还是对创建基于 MySQL 的应用程序感兴趣的开发者，都可以在该手册中找到所需的理论和示例，这些实例提供了应用程序的源代码。读者在学习本章内容时，如果能很好地结合 MySQL 中文参考手册，就可以让自己的编程能力得到质的突破。

13.6.2 获取错误信息

1. mysql_errno()

函数原型为：

```
unsigned int mysql_errno(MYSQL *mysql)
```

描述：对于由 mysql 指定的连接，mysql_errno()返回最近调用的 API 函数的错误代码，该函数调用可能成功也可能失败，返回"0"表示未出现错误。MySQL 的头文件 errmsg.h 列出了客户端错误消息编号。

返回值：如果失败，返回上次 mysql_xxx()调用的错误代码；返回"0"表示未出现错误。

2. mysql_error()

函数原型为：

```
const char *mysql_error(MYSQL *mysql)
```

描述：对于由 mysql 指定的连接，如果最近调用的 API 函数失败，mysql_error()返回包含错误消息的、由 NULL 终结的字符串；如果该函数调用未失败，mysql_error()的返回值可能是以前的错误，或指明无错误的空字符串。

经验是，如果调用函数成功，所有向服务器请求信息的函数均会复位 mysql_error()。

对于复位 mysql_errno()的函数，下述两个测试是等效的。

```
if(mysql_errno(&mysql))
{
    //an error occurred
}
if(mysql_error(&mysql)[0] != '\0')
{
    //an error occurred
}
```

返回值：返回描述错误的、由 NULL 终结的字符串；如果未出现错误，返回空字符串。

13.6.3 连接服务器

1. mysql_init()

函数原型为：

```
MYSQL *mysql_init(MYSQL *mysql)
```

函数描述：用于分配或初始化与 mysql_real_connect()相适应的 MYSQL 对象。如果 mysql 是 NULL 指针，该函数将分配、初始化并返回新对象；否则，将初始化对象并返回对象的地址。如果 mysql_init()分配了新的对象，在调用 mysql_close()来关闭连接时，将释放该对象。

返回值：初始化的 MYSQL*句柄，如果没有足够内存供新的对象使用，则返回 NULL。

2. mysql_close()

函数原型为：

```
void mysql_close(MYSQL *mysql)
```

函数描述：用于关闭前面打开的连接，如果句柄是由 mysql_init()或 mysql_connect()自动分配的，mysql_close()还将解除分配

由 mysql 指向的连接句柄。

返回值：无。

3. mysql_real_connect()

函数原型为：

```
MYSQL *mysql_real_connect(MYSQL *mysql, const char *host, const char *user, const char *passwd,
const char *db, unsigned int port, const char *unix_socket, unsigned long client_flag)
```

函数描述：mysql_real_connect()尝试与运行在主机上的 MySQL 数据库引擎建立连接。在执行需要有效 MySQL 连接句柄结构的任何其他 API 函数之前，必须确保 mysql_real_connect()成功执行。

参数的指定方式如下：

第 1 个参数应是已有 MYSQL 结构的地址，调用 mysql_real_connect()之前，必须调用 mysql_init()来初始化 MYSQL 结构。通过 mysql_options()调用，可更改多种连接选项。

host 参数必须是主机名或 IP 地址。如果 host 是 NULL 或字符串 localhost，连接将被视为与本地主机的连接；如果操作系统支持套接字（UNIX）或命名管道（Windows），将使用它们而不是 TCP/IP 连接到服务器。

user 参数包含用户登录的 ID，如果 user 是 NULL 或空字符串，则用户将被视为当前用户，在 UNIX 环境下，它是当前的登录用户；在 Windows ODBC 下，必须明确指定当前用户名。

passwd 参数包含用户的密码，如果 passwd 是 NULL，仅会对该用户的（拥有 1 个空密码字段的）用户表中的条目进行匹配检查。这样，数据库管理员就能按特定的方式设置 MySQL 权限系统，根据用户是否拥有指定的密码，用户将获得不同的权限。

注意：

- 在调用 mysql_real_connect()之前，不要尝试加密密码，密码加密将由客户端 API 自动处理。
- db 是数据库名称，如果 db 为 NULL，连接会将默认的数据库设为该值。
- 如果 port 不是 0，其值将作为 TCP/IP 连接的端口号。注意，host 参数决定了连接的类型。
- 如果 unix_socket 不是 NULL，该字符串描述的是应使用的套接字或命名管道。注意，host 参数决定了连接的类型。
- client_flag 的值通常为 0，但也能将其设置为表 13-7 所示的标志组合，以完成特定功能。

表 13-7 client_flag 的值允许的标志组合

标 志 名 称	标 志 描 述
CLIENT_COMPRESS	使用压缩协议

标 志 名 称	标 志 描 述
CLIENT_FOUND_ROWS	返回发现的行数（匹配的），而不是受影响的行数
CLIENT_IGNORE_SPACE	允许在函数名后使用空格，使所有的函数名成为保留字
CLIENT_INTERACTIVE	关闭连接之前，允许 interactive_timeout 秒（取代了 wait_timeout）的不活动时间。客户端的会话 wait_timeout 变量被设为会话 interactive_timeout 变量的值
CLIENT_LOCAL_FILES	允许 LOAD DATA LOCAL 处理功能
CLIENT_MULTI_STATEMENTS	通知服务器，客户端可能在单个字符串内发送多条语句（由";"隔开）。如果未设置该标志，将禁止多语句执行
CLIENT_MULTI_RESULTS	通知服务器，客户端能够处理来自多语句执行或存储程序的多个结果集。如果设置了 CLIENT_MULTI_STATEMENTS，将自动设置 CLIENT_MULTI_RESULTS
CLIENT_NO_SCHEMA	禁止 db_name.tbl_name.col_name 语法，可用于 ODBC，如果使用了该语法，它会使分析程序生成错误，在捕获某些 ODBC 程序中的缺陷时会很有用
CLIENT_ODBC	客户端是 ODBC 客户端，它将 mysqld 变为 ODBC
CLIENT_SSL	使用 SSL（加密协议）。该选项不应由应用程序设置，它是在客户端内部设置的

返回值：如果连接成功，将返回 MYSQL*连接句柄；如果连接失败，将返回 NULL。对于成功的连接，返回值与第 1 个参数的值相同；如果连接错误，则错误如下：

- CR_CONN_HOST_ERROR：无法连接到 MySQL 服务器。
- CR_CONNECTION_ERROR：无法连接到本地 MySQL 服务器。
- CR_IPSOCK_ERROR：无法创建 IP 套接字。
- CR_OUT_OF_MEMORY：内存溢出。
- CR_SOCKET_CREATE_ERROR：无法创建 UNIX 套接字。
- CR_UNKNOWN_HOST：无法找到主机名的 IP 地址。

13.6.4　数据查询

1. mysql_query()

函数原型为：

```
int mysql_query(MYSQL *mysql, const char *query)
```

函数描述：执行由"NULL 终结的字符串"查询指向的 SQL 查询。正常情况下，字符串必须包含 1 条 SQL 语句，而且不应为语句添加终结分号"';'"或"\g"。如果允许多语句执行，字符串可包含多条由分号隔开的语句。

mysql_query()不能用于包含二进制数据的查询，应使用 mysql_real_query()取而代之，二进制数据可能包含字符"\0"，mysql_query()会将该字符解释为查询字符串结束。

返回值：如果查询成功，返回 0；如果出现错误，返回非 0 值。错误如下：

- CR_COMMANDS_OUT_OF_SYNC：以不恰当的顺序执行了命令。
- CR_SERVER_GONE_ERROR：MySQL 服务器不可用。
- CR_SERVER_LOST：在查询过程中，与服务器的连接丢失。
- CR_UNKNOWN_ERROR：出现未知错误。

2. mysql_store_result()

函数原型为：

MYSQL_RES *mysql_store_result(MYSQL *mysql)

函数描述：对于成功检索了数据的每个查询（SELECT、SHOW、DESCRIBE、EXPLAIN、CHECK TABLE 等），必须调用 mysql_store_result()或 mysql_use_result()；对于其他查询，不需要调用 mysql_store_result()或 mysql_use_result()，但是如果在任何情况下均调用了 mysql_store_result()，它也不会导致任何伤害或性能降低。通过检查 mysql_store_result()是否返回 0，可检测查询是否没有结果集。

如果希望了解查询是否应返回结果集，可调用 mysql_field_count()进行检查。

mysql_store_result()将查询的全部结果读取到客户端，并分配 1 个 MYSQL_RES 结构，用于将结果置于该结构中。

如果查询未返回结果集，mysql_store_result()将返回 NULL 指针（例如，如果查询是 INSERT 语句）。

如果读取结果集失败，mysql_store_result()也会返回 NULL 指针，通过检查 mysql_error()是否返回非空字符串，mysql_errno()是否返回非 0 值，或 mysql_field_count()是否返回 0，可以检查是否出现了错误。

如果未返回行，将返回空的结果集（空结果集不同于作为返回值的空指针）。

一旦调用了 mysql_store_result()并获得了不是 NULL 指针的结果，可调用 mysql_num_rows()来找出结果集中的行数。

可以调用 mysql_fetch_row()来获取结果集中的行，或调用 mysql_row_seek()和 mysql_row_tell()来获取或设置结果集中的当前行位置。

一旦完成了对结果集的操作，必须调用 mysql_free_result()。

返回值：具有多个结果的 MYSQL_RES 结果集合，如果出现错误，返回 NULL。

3. mysql_fetch_fields()

函数原型为：

MYSQL_FIELD *mysql_fetch_fields(MYSQL_RES *result)

函数描述：对于结果集，返回所有 MYSQL_FIELD 结构的数组，每个结构提供了结果集中 1 列的字段定义。

返回值：关于结果集中所有列的 MYSQL_FIELD 结构的数组。

例如：

```
unsigned int num_fields;
unsigned int i;
MYSQL_FIELD *fields;
num_fields = mysql_num_fields(result);
fields = mysql_fetch_fields(result);
for(i = 0; i < num_fields; i++)
{
    printf("Field %u is %s\n", i, fields[i].name);
}
```

4. mysql_num_fields()

函数原型为：

```
unsigned int mysql_num_fields(MYSQL_RES *result)
```

函数描述：返回结果集中的行数。

返回值：表示结果集中行数的无符号整数。

5. mysql_field_count()

函数原型为：

```
unsigned int mysql_field_count(MYSQL *mysql)
```

函数描述：返回作用在连接上的最近查询的列数。

该函数的正常使用是在 mysql_store_result()返回 NULL（因而没有结果集指针）时，在这种情况下，可调用 mysql_field_count()来判定 mysql_store_result()是否生成非空结果。这样，客户端就能采取恰当的动作，而无须知道查询是否是 SELECT（或类似 SELECT 的）语句。

返回值：表示结果集中列数的无符号整数。

6. mysql_fetch_row()

函数原型为：

```
MYSQL_ROW mysql_fetch_row(MYSQL_RES *result)
```

函数描述：用于检索结果集的下一行，在 mysql_store_result()之后使用时，如果没有要检索的行，mysql_fetch_row()返回 NULL；在 mysql_use_result()之后使用时，如果没有要检索的行或出现了错误，mysql_fetch_row()返回 NULL。

行内值的数目由 mysql_num_fields(result)给出，如果行中保存了调用 mysql_fetch_row()返回的值，将按照 row[0]到 row[mysql_num_fields(result)-1]访问这些值的指针。行中的 NULL 值由 NULL 指针指明。

可以通过调用 mysql_fetch_lengths()来获得行中字段值的长度，对于空字段及包含 NULL 的字段，长度为 0。通过检查字段值的指针，能够区分它们，如果指针为 NULL，则字段为 NULL，否则字段为空。

返回值：下一行的 MYSQL_ROW 结构，如果没有更多要检索的行或出现了错误，则返回 NULL。

7. mysql_fetch_lengths()

函数原型为：

```
unsigned long *mysql_fetch_lengths(MYSQL_RES *result)
```

函数描述：用于返回结果集内当前行的列的长度，如果打算复制字段值，该长度信息有助于优化代码，这是因为能避免调用 strlen()。此外，如果结果集包含二进制数据，必须使用该函数来确定数据的大小，原因是对于包含 NULL 字符的任何字段，strlen()将返回错误的结果。

对于空列及包含 NULL 值的列，其长度为 0。要想了解区分这两类情况的方法，请参见关于 mysql_fetch_row()的介绍。

返回值：无符号长整数的数组，表示各列的大小（不包括起终结作用的 NULL 字符）；

如果出现错误，则返回 NULL。

8. mysql_use_result()

函数原型为：

```
MYSQL_RES *mysql_use_result(MYSQL *mysql)
```

函数描述：对于成功检索数据的每个查询（SELECT、SHOW、DESCRIBE、EXPLAIN），必须调用 mysql_store_result()或 mysql_use_result()。

mysql_use_result()将初始化结果集检索，但并不像 mysql_store_result()那样将结果集读取到客户端，它必须通过 mysql_fetch_row()对每一行分别进行检索，这将直接从服务器读取结果，而不会将其保存在临时表或本地缓冲区内。与 mysql_store_result()相比，速度更快而且使用的内存也更少。客户端仅为当前行和通信缓冲区分配内存，分配的内存可增加到 max_allowed_packet 字节。

另一方面，如果客户端在为各行进行大量的处理操作，或者将输出发送到了用户可能会键入"^S"（停止滚动），就不应使用 mysql_use_result()，这会绑定服务器，并阻止其他线程更新任何表（数据是从这类表获得的）。

使用 mysql_use_result()时，必须执行 mysql_fetch_row()，直至返回 NULL 值，否则，未获取的行将作为下一个检索的一部分返回。C API 给出命令不同步错误，如果忘记了执行该操作，将不能运行该命令。

不应与从 mysql_use_result()返回的结果一起使用 mysql_data_seek()、mysql_row_seek()、mysql_row_tell()、mysql_num_rows()或 mysql_affected_rows()，也不应发出其他查询，直到 mysql_use_result()完成为止。提取了所有行后，mysql_num_rows()将准确返回提取的行数。

一旦完成了对结果集的操作，必须调用 mysql_free_result()。

返回值：返回 MYSQL_RES 结果结构，如果出现错误，则返回 NULL。

9. mysql_free_result()

函数原型为：

```
void mysql_free_result(MYSQL_RES *result)
```

函数描述：用于释放由 mysql_store_result()、mysql_use_result()、mysql_list_dbs()等为结果集分配的内存，完成对结果集的操作后，必须调用 mysql_free_result()释放结果集使用的内存。

返回值：无。

13.6.5 MySQL 的事务处理

MySQL 默认是自动提交的，也就是说，提交一个 QUERY，它就直接执行。我们可以通过设置"set autocommit=0"来禁止自动提交，设置"set autocommit=1"来开启自动提交。

MySQL 中 INNODB 引擎支持事务处理，默认是自动提交的；另外一种常用的 MYISAM 引擎是不支持事务的，本身就没有事务的概念。

1. mysql_commit()

函数原型为：

```
my_bool mysql_commit(MYSQL *mysql)
```

函数描述：提交当前事务。

该函数的动作由 completion_type 系统变量的值控制。如果 completion_type 的值为 2，终结事务并关闭客户端连接后，服务器将执行释放操作。客户端程序应调用 mysql_close()从客户端一侧关闭连接。

返回值：如果成功，返回 0；如果出现错误，返回非 0 值。

2．mysql_rollback()

函数原型为：

```
my_bool mysql_rollback(MYSQL *mysql)
```

函数描述：回滚当前事务。

该函数的动作取决于 completion_type 系统变量的值。如果 completion_type 的值为 2，终结事务后，服务器将执行释放操作，并关闭客户端连接。客户端程序应调用 mysql_close()从客户端一侧关闭连接。

返回值：如果成功，返回 0；如果出现错误，返回非 0 值。

13.6.6　索引

假设有一张表，表的数据有 10 万条，其中有一条数据是"nickname='css'"，如果要使用这条数据，方法为：

```
SELECT * FROM award WHERE nickname = 'css'
```

一般情况下，在没有建立索引的时候，MySQL 需要扫描全表及这 10 万条数据来查找这条数据，如果在 nickname 上建立索引，那么 MySQL 只需要扫描一行数据就可找到这条数据，性能会提高很多。

MySQL 的索引可分为单列索引（主键索引、唯一索引、普通索引）和组合索引。

● 单列索引：一个索引只包含一个列，一个表可以有多个单列索引。

● 组合索引：一个组合索引包含两个或两个以上的列。

1．索引的创建

（1）单列索引。

普通索引为：

```
CREATE INDEX IndexName ON 'TableName'('字段名'(length));
```

唯一索引为：

```
CREATE UNIQUE INDEX IndexName ON 'TableName'('字段名'(length));
```

（2）组合索引。一个表中含有多个单列索引并不表示就是组合索引，通俗一点讲，组合索引包含多个字段但是只有一个索引名称。格式为：

```
CREATE INDEX IndexName On 'TableName'('字段名'(length), '字段名'(length),...);
```

2．索引的删除

格式为：

```
DORP INDEX IndexName ON  'TableName' ;
```

3. 索引的优点

- 可以通过建立唯一索引或者主键索引，保证数据库表中每一行数据的唯一性。
- 建立索引可以大大提高检索数据的速率，并减少表的检索行数。
- 连接条件可以加速表与表连接。
- 在分组和排序字句进行数据检索，可以减少查询时间中分组和排序所消耗的时间（数据库的记录会重新排序）。
- 建立索引后，在查询中使用索引可以提高性能。

4. 索引的缺点

- 创建和维护索引会耗费时间，且所耗费的时间随着数据量的增加而增加。
- 索引文件会占用物理空间，除了数据表需要占用物理空间，每个索引也会占用一定的物理空间。
- 当对表的数据进行 INSERT、UPDATE、DELETE 操作时，索引也要动态维护，这样会降低数据的维护速度。建立索引会占用物理空间的索引文件，一般情况下这个问题不会太严重，但如果在一个大表上创建了多种组合索引，索引文件会占用很大的物理空间。

13.7　MySQL 案例

```cpp
#include <iostream>
#include <stdio.h>
#include <mysql/mysql.h>
#include <string.h>
using namespace std;

#define BEGIN_TRAN          "START TRANSACTION"
#define SET_TRAN            "SET AUTOCOMMIT=0"
#define UNSET_TRAN          "SET AUTOCOMMIT=1"
#define COMMIT_TRAN         "COMMIT"
#define ROLLBACK_TRAN       "ROLLBACK"

//开始事务
int mysql_BeginTran(MYSQL *mysql)
{
    int ret = 0;

    //执行事务开始 SQL
    ret = mysql_query(mysql, BEGIN_TRAN);
    if (ret != 0)
    {
        printf("func mysql_query() err: %d\n", ret);
        return ret;
    }
}
```

```
    //设置事务手动提交
    ret = mysql_query(mysql, SET_TRAN);
    if (ret != 0)
    {
        printf("func mysql_query() err: %d\n", ret);
        return ret;
    }

    return ret;
}

//事务回滚
int mysql_Rollback(MYSQL *mysql)
{
    int ret = 0;

    //事务回滚操作
    ret = mysql_query(mysql, ROLLBACK_TRAN);
    if (ret != 0)
    {
        printf("func mysql_query() err: %d\n", ret);
        return ret;
    }

    //恢复事务自动提交标志
    ret = mysql_query(mysql, UNSET_TRAN);
    if (ret != 0)
    {
        printf("func mysql_query() err: %d\n", ret);
        return ret;
    }

    return ret;
}

//事务提交
int mysql_Commit(MYSQL *mysql)
{
    int ret = 0;

    //执行事务提交 SQL
    ret = mysql_query(mysql, COMMIT_TRAN);
    if (ret != 0)
    {
        printf("func mysql_query() err: %d\n", ret);
        return ret;
    }
```

```c
    //恢复自动提交设置
    ret = mysql_query(mysql, UNSET_TRAN);
    if (ret != 0)
    {
        printf("func mysql_query() err: %d\n", ret);
        return ret;
    }


    return ret;
}

//初始化
MYSQL * init_mysql()
{
    MYSQL *mysql    = mysql_init(NULL);

    MYSQL *connect_mysql = mysql_real_connect(mysql, NULL, "root", "123456", "mydb2", 0, NULL, 0);
    if (connect_mysql == NULL)
    {
        printf ("connect to server failed : %s\n", mysql_error(mysql));
        return NULL;
    }

    //解决中文乱码问题，设置支持中文显示
    mysql_query(mysql, "set names utf8");

    return mysql;
}

//语句执行
int mysql_exec(MYSQL *mysql, const char *sql)
{
    //执行数据库语句
    int ret = mysql_query(mysql, sql);
    if (ret != 0)
    {
        printf ("执行语句出错: %s\n", mysql_error(mysql));
        return -1;
    }

    //将查询结果下载到本地
    MYSQL_RES *result = mysql_store_result(mysql);
    if (result == NULL)
    {
        if (mysql_errno(mysql) == 0)
        {
            printf ("Query OK\n");
            return 0;
```

```
                }
            else
            {
                    printf ("获取结果出错: %s\n", mysql_error(mysql));
                    return -1;
            }
        }

        //获取每一条记录有多少列
        unsigned int column = mysql_num_fields(result);

        //获取查询到结果的字段
        MYSQL_FIELD * fields = mysql_fetch_fields(result);
        for(int i = 0; i < column; i++)
        {
            printf("%-8s", fields[i].name);
        }
        printf ("\n");

        //获取每一行数据并打印
        MYSQL_ROW row;
        while(row = mysql_fetch_row(result))
        {
            for (int i = 0; i < column; i++)
            {
                    printf ("%-8s", row[i]);
            }

            printf ("\n");
        }

        mysql_free_result(result);

        return 0;
}

int main()
{
        MYSQL * mysql = init_mysql();

        //开启事务
        mysql_BeginTran(mysql);

        const char *sql = "insert into students values(NULL, \"abc\", \"男\", 20, \"13811371377\")";

        mysql_exec(mysql, sql);
        mysql_exec(mysql, sql);
        mysql_exec(mysql, sql);
```

```
        mysql_exec(mysql, sql);

        getchar();

        //事务提交
        mysql_Commit(mysql);
        return 0;
}
```

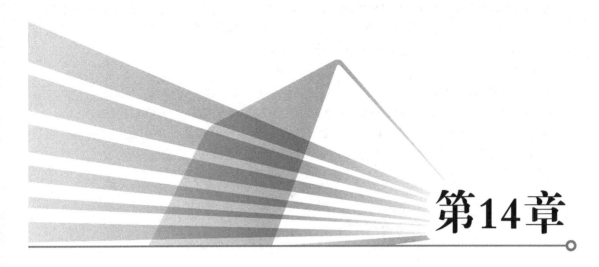

第14章

Qt 入门

14.1 Qt 简介

Qt 是一个跨平台应用程序和 UI 开发框架，使用 Qt 时，只需一次性开发应用程序，无须重新编写源代码，便可在不同桌面和嵌入式操作系统部署这些应用程序。Qt 的前身为创始于 1994 年的 Trolltech（奇趣科技），Trolltech 于 2008 年 6 月被 Nokia 收购，加速了其跨平台开发战略，2011 年 3 月 Qt 被芬兰的 Digia 公司收购。

Qt 是事实上的标准 C++框架，用于高性能的跨平台软件开发。除了拥有扩展的 C++类库，Qt 还提供了许多可用来直接快速编写应用程序的工具。此外，Qt 还具有跨平台能力并能提供国际化支持，这使得 Qt 应用程序的市场应用范围极为广泛。

Qt Creator 是全新的跨平台 Qt IDE（集成开发环境），可单独使用，也可与 Qt 库和开发工具组成一套完整的 SDK（软件开发工具包）。Qt Creator 包括：高级 C++代码编辑器、项目和生成管理工具、集成的上下文相关的帮助系统、图形化调试器、代码管理和浏览工具。

14.1.1 Qt Creator 的下载与安装

为了避免由于开发环境的版本差异而产生的问题，推荐在学习本书前下载和本书相同的软件版本。本书使用 Qt 5.6.1 版本，其中包含了 Qt Creator 4.0.1，在 "http://download.qt.io/official_releases/qt/5.6/5.6.1-1/" 中下载 Qt 安装包 "qt-opensource-windows-x86-mingw492-5.6.1-1.exe"，其中 opensource 表示开源版本，Windows-x86 表示 Windows 32 位平台，mingw 表示使用 MinGW 编译器，5.6.1-1 是当前版本号。

MinGW 即 Minimalist GNU For Windows，是将 GNU 开发工具移植到 Win32 平台下的产物，是一套 Windows 上的 GNU 工具集，用它开发的程序不需要额外的第三方 DLL 支持就可以直接在 Windows 下运行。更多内容请查看 http://www.mingw.org。

安装注意：

● 安装路径名中不能有中文。

● 安装开始是否登录或者注册 Qt 账号，不会影响程序的安装，可以直接跳过。

● 在选择组件界面（见图 14-1），可以有选择地安装一些模块，单击某个组件后，可以在其右侧显示该组件的详细介绍，建议初学者选择默认的设置。

图 14-1　选择组件界面

14.1.2　Qt Creator 环境介绍

Qt Creator 主要由主窗口区、菜单栏、模式选择器、构建套件选择器、定位器和输出窗格等部分组成，如图 14-2 所示。

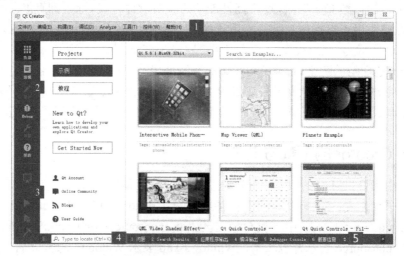

图 14-2　Qt Creator 界面的组成

（1）菜单栏（Menu Bar）：有8个菜单选项，包含了常用的功能菜单。

● 文件菜单：包含新建、打开、关闭项目和文件，打印文件，退出等基本功能菜单。

● 编辑菜单：包含撤销、剪切、复制、查找和选择编码等常用功能菜单，在高级菜单中还有标示空白符、折叠代码、改变字体大小和使用 vim 风格编辑等功能菜单。

● 构建菜单：包含构建和运行项目等相关的功能菜单。

● 调试菜单：包含调试程序等相关的功能菜单。

● Analyze 菜单：包含 QML 分析器、Valgrind 内存和功能分析器等相关的功能菜单。

● 工具菜单：包含快速定位菜单、版本控制工具菜单和外部工具菜单等，这里的选项菜单中包含了 Qt Creator 各个方面的设置选项，如环境设置、文本编辑器设置、帮助设置、构建和运行设置、调试器设置和版本控制设置等。

● 控件菜单：包含设置窗口布局的一些菜单，如全屏显示和隐藏边栏等。

● 帮助菜单：包含 Qt 帮助、Qt Creator 版本信息、报告 bug 和插件管理等菜单。

（2）模式选择器（Mode Selector）。Qt Creator 包含欢迎、编辑、设计、调试、项目和帮助6个模式，每个模式完成不同的功能，也可以使用快捷键来更换模式，它们对应的快捷键分别是 Ctrl+数字 1～6。

● 欢迎模式：主要提供了一些功能的快捷入口，如打开帮助教程、打开示例程序、打开项目、新建项目、快速打开以前的项目和会话、连网查看 Qt 官方论坛和博客等。

● 编辑模式：主要用来查看和编辑程序代码、管理项目文件，也可以在"工具→选项"菜单项中对编辑器进行设置。

● 设计模式：这里整合了 Qt 设计师的功能，可以在这里设计图形界面，进行部件属性设置、信号和槽设置、布局设置等操作，也可以在"工具→选项"菜单项中对 Qt 设计师进行设置。

● 调试模式：支持设置断点、单步调试和远程调试等功能，包含局部变量、监视器、断点、线程及快照等查看窗口，可以在"工具→选项"菜单项中设置调试器的相关选项。

● 项目模式：包含对特定项目的构建设置、运行设置、编辑器设置、代码风格设置和依赖关系等页面，可以在"工具→选项"菜单项中对项目进行设置。

● 帮助模式：在帮助模式中将 Qt 助手整合了进来，包含目录、索引、查找和书签等几个导航模式，可以在"工具→选项"菜单中对帮助进行相关设置。

（3）构建套件选择器（Kit Selector）：包含了目标选择器（Target selector）、运行按钮（Run）、调试按钮（Debug）和构建按钮（Building）4 个图标。目标选择器用来选择要构建的项目、使用的 Qt 库，这对于多个 Qt 库的项目很有用，还可以选择编译项目的 Debug 版本或 Release 版本；运行按钮可以实现项目的构建和运行；调试按钮可以进入调试模式，开始调试程序；构建按钮可以完成项目的构建。

（4）定位器（Locator）：在 Qt Creator 中可以使用定位器来快速定位项目、文件、类、方法、帮助文档及文件系统，可以使用过滤器来更加准确地定位要查找的结果，可以在"工具→选项"菜单项中设置定位器的相关选项。

（5）输出窗格（Output panes）：包含了问题、搜索结果、应用程序输出、编译输出、Debugger Console、概要信息、版本控制 7 个选项，它们分别对应一个输出窗口，相应的快捷键分别是 Alt+数字 1～7。问题窗口可显示程序编译时的错误和警告信息；搜索结果窗口可显示执行了搜索操作后的结果信息；应用程序输出窗口可显示在应用程序运行过程中输出的所有信息；

编译输出窗口可显示程序编译过程输出的相关信息；版本控制窗口可显示版本控制的相关输出信息。

将 Qt Creator 与 Qt 库进行关联的方法为：选择"工具→选项"菜单项，然后选择"构建和运行"项，可以看到构建套件中已经自动检测到了 Qt 版本、编译器和调试器，如图 14-3 所示。如果以后需要添加其他版本的 Qt，可以在这里先添加编译器，然后添加 Qt 版本，最后添加构建套件。

图 14-3　Qt Creator 与 Qt 库进行关联的方法

14.2　Hello World

什么是 Hello World 程序？

Hello World 程序就是让应用程序显示字符串 Hello World。这是最简单的应用，但却包含了一个应用程序的基本要素，所以一般使用它来演示程序的创建过程。本节要介绍的就是在 Qt Creator 中创建一个图形用户界面的项目，来生成一个可以显示字符串 Hello World 的程序。

14.2.1　编写 Hello World 程序

新建 Qt Widgets 应用的步骤如下。

（1）选择项目模板。打开"文件→新建文件或项目"菜单项（也可以使用 Ctrl+N 快捷键，或者单击欢迎模式中的"New Project"按钮），在"选择一个模板"页面选择"Application"中的"Qt Widgets Application"，然后单击"Choose"按钮，如图 14-4 所示。

（2）输入项目信息。在"项目介绍和位置"页面输入项目的名称为 helloworld，然后单击创建路径右边的"浏览"按钮选择源码路径，例如这里是"G:\share\qttest"。如果选中了这里的"设为默认的项目路径"，那么以后创建的项目会默认使用该目录，如图 14-5 所示。注意：项目名和路径中都不能出现中文。

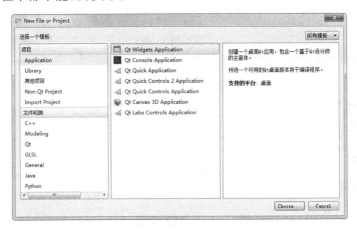

图 14-4　新建文件或项目界面

图 14-5　项目介绍和位置页面

（3）选择构建套件。这里显示的 Desktop Qt 5.6.1 就是在 14.1 节介绍的构建套件，下面默认为 Debug 版本（调试版本）和 Release 版本（发布版本）分别设置了两个不同的目录，如图 14-6 所示。

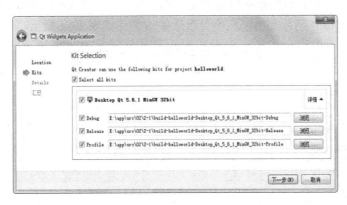

图 14-6　选择构建套件

（4）输入类信息。在"类信息"页面中创建一个自定义类。这里设定基类为 QDialog，类名为 HelloDialog，表明该类继承自 QDialog 类，如图 14-7 所示，使用这个类可以生成一个对话框界面，这时下面的头文件、源文件和界面文件都会自动生成，保持默认即可。

图 14-7　类信息页面

（5）设置项目管理。在这里可以看到这个项目的汇总信息，如图 14-8 所示，还可以使用版本控制系统，这个项目不会涉及，所以可以直接单击"完成"按钮。

图 14-8　项目管理页面

到此为止，一个 Qt 窗口的模板就建好了，接下来介绍一下 Qt Creator 的界面设计使用方法。这里以 Hello World 项目为例，该项目目录中的文件如表 14-1 所示。

表 14-1　项目目录中的文件说明

文　　件	说　　明
helloworld.pro	该文件是项目文件，其中包含了项目相关信息
helloworld.pro.user	该文件中包含了与用户有关的项目信息
hellodialog.h	该文件是新建的 HelloDialog 的头文件
hellodialog.cpp	该文件是新建的 HelloDialog 的源文件
main.cpp	该文件中包含了 main()主函数
hellodialog.ui	该文件是 Qt Creator 设计的界面对应文件

在 Qt Creator 的编辑模式下双击项目文件列表中的 hellodialog.ui 文件，便可进入设计模式，设计模式的界面如图 14-9 所示。

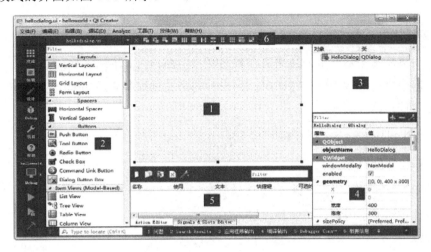

图 14-9　设计模式的界面

（1）主设计区：就是图中的中间部分，这里主要用来设计界面和编辑各个部件的属性。

（2）部件列表窗口（Widget Box）：这里分类罗列了各种常用的标准部件，可以使用鼠标将这些部件拖入主设计区并放到主设计区中的界面上。

（3）对象查看器（Object Inspector）：这里列出了界面上所有部件的对象名称和父类，而且以树状结构显示各个部件的所属关系，在这里可以通过单击对象来选中相应的部件。

（4）属性编辑器（Property Editor）：这里显示了各个部件的常用属性信息，可以在这里更改部件的一些属性，如大小、位置等。这些属性按照从祖先继承的属性、从父类继承的属性和自己的属性的顺序进行了分类。

（5）动作（Action）编辑器与信号和槽编辑器：在这里可以对相应的对象内容进行编辑，因为现在还没有涉及这些内容，所以放到以后使用时再介绍。

（6）常用功能图标：单击最上面的侧边栏中的前 4 个图标可以进入相应的模式，分别是窗口部件编辑模式（这是默认模式）、信号和槽编辑模式、伙伴编辑模式和 Tab 顺序编辑模式。后面的几个图标用来实现添加布局管理器，以及调整大小等功能。

设计界面：从部件列表中找到 Label（标签）部件，然后按着鼠标左键将它拖到主设计区的界面上，再双击它进入编辑状态后输入"Hello World! 你好 Qt!"字符串，如图 14-10 所示。

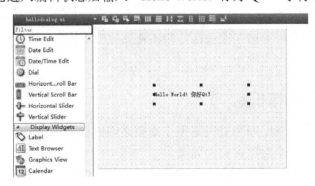

图 14-10　设计的界面

到此为止，Helloworld 程序设计结束，可以使用快捷键 Ctrl+R 或者通过单击图 14-9 中左下角的"运行"按钮来运行程序。

14.2.2　添加一个按钮

在设计的界面中添加一个按钮的方法有两种：一种是如同上面介绍的拖放一个 Label 一样，从设计器中直接拖放一个按钮即可；另一种则是通过程序来添加一个按钮。

（1）包含按钮的头文件。

```
#include <QPushButton>
```

（2）创建按钮的对象。

```
QPushButton button;
```

（3）设置按钮显示内容，有两种设置方式：

① 在创建对象时直接设置。

```
QPushButton* btn = new QPushButton("exit");
```

② 通过内部成员函数设置。

```
btn->setText("exit");
```

（4）设置对象的父子关系，将当前窗口对象设置为 btn 的父对象。

```
btn->setParent(this);
```

程序如下所示。

```
#include <QPushButton>

HelloDialog::HelloDialog(QWidget *parent) :
    QDialog(parent),
    ui(new Ui::HelloDialog)
{
    ui->setupUi(this);
    QPushButton* btn = new QPushButton("exit");
    btn->setParent(this);
    btn->show();
}
```

注意：父子关系是指对象的父子关系，而不是类的父子关系；窗口的 show() 的前后顺序不同，显示会不一样。

14.2.3　Qt 的信号和槽机制

Qt 提供的信号和槽机制，可以让任意两个对象之间进行消息处理，其作用就是让一个对象产生的信号能够被另一个对象接收并处理。

Qt 基本所有的对象都集成在 QObject 对象中，在这个对象中有一个静态函数 connect(..)，该函数可以让一个对象产生的信号能够被另一个对象接收并处理。

```
QObject::connect(&button, SIGNAL(clicked()), &w, SLOT(close()));
```

第一个参数是要发送消息的对象（一定要是 QObject 子类对象），这里为按钮对象 button；第二个参数是要发送的信号，用 SIGNAL 宏将其转化为 char*类型，这里为 button 的单击事件；第三个参数是接收信号的对象（也是 QObject 子类对象），这里是窗口对象 w；第四个参数是接收信号的处理方式，使用 SLOT 将其转化为 char*类型，这里为窗口对象的槽函数 close。

前两个参数称为信号，后两个参数称为槽。经过这样的连接之后，按钮 button 的 clicked() 函数和窗口对象 w 的 close()函数就进行了绑定，调用 button 的 clicked()函数就相当于调用了窗口对象 w 的 close()函数。这种方式的好处是可以将两个独立的模块通过第三方连接起来，降低了设计的耦合性。

14.2.4　程序的发布和运行

可以使用快捷键 Ctrl+R 或者单击左下角的"运行"按钮来运行程序，其结果如图 14-1 所示。

图 14-11　程序运行结果

现在项目目录中的文件可以发现，"E:\app\src\02\2-1"目录下又多了一个文件夹，默认的构建目录是"build-helloworld-Desktop_Qt_5_6_1_MinGW_32bit-Debug"，项目目录如图 14-12 所示。

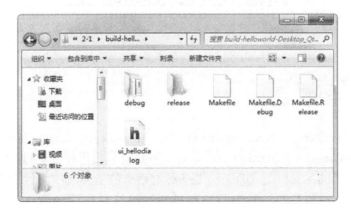

图 14-12　项目目录

- Qt Creator 将项目源文件和编译生成的文件进行了分类存放。
- helloworld 文件夹中是项目源文件，而现在这个文件夹存放的是编译后生成的文件，进入该文件夹可以看到这里有 3 个 Makefile 文件和 1 个 ui_hellodialog.h 文件，还有 debug 和 release 两个目录。
- 现在 release 文件夹是空的，进入 debug 文件夹，这里有 3 个.o 文件和 1 个.cpp 文件，它们是编译时生成的中间文件，可以不必管它，而剩下的一个 helloworld.exe 文件便是生成的可执行文件。

双击 helloworld.exe 文件，弹出如图 14-13 所示的警告对话框，提示缺少 Qt5Cored.dll 文件，其原因是应用程序运行是需要动态链接库（DLL）的。

图 14-13　提示缺少 Qt5Cored.dll 文件

解决方案：可以直接将"C:\Qt\Qt5.6.1\5.6\mingw49_32\bin"目录加入系统 Path 环境变量中，这样程序运行时就可以自动找到 bin 目录中的 Qt5Cored.dll 文件了。

注意："; C:\Qt\Qt5.6.1\5.6\mingw49_32\bin"前面应该有个英文分号。

现在程序已经编译完成，那么怎样来发布它，让它在别人的计算机上也能运行呢？首先在 Qt Creator 中对 helloworld 程序进行 Release 版本的编译。在左下角的目标选择器（Target selector）中将构建目标设置为 Release，如图 14-14 所示。

图 14-14　对 helloworld 进行 Release 版本的编译

14.3　窗口部件

在 14.2 节中第一次建立 Hello World 程序时，曾看到 Qt Creator 提供的默认基类只有 QMainWindow、QWidget 和 QDialog 三种，这三种也是以后用得最多的，QMainWindow 是带有菜单栏和工具栏的主窗口类，QDialog 是各种对话框的基类，而二者全部继承自 QWidget。不仅如此，其实所有的窗口部件都继承自 Qwidget，如图 14-15 所示。

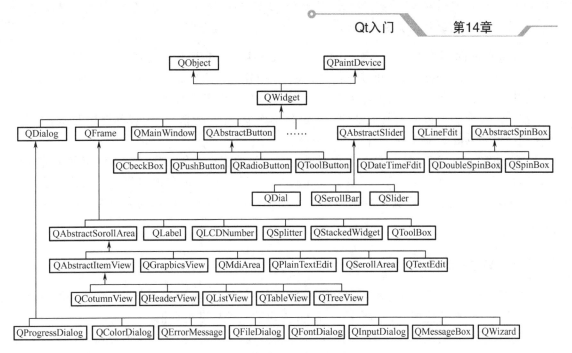

图 14-15　Qt 的窗口部件

14.3.1　基础窗口部件 QWidget

QWidget 是所有用户界面对象的基类，也称为基础窗口部件。QWidget 继承自 QObject 类和 QPaintDevice 类，其中 QObject 是所有支持 Qt 对象模型（Qt Object Model）的对象的基类，QPaintDevice 类是所有可以绘制的对象的基类。

例如下面的代码片段。

```
//新建 QWidget 类对象，默认 parent 参数是 0，所以它是个窗口
QWidget *widget = new QWidget();
//设置窗口标题
widget->setWindowTitle(QObject::tr("我是 widget"));
//新建 QLabel 对象，默认 parent 参数是 0，所以它是个窗口
QLabel *label = new QLabel();
label->setWindowTitle(QObject::tr("我是 label"));
//设置要显示的信息
label->setText(QObject::tr("label:我是个窗口"));
//改变部件大小，以便能显示出完整的内容
label->resize(180, 20);
//label2 指定了父窗口为 widget，所以不是窗口
QLabel *label2 = new QLabel(widget);
label2->setText(QObject::tr("label2:我不是独立窗口，只是 widget 的子部件"));
label2->resize(250, 20);
//在屏幕上显示出来
label->show();
widget->show();
```

在程序中定义了一个 QWidget 类对象的指针 widget 和两个 QLabel 对象指针 label 与

label2，其中 label 没有父窗口，而 label2 在 widget 中，widget 是其父窗口。

窗口部件（Widget）在这里简称部件，是 Qt 中建立用户界面的主要元素，如主窗口、对话框、标签，以及后文要介绍的按钮、文本输入框等都是窗口部件。

在 Qt 中，把没有嵌入到其他部件中的部件称为窗口，一般情况，窗口都有边框和标题栏，就像程序中的 widget 和 label 一样。

QMainWindow 和大量的 QDialog 子类是最一般的窗口类型，窗口是指没有父部件的部件，所以又称为顶级部件（Top-Level Widget）。与其相对的是非窗口部件，又称为子部件（Child Widget）。在 Qt 中大部分部件被用作子部件，它们嵌入在别的窗口中，如程序中的 label2。

14.3.2 对话框 Qdialog

本节先介绍对话框，然后介绍两种不同类型的对话框，再介绍一个由多个窗口组成且窗口间可以相互切换的程序，最后介绍一下 Qt 提供的几个标准对话框。

模态对话框是指在没有关闭它之前，不能再与同一个应用程序的其他窗口进行交互，如新建项目时弹出的对话框。要想使一个对话框成为模态对话框，只需要调用它的 exec()函数，例如：

```
QDialog dialog(this);
dialog.exec();
```

而对于非模态对话框，既可以与它交互，也可以与同一程序中的其他窗口交互，例如 Microsoft Word 中的查找和替换对话框。要使一个对话框成为非模态对话框，可以使用 new 操作来创建，然后使用 show()函数来显示。

```
QDialog *dialog = new QDialog(this);
dialog->show();
```

使用 show()函数也可以建立模态对话框，只需在其前面使用 setModal()函数即可，例如：

```
QDialog *dialog = new QDialog(this);
dialog->setModal(true);
dialog->show();
```

现在运行程序，可以看到生成的是模态对话框。但是，它与用 exec()函数生成的效果是不一样的。这是因为调用完 show()函数后会立即将控制权交给调用者，程序可以继续往下执行；而调用 exec()函数却不是这样，它只有当对话框被关闭时才会返回。

与 setModal()函数相似的还有一个 setWindowModality()函数，它是由一个参数来设置模态对话框要阻塞的窗口类型的，例如：

● Qt::NonModal：不阻塞任何窗口，即非模态对话框。

● Qt::WindowModal：阻塞它的父窗口、所有祖先窗口，以及它们的子窗口。

● Qt::ApplicationModal：阻塞整个应用程序的所有窗口。

而 setModal()函数默认设置的是 Qt::ApplicationModal。

1. 颜色对话框（见图 14-16）

例如：

```
QColor color = QColorDialog::getColor(Qt::red, this, tr("颜色对话框"));
qDebug() << "color: " << color;
```

这里使用了 QColorDialog 的静态函数 getColor()来获取颜色，它的三个参数的作用分别是设置初始颜色、父窗口和对话框标题，这里的 Qt::red 是 Qt 预定义的颜色对象。

如果想要更灵活的设置方式，可以先创建对象，然后进行各项设置。

```
void MyWidget::on_pushButton_clicked()
{
    QColorDialog dialog(Qt::red,this);                      //创建对象
    dialog.setOption(QColorDialog::ShowAlphaChannel);       //显示 alpha 选项
    dialog.exec();                                          //以模态方式运行对话框
    QColor color = dialog.currentColor();                   //获取当前颜色
    qDebug()<<"color:"<<color;                             //输出颜色信息
}
```

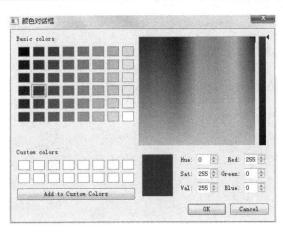

图 14-16　颜色对话框

2. 文件对话框和消息对话框

QFileDialog 是文件对话框，本节将使用 QFileDialog 来打开一个文本文件，并将修改过的文件保存到硬盘。在程序中还用到了 QMessageBox 消息对话框，用于提示一些消息。

```
void MainWindow::openFile()
{
    QString path = QFileDialog::getOpenFileName(this,
                        tr("Open File"), ".", tr("Text Files(*.txt)"));
    if(!path.isEmpty())
    {
        QFile file(path);
        if (!file.open(QIODevice::ReadOnly | QIODevice::Text))
        {
            QMessageBox::warning(this, tr("Read File"),
                        tr("Cannot open file:\n%1").arg(path));
```

```
            return;
        }
        QTextStream in(&file);
        textEdit->setText(in.readAll());
        file.close();
    }
    else {
        QMessageBox::warning(this, tr("Path"),
                                tr("You did not select any file."));
    }
}
void MainWindow::saveFile()
{
    QString path = QFileDialog::getSaveFileName(this,
                                tr("Open File"),
                                ".",
                                tr("Text Files(*.txt)"));
    if(!path.isEmpty())
    {
        QFile file(path);
        if (!file.open(QIODevice::WriteOnly | QIODevice::Text))
        {
            QMessageBox::warning(this, tr("Write File"),
                                tr("Cannot open file:\n%1").arg(path));
            return;
        }
        QTextStream out(&file);
        out << textEdit->toPlainText();
        file.close();
    }
    else {
        QMessageBox::warning(this, tr("Path"),
                                tr("You did not select any file."));
    }
}
```

QFileDialog::getOpenFileName()的返回值是选择的文件路径，我们将其赋值给 path，通过判断 path 是否为空，可以确定用户是否选择了某一文件。只有当用户选择了一个文件时，我们才执行下面的操作。在 saveFile()中使用的 QFileDialog::getSaveFileName()也是类似的。使用这种静态函数，在 Windows、MacOS 上都是直接调用本地对话框的，但 Linux 则是 QFileDialog 自己的模拟。这就暗示，如果不使用这些静态函数，而是直接使用 QFileDialog 进行设置，就像 QMessageBox 的设置一样，那么得到的对话框很可能与系统对话框的外观不一致，这一点是需要注意的。

打开文件对话框的界面如图 14-17 所示。

图 14-17　打开文件对话框界面

保存文件对话框的界面如图 14-18 所示。

图 14-18　保存文件对话框界面

消息对话框的界面如图 14-19 所示。

图 14-19　消息对话框界面

14.3.3　其他窗口部件

1．文本输入框 QLineEdit

头文件为 QLineEdit，使用方法为：

```
QWidget w;
QLineEdit lineEdit;
```

```
lineEdit.setParent(&w);
w.show();
```

这是一个基本的输入框，我们可以更改输入框的一些属性，以适应不同的场合。Qt 中有一些宏定义了输入框的不同行为，例如：

```
enum EchoMode { Normal, NoEcho, Password, PasswordEchoOnEdit };
```

其中，Normal 表示正常输入模式；NoEcho 表示输入的时候不显示；Password 表示密码方式显示；PasswordEchoOnEdit 表示密码输入的时候为明文，切换焦点以后就变为密码模式。可以通过设置输入模式方法更改输入模式，例如

```
lineEdit.setEchoMode(QLineEdit::Password);
```

2. 获取文本 lineEdit.text()

通过 text 方法获取输入框的文本内容时，返回的是一个 QString 字符串，例如：

```
lineEdit.text();
```

3. 自动补全

```
QCompleter *completer = new QCompleter(QStringList() << "123" << "1234" <<  "1abc" << "wang" <<
"li" << "zhang");
lineEdit.setCompleter(completer);
```

通过设置 completer 的匹配模式能进行不同模式下的字符匹配，例如：

```
completer->setFilterMode(Qt::MatchFlag::MatchContains);
```

4. 坐标系统

窗体类中有一个 setGeometry 方法可以设置窗体的位置，控件也是窗体，控件也可以通过这个函数设置自己的位置，例如：

```
button.setGeometry(30, 30, 100, 30);
```

这个按钮坐标的位置为（30，30），宽度为 100，高度为 30。

注意：

（1）坐标以左上角为原点，往左为 X 轴正向，往下为 Y 轴正向，控件位置是相对于原点的位置。

（2）在设置某个对象的位置时用的坐标体系是其父对象的坐标体系，也就是说，对象设置的位置是相对于其父对象而言的。

5. 文本显示 QLabel

除了最常用的显示文本外，也可以显示图片，例如：

```
ui->label->setPixmap(QPixmap("F:/logo.png"));
```

还可以显示 gif 动态图片，例如：

```
QMovie *movie = new QMovie("F:/donghua.gif");
ui->label->setMovie(movie);        //在标签中添加动画
movie->start();
```

14.4　布局管理

对于一个完善的软件，布局管理是必不可少的。无论是想要界面中部件有一个很整齐的排列，还是想要界面能适应窗口的大小而变化，都要进行布局管理。Qt 主要提供了 QLayout 类及其子类来作为布局管理器，它们可以实现常用的布局管理功能。Qt 的布局结构如图 14-20 所示。

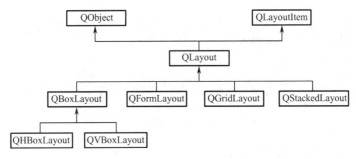

图 14-20　Qt 的布局结构

14.4.1　布局管理系统

Qt 的布局管理系统提供了简单而强大的机制来自动排列一个窗口中的部件，可以确保它们有效地使用空间。Qt 包含了一组布局管理类来描述怎样在应用程序的用户界面中对部件进行布局，如 QLayout 的几个子类，我们这里将它们称为布局管理器。所有的 QWidget 类的子类的实例（对象）都可以使用布局管理器来管理位于它们之中的子部件，如 QWidget::setLayout()函数可以在一个部件上应用布局管理器。一旦一个部件上设置了布局管理器，那么它会完成以下几种任务：

- 定位子部件；
- 感知窗口默认大小；
- 感知窗口最小大小；
- 改变大小处理；
- 当内容改变时自动更新：
  - ◇ 字体大小、文本或子部件的其他内容随之改变；
  - ◇ 隐藏或显示子部件；
  - ◇ 移除一个子部件。

QLayout 类是布局管理器的基类，它是一个抽象基类，该类继承自 QObject 和 QLayoutItem 类，而 QLayoutItem 类提供了一个供 QLayout 操作的抽象项目。QLayout 和 QLayoutItem 都是在设计自己的布局管理器时才使用的，一般只需要使用 QLayout 的几个子类就可以了，它们分别是：

- QboxLayout：基本布局管理器。
- QGridLayout：栅格布局管理器。

- QFormLayout：窗体布局管理器。
- QStackedLayout：栈布局管理器。

1. 部件随窗口大小变化而变化

在设计模式中向界面上拖入一个字体选择框（Font Combo Box）和一个文本编辑器（Text Edit）部件，然后单击主界面，并按下快捷键 Ctrl+L，这样便设置垂直布局管理器，可以看到两个部件已经填满了整个界面。这时运行程序，然后拉伸窗口，两个部件会随着窗口的大小变化而变化，这就是布局管理器在起作用。

2. 使用代码实现水平布局

```
QHBoxLayout *layout = new QHBoxLayout;              //新建水平布局管理器
layout->addWidget(ui->fontComboBox);               //向布局管理器中添加部件
layout->addWidget(ui->textEdit);
layout->setSpacing(50);                            //设置部件间的间隔
//设置布局管理器到边界的距离，4 个参数顺序是左、上、右、下
layout->setContentsMargins(0, 0, 50, 100);
setLayout(layout);
```

3. 栅格布局管理器（QGridLayout）

栅格布局管理器可使得部件在网格中进行布局，将所有的空间分隔成一些行和列，从而形成单元格，然后可以将部件放入一个确定的单元格中。例如：

```
QGridLayout *layout = new QGridLayout;
//添加部件，从第 0 行 0 列开始，占据 1 行 2 列
layout->addWidget(ui->fontComboBox, 0, 0, 1, 2);
//添加部件，从第 0 行 2 列开始，占据 1 行 1 列
layout->addWidget(ui->pushButton, 0, 2, 1, 1);
//添加部件，从第 1 行 0 列开始，占据 1 行 3 列
layout->addWidget(ui->textEdit, 1, 0, 1, 3);
setLayout(layout);
```

当部件加入一个布局管理器中，然后将这个布局管理器放到一个窗口部件上时，这个布局管理器，以及它包含的所有部件都会将自己的父对象自动重新定义为这个窗口部件，所以在创建布局管理器和其中的部件时并不用指定父部件。

4. 设置部件大小

凡是继承自 QWidget 的类都有这两个属性：大小提示（sizeHint）和最小大小提示（minimumSizeHint）。sizeHint 属性保存了部件的建议大小，对于不同的部件，默认拥有不同的 sizeHint，在程序中可以使用 sizeHint()函数来获取 sizeHint 的值；minimumSizeHint 保存了一个建议的最小大小，在程序中可以使用 minimumSizeHint()函数来获取 minimumSizeHint 的值。

需要说明的是，如果使用 minimumSize()函数设置部件的最小大小，那么最小大小提示将会被忽略。

5. 大小策略（sizePolicy）属性

sizePolicy 属性的所有取值如表 14-2 所示。

表 14-2　sizePolicy 属性的所有取值

属 性 取 值	描　　述
QSizePolicy::Fixed	只能使用 sizeHint()提供的值，无法伸缩
QSizePolicy::Minimum	sizeHint()提供的大小是最小的，部件可以被拉伸
QSizePolicy::Maximum	sizeHint()提供的大小是最大的，部件可以被压缩
QSizePolicy::Preferred	sizeHint()提供的大小是最佳大小，部件可以被压缩或拉伸
QSizePolicy::Expanding	sizeHint()提供的是合适的大小，部件可以被压缩，不过更倾向于通过拉伸来获得更多的空间
QSizePolicy::MinimumExpanding	sizeHint()提供的大小是最小的，部件倾向于通过拉伸来获取更多的空间
QSizePolicy::Ignored	sizeHint()的值被忽略，部件将尽可能地通过拉伸来获取更多的空间

14.4.2　设置伙伴

伙伴（Buddy）是在 QLabel 类中提出的一个概念。标签经常用于一个交互式部件的说明，就像表单布局管理器那样，一个 lineEdit 部件前面有一个标签说明这个 lineEdit 的作用。为了方便定位，QLabel 提供了一个有用的机制，提供了助记符来设置键盘焦点到对应的部件上，而这个部件就是这个 QLabel 的伙伴（Buddy）。

助记符就是我们所说的加速键，使用英文标签时，在字符串的一个字母前面添加"&"符号，那么就可以指定这个标签的加速键是 Alt 加上这个字母；而对于中文，则需要在小括号中指定加速键字母。

单击设计器顶部栏中的编辑伙伴图标，可进入伙伴设计模式，分别将各个标签与它们后面的部件连接起来，如图 14-21 所示。

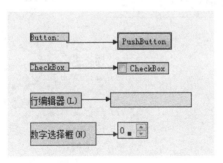

图 14-21　标签和部件的连接

14.4.3　设置 Tab 键顺序

对于一个应用程序，有时希望使用 Tab 键来将焦点从一个部件移动到下一个部件。在设计模式中，设计器提供了 Tab 键的设置功能。单击设计器顶部栏中的编辑 Tab 顺序按钮可进入编辑 Tab 键顺序模式，这时已经显示出了各个部件的 Tab 键顺序，只需要用鼠标单击这些数字，就可以更改它们，如图 14-22 所示。

图 14-22 Tab 键顺序

在程序启动时，焦点会在 Tab 键顺序为 1 的部件上，这里进行的 Tab 键顺序设置等价于在构造函数中使用如下代码。

```
//lineEdit 在 spinBox 前面
setTabOrder(ui->lineEdit,ui->spinBox);
//spinBox 在 pushButton 前面
setTabOrder(ui->spinBox,ui->pushButton);
//pushButton 在 checkBox 前面
setTabOrder(ui->pushButton,ui->checkBox);
```

14.5 常用控件介绍

14.5.1 常用控件需要加载的头文件

```
#include <QWidget>
#include <QLabel>                    //标签页
#include <QLineEdit>                 //单行文本输入框
#include <QVBoxLayout>
#include <QTextEdit>                 //多行文本输入框
#include <QPushButton>               //按钮
#include <QRadioButton>              //单选按钮
#include <QCheckBox>                 //选择框
#include <QGroupBox>                 //组合框
#include <QComboBox>                 //下拉框
#include <QSlider>                   //滑动器
#include <QSpinBox>                  //选值框
#include <QDateEdit>                 //日期输入框
#include <QTimeEdit>                 //时间输入框
#include <QDateTimeEdit>             //日期时间输入框
#include <QLCDNumber>                //数码显示器
```

14.5.2 控件变量定义

```
QVBoxLayout * _vBox;
QLabel * _label;
QLineEdit * _lineEdit;
QTextEdit * _textEdit;
QPushButton * _button;
QRadioButton * _radio;
QCheckBox * _checkbox;
QGroupBox * _groupBox;
QComboBox * _combo;
QSlider * _slider;
QSpinBox * _spinBox;
QDateEdit * _dateEdit;
QTimeEdit * _timeEdit;
QDateTimeEdit * _DTEdit;
QLCDNumber * _lcd;
```

14.5.3 控件初始化

```
_vBox = new QVBoxLayout(this);
_label = new QLabel("label", this);
_lineEdit = new QLineEdit(this);
_textEdit = new QTextEdit(this);
_button = new QPushButton("button", this);
_radio = new QRadioButton("RadioButton", this);
_checkbox = new QCheckBox("checkBox", this);
_groupBox = new QGroupBox("group", this);
_combo = new QComboBox(this);
_slider = new QSlider(this);
_spinBox = new QSpinBox(this);
_dateEdit = new QDateEdit(this);
_timeEdit = new QTimeEdit(this);
_DTEdit = new QDateTimeEdit(this);
_lcd = new QLCDNumber(this);
```

14.5.4 在垂直布局中加载控件

```
_vBox->addWidget(_label);
_vBox->addWidget(_lineEdit);;
_vBox->addWidget(_textEdit);
_vBox->addWidget(_button);
_vBox->addWidget(_radio);
_vBox->addWidget(_checkbox);
_vBox->addWidget(_groupBox);
_vBox->addWidget(_combo);
```

```
_vBox->addWidget(_slider);
_vBox->addWidget(_spinBox);
_vBox->addWidget(_dateEdit);
_vBox->addWidget(_timeEdit);
_vBox->addWidget(_DTEdit);
_vBox->addWidget(_lcd);
```

14.5.5 常用控件使用

1. label

Label 控制可用于设置标签、显示静态文本和图片，支持 HTML 格式，例如：

```
//设置文本
QLabel *label = new QLabel("<h1>lable</h1>");
//设置颜色
QLabel *label = new QLabel("<font color=red>lable</font>");
//设置链接
label = new QLabel("<a href=www.baidu.com>baidu</a>");
//设置图片
label = new QLabel("<img src=../photo/1.gif></img>");
label->setPixmap(QPixmap("../aaa.png"));
```

为了避免编写很多槽函数，可以使用 C++的 lambda 表达式，方法在工程管理文件中增加：

```
CONFIG +=C++11
```

使用的时候相当于将槽函数写成一个匿名函数。

```
QLabel *label = new QLabel("<a href=www.baidu.com>baidu</a>");
vlayout->addWidget(label);
connect(label, &QLabel::linkActivated, [](QString str){
qDebug() << str;
        QDesktopServices::openUrl(str);
});
```

2. textEdit

```
connect(_textEdit, SIGNAL(textChanged()), this, SLOT(textEditChage()));
void MyWidget::textEditChage()
{
    QString str = _textEdit->toPlainText();
    if (str.contains("/ku"))
    {
        str.replace("/ku", "<img src=../photo/1.gif></img>");
        _textEdit->setText(str);
    }
}
```

3. RadioButton、CheckBox、GroupBox

未分组的时候加载很多 RadioButton 选择的时候只能选一个，可以通过 QGroupBox 进行分组。

```
QVBoxLayout *vBox1 = new QVBoxLayout(this);
vBox1->addWidget(new QRadioButton("A"));
vBox1->addWidget(new QRadioButton("B"));
vBox1->addWidget(new QRadioButton("C"));
vBox1->addWidget(new QRadioButton("D"));

QVBoxLayout *vBox2 = new QVBoxLayout(this);
vBox2->addWidget(new QRadioButton("A"));
vBox2->addWidget(new QRadioButton("B"));
vBox2->addWidget(new QRadioButton("C"));
vBox2->addWidget(new QRadioButton("D"));

QVBoxLayout *vBox3 = new QVBoxLayout(this);
vBox3->addWidget(new QRadioButton("A"));
vBox3->addWidget(new QRadioButton("B"));
vBox3->addWidget(new QRadioButton("C"));
vBox3->addWidget(new QRadioButton("D"));

QGroupBox * groupBox = new QGroupBox("第一题", this);
groupBox->setLayout(vBox1);
QGroupBox *groupBox1 = new QGroupBox("第二题", this);
groupBox1->setLayout(vBox2);
QGroupBox *groupBox2 = new QGroupBox("第三题", this);
groupBox2->setLayout(vBox3);

_vBox->addWidget(groupBox);
_vBox->addWidget(groupBox1);
_vBox->addWidget(groupBox2);
```

4. ComboBox

在设置自动补全时，自动补全对象初始化时要用 ComboBox 的 model()，例如：

```
_combo = new QComboBox(this);
    _combo->addItem("第一题");
    _combo->addItem("第二题");
    _combo->addItem("第三题");
    _combo->setEditable(true);
    //_combo->setCompleter(new QCompleter(QStringList() << "123" << "abc"));
    _combo->setCompleter(new QCompleter(_combo->model()));
    connect(_combo, SIGNAL(currentIndexChanged(QString)), this, SLOT(comboChanged(QString)));
void MyWidget::comboChanged(QString str)
{
    qDebug() << str;
    if (str == "第一题")
    {
        _textEdit->setText("第一题内容");
    }
    else if (str == "第二题")
```

```
    {
        _textEdit->setText("第二题内容");
    }
    else if (str == "第三题")
    {
        _textEdit->setText("第三题内容");
    }
}
```

5. QSlider、QSpinBox

```
_slider->setMaximum(100);
_slider->setMinimum(0);
_spinBox->setMaximum(100);
_spinBox->setMinimum(0);
connect(_spinBox, SIGNAL(valueChanged(int)), _slider, SLOT(setValue(int)));
connect(_slider, SIGNAL(valueChanged(int)), _spinBox, SLOT(setValue(int)));}
```

14.6 文件、目录和输入/输出

应用程序经常需要对设备或者文件进行读取或写入操作，也经常会对本地文件系统中的文件或者目录进行操作。Qt 将这些操作的类罗列在一起，可以在 Qt 帮助中通过 Input/Output and Networking 关键字在对应的文档中查看这些类的列表。

14.6.1 文件和目录

QIODevice 类是对所有读和写一段字节块的一个抽象，Qt 包含的常用子类如表 14-3 所示。

表 14-3　Qt 包含的常用子类

子 类 名 称	含　　义
QFile	访问本地文件系统中的文件或嵌入的资源
QTemporaryFile	创建或访问本地文件系统中的临时文件
QBuffer	从一个 QByteArrary 中读数据或将数据写入一个 QByteArray 中
QProcess	运行外部程序并处理进程间的通信
QTcpSocket	使用 TCP 协议传输一个数据流
QUdpSocket	通过网络发送或接收 UDP 数据流

其中，QProcess、QTcpSocket、QUdpSocket 是顺序访问文件的；而 QFile、QTemporaryFile、QBuffer 是随机访问文件的，可使用 QIODevice::seek() 来重定位文件指针。

另外，Qt 也提供了两个更高级的流处理类（即 QDataStream 和 QTextStream），可用于向任何 QIODevice 设备中读或写数据，QDataStream 用于读写二进制数据，QTextStream 用于读写文本数据。

1. Qfile

构造文件对象：

```
QFile file("../MyTest.txt");
```

打开文件，要指定模式：

```
file.open(QIODevice::ReadWrite);
```

写文件：

```
file.write("abc");
```

写字节数据：

```
file.write(QByteArray("123"));
```

关闭文件：

```
file.close();
```

2. QBuffer

QBuffer 是指内存文件，写入 buffer 的内容会存到内存中，不会写入硬盘，除了在构造对象时不需要像 QFile 那样指定路径，其他用法与 QFile 一样。

```
//打开文件
buffer.open(QIODevice::ReadWrite);
//写入文件
buffer.write("abc");
buffer.write("123");

//关闭文件
buffer.close();

//通过 buffer()函数获取写入 QBuffer 的数据
qDebug() << buffer.buffer();
```

3. 访问目录

QDir 类可用于浏览路径中的目录和文件，QDir 提供了一些静态方法，可以很容易地浏览文件系统，例如：

- QDir::current()：返回应用程序当前所在的工作目录。
- QDir::home()：返回用户的主目录。
- QDir::root()：返回根用户目录。
- QDir::temp()：返回临时文件目录。
- QDir::drives()：返回一个包含了 QFileInfo 对象的列表。

QFileInfo 类提供了访问文件和目录信息的方法，例如：

- isDir()、isFile()、isSymLink()：判断文件是否属于目录、一般文件或符号链接文件。
- dir()、absoluteDir()：返回相对目录或绝对目录。
- exists()：判断文件对象是否存在。
- isHidden()、isReadable、isWritable()和 isExecutable()：判断一个文件是否隐藏、可读、可写和可执行。
- fileName()：返回文件名。

- filePath()：返回文件名（包含路径）。
- absoluteFilePath()：返回包含绝对路径的文件名。
- completeBaseName()、completeSuffix()：返回文件名和文件名后缀。

例如：

```
foreach( QFileInfo drive, QDir::drives() )
{
    qDebug() << "Drive: " << drive.absolutePath();
    QDir dir = drive.dir();
    dir.setFilter( QDir::Dirs );
    foreach( QFileInfo rootDirs, dir.entryInfoList() )
    qDebug() << "" << rootDirs.fileName();
}
```

14.6.2 文本流和数据流（QDataStream 和 QtextStream）

（1）QTextStream 的用法如下。

```
QFile file("../textStream.txt");
file.open(QIODevice::ReadWrite);

QTextStream textstream(&file);
textstream << 123 << "adad";

file.close();
```

（2）QDataStream 的用法如下（写入数据）。

```
QFile file("../dataStream.txt");
file.open(QIODevice::ReadWrite);

QDataStream datastream(&file);
datastream << 123 << "adad" << QString("3.4") << QPoint(10,90);

file.close();
```

（3）QDataStream 的用法如下（读取数据）。

```
QFile file("../dataStream.txt");
file.open(QIODevice::ReadWrite);

QDataStream datastream(&file);
int i;
char* buf;
QString str;
QPoint point;
datastream >> i >> buf >> str >> point;
qDebug() << i << buf << str << point;
file.close();
```

14.7　Qt 和数据库

本节将介绍 Qt 和数据库的相关内容，有关数据库的内容在第 13 章已经提及，在阅读本节之前，建议读者掌握一些基本的 SQL 知识，可以看懂基本的 SELECT、INSERT、UPDATE 和 DELETE 等语句。

14.7.1　连接到数据库

QtSql 模块提供了与平台及数据库种类无关的、访问 SQL 数据库的接口，这个接口由利用 Qt 的模型视图结构将数据库与用户界面集成的一套类来支持。

QSqlDatabase 对象象征了数据库的关联，Qt 使用驱动程序与各种数据库的应用编程接口进行通信。Qt 的桌面版（Desktop Edition）包括如表 14-4 所示的驱动程序。

表 14-4　Qt 桌面版提供的驱动程序

驱 动 程 序	数 据 库
QDB2	IBM DB2 7.1 版及更高的版本
QIBASE	Borland InterBase
QMYSQL	MySQL
QOCI	甲骨文公司（Oracle Call Interface）
QODBC	ODBC（包括微软公司的 QSL 服务）
QPSQL	PostgreSQL 的 7.3 版及更高的版本
QSQLITE	QSLite 第 3 版
QSQLITE2	QSLite 第 2 版
QTDS	Qybase 自适应服务器

由于授权的许可限制，Qt 的开源版本无法提供所有的驱动程序。在配置 Qt 时，既可以选择 Qt 本身包含的 SQL 驱动程序，也可以以插件的形式建立驱动程序，公共领域中不断发展的 QSLite 数据库将向 Qt 提供支持。

Qt 进行 QSLite 基本操作的代码如下。

```
//添加数据库驱动，设置数据库名称、数据库登录用户名、密码
QSqlDatabase database = QSqlDatabase::addDatabase("QSQLITE");
database.setDatabaseName("database.db");
database.setUserName("root");
database.setPassword("123456");
//打开数据库
if(!database.open())
{
    qDebug()<<database.lastError();
    qFatal("failed to connect.") ;
}
```

14.7.2 执行 SQL 语句

在 Qt 中执行 SQL 语句的实例如下。

```
//打开数据库
if(!database.open())
{
    qDebug()<<database.lastError();
    qFatal("failed to connect.") ;
}
else
{
    //QSqlQuery 类提供执行和操作的 SQL 语句的方法,
    //可以用来执行 DML（数据操作语言）语句，如 SELECT、INSERT、UPDATE、DELETE,
    //以及 DDL（数据定义语言）语句，例如 CREATE TABLE。
    //也可以用来执行那些不是标准的 SQL 的数据库特定的命令
    QSqlQuery sql_query;
    QString create_sql = "create table student (id int primary key, name varchar(30), age int)";
    QString select_max_sql = "select max(id) from student";
    QString insert_sql = "insert into student values (?, ?, ?)";
    QString update_sql = "update student set name = :name where id = :id";
    QString select_sql = "select id, name from student";
    QString select_all_sql = "select * from student";
    QString delete_sql = "delete from student where id = ?";
    QString clear_sql = "delete from student";
    sql_query.prepare(create_sql);
    if(!sql_query.exec())
    {
        qDebug()<<sql_query.lastError();
    }
    else
    {
        qDebug()<<"table created!";
    }
}
```

14.8 Qt 网络编程

Qt 提供了 QtNetwork 模块来进行网络编程，该模块提供了诸如 QFtp 等类来实现特定的应用层协议，既有较低层次的类，如 QTcpSocket、QTcpServer 和 QUdpSocket 等来表示低层的网络概念，也有更高层次的类，如 QNetworkRequest、QNetworkReply 和 QNetworkAccessManager 使用相同的协议来执行网络操作。如果要使用 QtNetwork 模块中的类，需要在项目文件中添加代码"QT+=network"。

14.8.1　Qt 和 TCP

TCP 即 Transmission Control Protocol，传输控制协议，与 UDP 不同，它是面向连接和数据流的可靠传输协议。也就是说，TCP 能使一台计算机上的数据无差错地发往网络上的其他计算机，所以当要传输大量数据时，应选用 TCP 协议。

TCP 协议的程序使用的是客户端/服务器模式，在 Qt 中提供了 QTcpSocket 类来编写客户端程序，使用 QTcpServer 类编写服务器端程序。我们在服务器端进行端口的监听，一旦发现客户端的连接请求，就会发出 newConnection()信号，可以关联这个信号到槽函数，进行数据的发送；而在客户端，一旦有数据到来就会发出 readyRead()信号，可以关联此信号，进行数据的接收。

1. 搭建服务器

第一步：添加头文件、对象和槽函数。

```
//添加头文件
#include <QtNetWork>
//添加 private 对象
QTcpServer *tcpServer;
//添加私有槽函数
private slots:
void sendMessage();
```

第二步：在构造函数中添加如下代码。

```
tcpServer = new QTcpServer(this);
if(!tcpServer->listen(QHostAddress::LocalHost,6666))
{
    //监听本地主机的 6666 端口，如果出错就输出错误信息，并关闭
    qDebug() << tcpServer->errorString();
    close();
}
```

第三步：实现信号连接和槽函数。

```
                          //连接信号和相应槽函数
connect(tcpServer,SIGNAL(newConnection()),this,SLOT(sendMessage()));
```

到此为止，服务器的初步搭建已经完成，之后逐步完善 sendMessage()函数即可。接下来是客户端的连接步骤。

2. 连接客户端

第一步：添加头文件、对象和槽函数。

```
//添加头文件：
#include <QtNetwork>
//添加 private 变量
QTcpSocket *tcpSocket;
QString message;              //存放从服务器接收到的字符串
quint16 blockSize;            //存放文件的大小信息
```

```
//添加私有槽函数
private slots:
        void newConnect();             //连接服务器
        void readMessage();            //接收数据
```

第二步：在构造函数中添加如下代码。

```
tcpSocket = new QTcpSocket(this);
connect(tcpSocket,SIGNAL(readyRead()),this,SLOT(readMessage()))
connect(tcpSocket,SIGNAL(error(QAbstractSocket::SocketError)),
                this,SLOT(displayError(QAbstractSocket::SocketError)));
```

这里关联了 tcpSocket 的两个信号，当有数据到来时发出 readyRead()信号，执行读取数据的 readMessage()函数；当出现错误时发出 error()信号，执行 displayError()槽函数。

第三步：实现 newConnect()函数。

```
void Widget::newConnect()
{
        blockSize = 0;                         //初始化其为 0
        tcpSocket->abort();                    //取消已有的连接
        tcpSocket->connectToHost(ui->hostLineEdit->text(),
                                ui->portLineEdit->text().toInt());
        //连接到主机，从界面获取主机地址和端口号
}
```

这个函数实现了连接到服务器，至此，客户端的连接也完成了。

14.8.2 Qt 和 UDP

UDP 是一个不可靠的面向数据包的协议。QUdpSocket 类可以用来发送和接收 UDP 数据包。最常用的使用方式是使用 bind()去绑定地址和端口号，然后使用 writeDatagram()和 readDatagram()去传输数据。这个 Socket 对象在每次往网络中发送报文时都会发出 bytesWritten()信号。如果你只是想用 QUdpSocket 发送报文，就不需要调用 bind()。当报文到达的时候会发 readyRead()信号，在这种情况下，hasPendingDatagrams()会返回 true，并调用 pendingDatagramSize()方法获取报文的长度，最后调用 readDatagram()读取。

1. UDP 客户端发送数据

第一步：添加头文件和对象。

```
//添加头文件
#include <QtNetwork>
//添加 private 私有对象
QUdpSocket *sender;
```

第二步：在构造函数中添加如下代码。

```
sender = new QUdpSocket(this);

void Widget::on_pushButton_clicked()   //发送广播
{
```

```
QByteArray datagram = "hello world!";
sender->writeDatagram(datagram.data(),datagram.size(),
                          QHostAddress::Broadcast,45454);
}
```

2. 服务器端搭建

第一步：添加头文件、对象和槽函数。

```
//添加头文件
#include <QtNetwork>
//添加 private 私有对象:
QUdpSocket *receiver;
//添加私有槽函数
private slots:
void processPendingDatagram();
```

第二步：在构造函数中添加如下代码。

```
receiver = new QUdpSocket(this);
receiver->bind(45454,QUdpSocket::ShareAddress);
connect(receiver,SIGNAL(readyRead()),this,SLOT(processPendingDatagram()));
```

我们在构造函数中将 receiver 绑定到 45454 端口，这个端口就是上面发送端设置的端口，二者必须一样才能保证接收到数据包。

这里使用了绑定模式 QUdpSocket::ShareAddress，它表明其他服务也可以绑定到这个端口上。当 receiver 发现有数据包到达时就会发出 readyRead()信号，所以将该信号和数据包处理函数关联在一起。

数据包处理函数的实现如下。

```
void Widget::processPendingDatagram()            //处理等待的数据包
{
    while(receiver->hasPendingDatagrams())       //拥有等待的数据包
    {
        QByteArray datagram;                      //用于存放接收的数据包
        //将 datagram 的大小设为等待处理的数据包的大小，这样才能接收到完整的数据
        datagram.resize(receiver->pendingDatagramSize());
        //接收数据包，将其存放到 datagram 中
        receiver->readDatagram(datagram.data(),datagram.size());
        //将数据包的内容显示出来
        ui->label->setText(datagram);
    }
}
```

参考文献

[1] Stanley B.Lippman. C++Primer[M]. 北京：人民邮电出版社，2005.

[2] Stephen Prata. C++Primer Plus[M]. 北京：人民邮电出版社，2005.

[3] 林锐. 高质量 C++/C 编程指南[OL]. http://download.csdn.net/source/711283.

[4] 唐朔飞. 计算机组成原理[M]. 北京：高等教育出版社，2005.

[5] 吴强. 大话设计模式[M]. 北京：企业管理出版社，2010.

[6] 王宏. 操作系统原理及应用 Linux. 北京：中国水利水电出版社，2005.

[7] Bruce Eckel. C++编程思想[M]. 北京：机械工业出版社，2002.

[8] 霍亚飞. Qt Creator 快速入门[M]. 北京：北京航空航天大学出版社，2012.

[9] [德]Michael Kerrisk，著. Linux/UNIX 系统编程手册[M]. 孙剑，许从年，董健，译. 北京：人民邮电出版社，2014.

[10] Harvey M. C++大学教程[M]. 北京：电子工业出版社，2007.

[11] [美]Robert Love，著. Linux 系统编程[M]. 祝洪凯，李妹芳，付途，译. 北京：人民邮电出版社，2014.

[12] 钱能，董灵平，张敏霞. C++程序设计教程[M]. 北京：清华大学出版社，2005.

[13] 朱兆祺，李强，袁晋蓉. 嵌入式 Linux 开发实用教程[M]. 北京：人民邮电出版社，2014.

[14] 姜承尧. MySQL 技术内幕：InnoDB 存储引擎. 北京：机械工业出版社，2011.